防空导弹推进系统概论

高　峰　陈锋莉　李旭昌　编著

西北工业大学出版社

西安

【内容简介】 本书系统地介绍了防空导弹各类推进系统(发动机)的工作原理、基本结构组成、工作过程、基本特点、性能参数及工程应用。全书共 6 章,包括绪论、固体火箭发动机、液体火箭发动机、火箭冲压组合发动机、固液混合火箭发动机及其他新型发动机等。

本书可作为高等学校防空导弹类专业的教科书,也可供从事相关导弹类、导弹技术的管理人员及其他相关学科人员参阅。

图书在版编目(CIP)数据

防空导弹推进系统概论/高峰,陈锋莉,李旭昌编
著.—西安:西北工业大学出版社,2018.12
ISBN 978-7-5612-6352-5

Ⅰ.①防… Ⅱ.①高… ②陈… ③李… Ⅲ.①防空导
弹-导弹推进-推进系统-概论 Ⅳ.①TJ761.1

中国版本图书馆 CIP 数据核字(2018)第 288613 号

FANGKONG DAODAN TUIJIN XITONG GAILUN
防 空 导 弹 推 进 系 统 概 论

责任编辑:李阿盟		**策划编辑:**李阿盟	
责任校对:孙 倩 王 尧		**装帧设计:**李 飞	

出版发行: 西北工业大学出版社
通信地址: 西安市友谊西路 127 号　　邮编:710072
电　　话: (029)88491757,88493844
网　　址: www.nwpup.com
印 刷 者: 兴平市博闻印务有限公司
开　　本: 787 mm×1 092 mm　　1/16
印　　张: 17.125
字　　数: 446 千字
版　　次: 2018 年 12 月第 1 版　　2018 年 12 月第 1 次印刷
定　　价: 56.00 元

前　　言

本书以防空导弹的各类推进系统为主要内容,介绍固体火箭发动机、液体火箭发动机、火箭冲压组合发动机、固液混合火箭发动机及其他新型发动机等的工作原理、基本结构组成、工作过程、基本特点、性能参数及工程应用等。本书根据军队院校导弹工程专业和导弹总体专业火箭发动机原理课程标准,集国内外最新的研究成果并结合笔者多年来的教学、研究体会编写而成。全书内容系统、全面,可作为高等学校防空导弹类专业的教科书,也可供相关导弹类、导弹技术管理人员及其他相关学科人员参阅。

全书共6章,第1章绪论,主要介绍防空导弹及防空导弹推进系统的发展历程、分类、基本组成及特点;第2章固体火箭发动机,主要介绍固体火箭发动机的主要性能参数、燃烧室的热力计算、喷管流动过程、固体推进剂与装药、发动机中的燃烧、发动机内弹道计算、推力矢量控制及固体火箭发动机在防空导弹上的应用;第3章液体火箭发动机,主要介绍液体火箭发动机的特点、分类、应用和发展,液体推进剂,液体火箭发动机的基本组成、工作过程,推力室的冷却与热防护,推力室的工作特性及液体火箭发动机在防空导弹上的应用;第4章火箭冲压组合发动机,主要介绍冲压喷气发动机、火箭冲压发动机、固体火箭冲压组合发动机、贫氧固体推进剂及火箭冲压组合发动机的发展及应用;第5章固液混合火箭发动机,主要介绍固液混合火箭发动机的结构组成和特点、固液混合火箭发动机推进剂及其点火燃烧、固液混合火箭发动机的工作性能、固液混合火箭发动机的发展及应用等内容;第6章新型发动机,包括凝胶/膏体推进剂火箭发动机及其发展与应用、脉冲爆震发动机及其发展与应用等内容。

本书的编写分工:第1,2章由高峰编写,第3章由陈锋莉编写,第4,5章由李旭昌编写,第6章由陈锋莉、高峰编写,马岑睿、邓建军参与了相关章节的编写,全书由高峰统稿。

本书在编写过程中参考了国内外相关的文献资料,在此谨对原作者表示诚挚的谢意!

由于水平和经验有限,在本书内容安排、观点阐述等方面的不足之处在所难免,敬请读者批评指正!

编著者

2018 年 9 月

目　　录

第1章 绪 论

防空导弹推进系统为防空导弹提供飞行动力,是防空导弹的重要组成部分。通常,作为防空导弹的一个独立分系统,推进系统又被称为发动机或引擎。应用于防空导弹的推进系统主要是直接反作用推进系统,即喷气发动机,包括火箭发动机、吸气式发动机和组合冲压发动机。

1.1 防空导弹概述

1.1.1 防空导弹定义

防空导弹武器系统是指从地面(舰艇)上发射,用来对付各种空中飞行目标的导弹武器系统,它由目标搜索指示系统、跟踪制导系统、导弹系统、发射系统、指挥自动化系统和支援保障系统等组成。

防空导弹是一种用来对付空中威胁的制导武器,它所对付的目标一般是指各种作战飞机,有些防空导弹还能够射击巡航导弹、空地导弹、战术弹道导弹和空漂气球等目标。防空导弹通常包括地空导弹和舰空导弹。

1.1.2 防空导弹分类

防空导弹武器系统一般按其作战任务、地面机动性、作战空域等特征进行分类。

防空导弹武器系统按作战任务可分为国土防空、野战防空和舰艇防空三类。国土防空系统一般采用相对稳定的部署方式,可采用固定式或半固定式防空导弹武器系统。野战防空要求武器系统具有良好的机动性能,能随部队行进,执行防空掩护任务,能迅速由行军状态转入战斗状态,能在行进中搜索、跟踪目标,能在短暂的停留时间内发射导弹并快速转移。野战防空多采用机动能力强的自行式或便携式防空导弹武器系统。舰艇防空系统是舰艇武器系统的一部分,舰空导弹武器系统固定在舰艇上,要求有平台稳定装置、导弹库及自动输送装填设备。

防空导弹武器系统按地面机动性可分为固定式、半固定式和机动式三种,其中机动式又可进一步分为自行式、牵引式和便携式三种。

防空导弹武器系统按射高和射程分为高空远程、中空中程、低空近程和超低空超近程。有些国家将射程大于 100 km(射高达 30 km 左右)的防空导弹武器系统称为远程防空导弹武器系统(如苏联的 C-300ПМУ-1);将射程在 20~100 km 之间(射高 0.05~20 km)的防空导弹武器系统称为中程防空导弹武器系统(如苏联的 SA-2);将射程小于 20 km(射高 0.015~10 km)的防空导弹武器系统称为近程防空导弹武器系统(如苏联的 SA-8);将射程在 10 km 以内的防空导弹武器系统称为超近程防空导弹武器系统(如苏联的 SA-7)。

防空导弹按导弹制导体制的不同可分为遥控指令制导、主动制导、半主动制导和被动制导四种类型。遥控指令制导是由地面制导站根据雷达测量的目标与导弹的坐标,依据选定的制导规律形成制导指令,发送给导弹,导引导弹飞行的制导体制;主动制导是由导弹上的导引头主动发射电磁波,利用目标回波测量目标与导弹的相对位置,依据选定的制导规律形成制导指令,导引导弹飞行的制导体制,主动制导具有发射后不管的特性;半主动制导与主动制导原理相似,导弹上的导引头利用目标回波测量目标与导弹的相对位置,依据选定的制导规律形成制导指令,导引导弹飞行,只不过导弹上的导引头不主动发射电磁波,对目标的照射由地面照射站实施;被动制导是导弹上的导引头利用目标的辐射能量(红外、电磁波)测量目标与导弹的相对位置,依据选定的制导规律形成制导指令,导引导弹飞行的制导体制,被动制导也具有发射后不管的特性。

防空导弹按导弹制导方式的不同可分为雷达制导、红外制导、电视制导、激光制导和复合制导等类型,其中红外制导、电视制导、激光制导统称为光电制导。

防空导弹武器系统按目标容量或目标通道可分为单目标通道和多目标通道两种。每次只能拦截一个目标的防空导弹武器系统,称为单目标通道武器系统,如 SA-2 防空导弹武器系统;可同时拦截两个以上目标的防空导弹武器系统,称为多目标通道武器系统,如美国的"爱国者"和俄罗斯的 С-300ПМУ 防空导弹武器系统。

另外,国际上还习惯按不同的发展时期来划分防空导弹,从 20 世纪 40 年代到目前为止,防空导弹大致经历了三个发展时期,研制了四代防空导弹,这也是一种经常使用的分类方式。

1.1.3　防空导弹发展历程

防空导弹自 20 世纪 40 年代出现,经过了大半个世纪的发展和多次战争考验,如今已形成了具有近百种型号的一个庞大的武器家族。防空导弹的发展主要受同一时期空袭战术与技术发展的刺激与推动,并往往与当时的工业技术密切相关。从世界范围看,防空导弹的发展大致经历了初始发展、新技术应用发展、高技术应用提高三个时期,相应地发展了四代防空导弹武器系统。

(1)第一代防空导弹。20 世纪 30 年代至 40 年代末,德国研制了如"龙胆草""莱茵女儿""蝴蝶""瀑布"等防空导弹;美国也曾研制了"云雀"(Lark)和"小兵"(Little Joe)两种防空导弹,可以视为防空导弹武器系统初级试验研制阶段,尽管没有投入实战使用的型号,但对防空导弹武器系统的发展做了许多开拓性工作。进入 20 世纪 50 年代后,高空远程战略轰炸机成为空中主要威胁,在早期防空导弹研制的基础上,美、苏、英等国相继研制并装备了一系列防空导弹武器系统。美国先后研制并装备了"波马克"(CIM-10A)、"奈基Ⅰ"(MIM-3)、"奈基Ⅱ"(MIM-14A)以及"黄铜骑士"(舰空型)等型号;苏联国土防空军也装备了"SA-1"(С-25)、"SA-2"(С-75)、"SA-3"(С-125)、"SA-4"(С-175)和"SA-25"(С-200)等型号;英国装备了"雷鸟"和"警犬"等型号。

第一代防空导弹武器系统的特点是中高空、中远程,作战半径一般为 30~100 km,最大射高达 30 km。导弹采用多种推进系统,如液体火箭发动机、固体火箭发动机、液体火箭发动机和固体火箭发动机组合以及冲压发动机和固体火箭发动机组合等。制导控制系统采用波束制导、指令制导和半主动雷达寻的制导。受当时技术条件的限制,一个系统只能射击一个目标(单目标通道)。这一时期防空导弹具有许多共同的特点,这与当时的空袭装备和作战方式有关。如均以当时的高空轰炸机和高空侦察机为主要作战对象,因此强调导弹的高空、远程射击能力。SA-2 导弹被公认为是第一代防空导弹中最为成功、最具代表性的型号。

(2)第二代防空导弹。从 20 世纪 60 年代开始,空袭作战在战术上发生了一些新的变化,低空、超低空突防成为一种常见而有效的作战手段,新的空袭方式促进了防空导弹武器系统低空性能和抗干扰性能的提高和机动式低空近程防空导弹武器系统的发展。作战环境的变化对防空导弹的发展提出了新的要求,同时,新技术革命兴起所带来的电子技术、计算机技术、激光与红外技术的迅速发展,为研制新型防空导弹武器系统提供了必要的技术基础。在这些因素的刺激与推动下,防空导弹进入了一个新技术应用的全面发展时期。除了美、苏、英等国外,法国、德国、意大利、日本、以色列、瑞典、瑞士也相继加入了防空导弹研制的行列。从 20 世纪 60 年代中期开始,新的防空导弹型号不断出现,到 70 年代末期,先后出现了近 30 种新型防空导弹和近 20 种舰空导弹,其中最具代表的型号有,苏联的"SA－6"和"SA－8"导弹,美国的"霍克"和"小檞树"导弹,法国的"响尾蛇"导弹,英国的"长剑"和"山猫"导弹,法国、德国联合研制的"罗兰特"导弹等。

第二代防空导弹采用了大量的新技术与新体制,技术水平较第一代有明显提高。如单脉冲雷达、光学与电视跟踪、主动半主动寻的、固体火箭发动机、一体化筒弹等技术,并广泛采用了计算机和数字信号处理技术。在推进系统方面,淘汰了战勤操作相对繁杂的液体火箭发动机,主要采用固体火箭发动机、冲压发动机和整体式固体冲压火箭发动机等推进系统。在制导控制系统方而,除无线电指令制导外,红外制导、激光制导和光电复合制导等制导方式得到了迅速发展,并且由单一制导方式转向复合制导方式,使武器系统的抗干扰能力大幅度提高。在杀伤技术方面出现了破片聚焦战斗部、多效应战斗部和链条式战斗部,提高了导弹战斗部的杀伤效率。此外,由于广泛采用自动化技术,提高了武器系统的自动化程度,缩短了系统的反应时间。系统设计强调地面设备的小型化与机动能力,并将电子对抗能力作为系统的一个重要设计目标。由于这一时期的防空导弹在所采用的技术、所体现的性能和特点与作战使用方式上,相对 20 世纪 50 年代的防空导弹有很大区别,因此这一时期研制的防空导弹武器系统被称为第二代防空导弹。

在第二代防空导弹发展的同时,从 20 世纪 60 年代中期开始,仿照反坦克导弹的结构,出现了一种新型的防空导弹,这种导弹将制导系统、发射系统和导弹合为一体,在体积、质量上大大缩小,可适应单兵或轻型车辆运载与发射的需要,故称为便携式或肩扛式防空导弹。在分类上,它属于超近程、超低空防空导弹。早期的便携式防空导弹有苏联的"SA－7""箭Ⅱ",美国的"红眼睛""毒刺"和英国的"吹管"。便携式防空导弹的出现使装备防空导弹的国家和地区的数量大幅增加。后来又出现了以美国的"毒刺"导弹、苏联的"SA－14(SA－16)"导弹、法国的"西北风"导弹和英国的轻型"标枪"导弹为代表的第二代及俄罗斯的"SA－18"为代表的第三代便携式防空导弹。同时,由便携式防空导弹与近程高炮构成的弹炮结合系统也在近年来得到了重视和发展。

(3)第三代防空导弹。从 20 世纪 70 年代开始,空袭与反空袭作战的形式与内容都发生了一些新的变化,针对干扰、机动、饱和攻击、隐身目标、反辐射导弹和战术弹道导弹等空中威胁的特点,防空导弹武器系统的发展在于提高抗干扰能力,抗饱和攻击能力,提高对付多目标、小目标和反导能力以及提高自动化程度等方面。同时,微电子技术、计算机技术、雷达技术、导弹技术等高新技术的进步为这一发展提供了坚实的技术支持。这一时期,苏、美两国先后成功研制了新型的防空导弹武器系统,通常把这一时期及其以后发展的防空导弹武器系统称为第三代防空导弹。第三代防空导弹的典型型号有美国的"爱国者"系列和俄罗斯的"C－300"系列。

与第二代防空导弹相比,第三代防空导弹具有以下 3 个特点:

(1)具备了全空域内的作战能力。第三代防空导弹的射击空域同时覆盖高、中、低空。

(2)实现了真正的多目标射击能力。"C-300"导弹一个火力单元可以同时射击 6 个目标,"爱国者"导弹可以同时射击 3~5 个目标,这与第二代防空导弹通过设置多个火力单元实现的多目标射击能力相比是一个质的提高。

(3)较强的电子对抗能力。第三代防空导弹具有较强的反电子干扰和一定的抗反辐射导弹攻击的能力,其中"爱国者"导弹的雷达还具有反电磁侦察的能力。

在技术上,第三代防空导弹采用了高性能的相控阵雷达技术,使制导系统的总体性能极大提高;广泛采用复合制导体制,制导精度高、抗干扰能力强,可在严峻的电子干扰环境下将导弹准确导引向目标;导弹采用单级高能固体火箭发动机和一体化筒弹结构,不但使用维护方便,而且发射速率高、射程远、机动性好、威力大;广泛采用了先进的计算机、电子电路和机械工艺技术,因此具有车辆少、机动性强、自动化程度高、反应时间短等特点,能广泛适应区域防空和野战防空作战的需要,系统的生存能力和独立作战能力很强。

第三代防空导弹从 20 世纪 80 年代中后期开始,进入了改进阶段。美国在"爱国者"防空导弹原型的基础上,先后发展了"PAC-1"和"PAC-2"2 种改进型。苏联和俄罗斯先后发展了"C-300П"(北约代号 SA-10A)、"C-300ПM"(北约代号 SA-10B)、"C-300ПМУ"(北约代号 SA-10C)、"C-300ПМУ-1"(北约代号 SA-10D)、"C-300ПМУ-2"(北约代号 SA-10E)等"C-300"系列。

(4)第四代防空导弹。第四代防空导弹是第三代的改进型或在第三代基础上进行技术拓展的一代,更加强调反战术弹道导弹,具有超远程、反隐身目标和体系作战的能力。典型的型号有美国的"PAC-3"、欧洲的"ASTER-15"和"ASTER-30"、俄罗斯的"C-400"和"安泰-2500"、以色列的"箭-2"等。这些中远程导弹都具备了反战术导弹的能力;在空气动力方面采用了无翼式布局和大攻角技术;推进系统采用高能推进剂;弹上制导系统和姿态控制系统采用数字控制技术;武器系统采用相控阵制导雷达;同时采用多种抗干扰技术,提高了系统的抗干扰能力,并强调了系统的可靠性、可用性和可维护性。

1.2 防空导弹推进系统

应用于防空导弹的推进系统大都是直接产生推力的喷气推进动力装置,主要包括火箭发动机、吸气式发动机和组合推进发动机。

1.2.1 火箭发动机

凡不利用周围介质,仅依靠飞行器本身携带的物质(燃烧剂、氧化剂或核能与工质……)产生反作用射流而获得反作用力的直接反作用式发动机,统称为火箭发动机。

火箭发动机就其组成来讲可分为两大部分:能源和转变能量的推进装置。因为转变能量的推进装置几乎是相同的,即利用超声速喷管,所以对火箭发动机的分类可以按照能源的性质来划分。

火箭发动机若按能源的种类来分大致可划分为四种:化学能火箭发动机、核能火箭发动机、辐射能(如太阳能)火箭发动机和电能火箭发动机。目前,适用防空导弹的火箭发动机主要是化学能火箭发动机,故本书主要介绍化学能火箭发动机。

化学能火箭发动机以化学推进剂为能量来源。通常,推进剂又是由燃烧剂(燃烧元素)和氧化剂(氧化元素)组成的,燃烧剂通常也称为燃料。化学能火箭发动机的本质是一种热力机械,通过推进剂的燃烧将化学能转变为燃烧产物的热能。然后,燃烧产物在喷管中膨胀做功,使燃烧产物的动能增加,即增大了燃烧产物的流动速度,从而产生推动发动机的反作用力——推力。

与空气喷气发动机相比较,火箭发动机具有以下特点:

(1)自带氧化剂,能在真空里工作。而空气喷气发动机只能在具有一定空气密度的大气中工作,当飞行高度超过 30 km 时,则往往由于空气稀薄缺氧而不能工作。

(2)与空气喷气发动机相反,火箭发动机的绝对推力随飞行高度增加而增大,在真空里的推力最大。推力值的大小不受飞行速度的影响。

(3)结构简单、质量轻、推力大。因此,它能使飞行器获得很大的加速度和巨大的飞行速度(第一、二、三宇宙速度)。飞行速度不受喷气速度的限制,可以远远大于喷气速度。而空气喷气发动机的飞行速度完全受喷气速度的限制,一般要小于喷气速度。

(4)工作条件恶劣(处于高温、高压及推进剂不良的物理化学性能的影响,如强腐蚀性、燃烧不稳定性及易爆等),使发动机工作寿命短(几秒至几小时)。而空气喷气发动机的工作条件(除高超声速冲压发动机以外)要好得多,其工作寿命在几十小时至几千小时。

(5)推进剂的单位时间消耗量大,经济性差。

根据火箭发动机中所使用的推进剂的物理状态,可将化学火箭发动机分成液体推进剂火箭发动机(简称液体火箭发动机)、固体推进剂火箭发动机(简称固体火箭发动机)和固液混合推进剂火箭发动机(简称固液混合火箭发动机)。

固体火箭发动机主要由燃烧室壳体、固体推进剂装药、喷管和点火装置等几部分组成。在固体火箭发动机中,燃烧用的推进剂经压伸或浇注制成所需形状的装药,直接装于燃烧室或发动机壳体内。因此,固体推进剂又叫作药柱,它含有完全燃烧所需的所有化学元素,通常是在药柱的暴露表面上按预定的速率缓慢平稳地燃烧。由于不具有像液体火箭发动机那样的输送系统或阀门,所以固体推进剂火箭发动机结构通常比较简单(见图 1-1)。

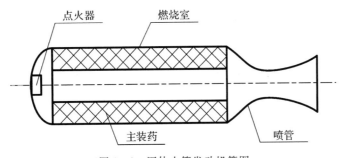

图 1-1 固体火箭发动机简图

发动机工作时,由点火装置点燃点火药,点火药的燃烧产物流经装药表面,将装药迅速加热点燃,将推进剂的化学能转变成燃烧产物的热能,继而膨胀加速后高速排出产生推力。

固体火箭发动机燃烧室壳体有整体钢结构和整体纤维缠绕结构两种,固体推进剂装药在燃烧室内的安装方式主要有贴壁浇注式和自由装填式两种。前者是指将燃烧室壳体作为模,推进剂直接浇注到壳体内,与壳体或壳体绝热层黏结;后者是指药柱的制造先在壳体外进行,然后装入壳体中。自由装填药柱用在一些小型战术导弹或中等规模的发动机上,一般成本较低,易于检查。贴壁浇注装药呈现出更好的性能,由于不需要支撑装置、支撑垫片,且绝热层薄,因此与自由装填装药相比,惰性质量略低,有较高的容积装填系数,目前几乎所有的大型固体发动机和许多战术导弹发动机都使用贴壁浇注装药。

固体火箭发动机推力变化的趋势取决于发动机工作时装药燃烧表面积的变化,即取决于药型设计。为获得随时间增大的推力,需使用增面燃烧装药;为获得随时间减小的推力,需使用减面燃烧装药;为使燃烧时间内推力基本不变,需使用等面燃烧装药。

与液体火箭发动机相比,固体火箭发动机的突出特点是结构形状简单,零、部件少且一般没有运动件。上述特点使得固体火箭发动机可靠性高,维护和操作简便。

固体火箭发动机广泛应用于各类导弹,它特别适用于各类导弹向小型、机动、隐蔽的方向发展,提高生存能力,因此在各类战术、战略导弹的动力装置中固体化的趋势已十分明显。固体火箭发动机还广泛应用于各种航天器和运载工具上,它可用作大型运载火箭的主发动机、助推发动机,航天器的近地点、远地点加速发动机,变轨发动机和返回航天器的制动发动机。

液体火箭发动机是使用液态化学物质(液体推进剂)作为能源和工质(工作介质的简称)的化学能火箭发动机。液体火箭发动机由推力室(由喷注器、燃烧室和喷管组成)、推进剂供应系统、推进剂贮箱和各种调节器等部分组成。

大多数液体火箭发动机使用的是双组元推进剂,即氧化剂组元和燃烧剂组元,它们分别贮存在各自的贮箱中。发动机工作时,供应系统将两组元分别经各自的输送管道输送到发动机头部,由喷注器喷入燃烧室中燃烧,生成高压、高温的燃烧气体。燃气经喷管膨胀加速后,高速排出产生推动导弹或飞行器的推力。

推进剂供应系统是在要求的压力下,以规定的混合比和流量,将贮箱中的推进剂组元输送到推力室中的系统。推进剂供应系统包括贮存或挤压气体的装置、将推进剂输送到推力室中的增压装置、输送管路、各种自动阀门、流量和压力调节装置。因此,根据输送系统的输送方式不同,液体火箭发动机又可分为挤压式液体火箭发动机和泵压式液体火箭发动机。图1-2和图1-3分别为典型的挤压式液体火箭发动机和泵压式液体火箭发动机的系统简图。在挤压式供应系统中,高压气体经减压器后进入氧化剂贮箱和燃料贮箱中,将氧化剂和燃料挤压到推力室中。挤压式火箭发动机绝大多数为小推力发动机,主要应用于航天器、卫星的姿态控制、小规模空间机动、轨道修正、轨道保持等。大推力发动机一般采用泵压式火箭发动机,这类发动机依靠涡轮泵给推进剂增压来达到输送推进剂的目的,主要应用于运载火箭、大型导弹的主发动机,为飞行器提供较大的速度增量,产生飞行所必需的推力。

除了按输送系统的输送方式不同分类外,还有其他多种分类方式。如按使用的推进剂组元数目不同分为单组元液体火箭发动机、双组元液体火箭发动机和三组元液体火箭发动机;按使用的推进剂类型不同分为可贮存推进剂液体火箭发动机、自燃和非自燃推进剂液体火箭发动机、低温推进剂液体火箭发动机;按完成任务形式分为芯级液体火箭发动机、助推级液体火箭发动机、上面级液体火箭发动机和空间用液体火箭发动机;按推力大小可分为大推力液体火箭发动机和小推力液体火箭发动机;按发动机的功能不同分为用于发射有效载荷并使有效载荷的速度显著增加的主推进液体火箭发动机和用于轨道修正和姿态控制的辅助推进液体火箭发动机。

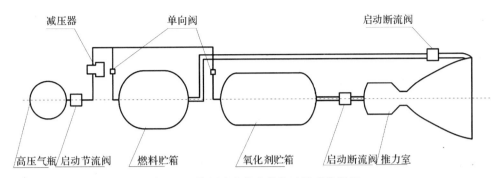

图 1-2 挤压式液体火箭发动机系统简图

液体火箭发动机是弹道导弹、运载火箭及航天器的主要动力装置,是这些飞行器不可缺少的主要组成部分,在第一代战略导弹武器中都采用了液体火箭发动机。由于这种发动机性能高、推力大、适应性强、技术成熟、工作可靠,故近代大型运载火箭、航天飞机等都以液体火箭发动机作为主要的动力装置。在早期的防空导弹推进系统中曾大量使用液体火箭发动机,但由于其结构复杂、工作可靠性低且难以长期保持战备状态等固有的缺点,从第二代防空导弹开始就已被固体火箭发动机所替代。

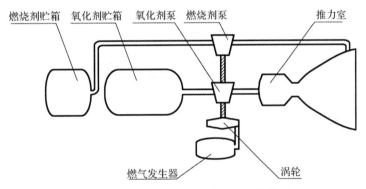

图 1-3 泵压式液体火箭发动机系统简图

混合火箭发动机是混合推进剂火箭发动机的简称,与固体火箭发动机和液体火箭发动机只使用单一物态推进剂不同的是,混合火箭发动机同时使用固体和液体两种推进剂,一般把燃烧剂为固体、氧化剂为液体的称为正混合,反之称为逆混合。图 1-4 所示的是一种典型的正混合固液混合火箭发动机简图。发动机启动时,高压气瓶中的高压气体通过减压器降低至所需的压强进入氧化剂贮箱,受挤压的液体氧化剂经阀门进入燃烧室,而后由燃烧室头部的喷注器喷入燃烧剂药柱的内孔通道中。药柱点燃后,药柱内孔表面生成的可燃气体与通道内的液体氧化剂射流互相混合并燃烧,产生的燃气从喷管排出,产生推力。

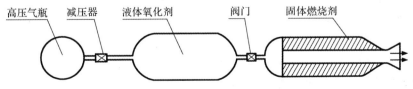

图 1-4 固液混合火箭发动机简图

目前固液混合火箭发动机多数为正混合发动机,因为这种组合的推进剂可以提高推进剂的平均密度比冲。此外,燃料的体积通常都小于氧化剂的体积,所以正混合具有燃烧室尺寸小的优点。另一个重要原因是固体氧化剂都是粉末,要制成一定形状并具有一定机械强度的药柱比较困难。固体燃烧剂一般都选用贫氧推进剂而避免使用纯燃烧剂,这样有利于工艺成型以及点火和燃烧。

1.2.2 冲压发动机

冲压喷气发动机简称冲压发动机,是利用高速飞行(一般达到超声速)产生的冲压效应吸入空气,与燃料或燃气进一步反应,产生的高温燃气通过喷管高速喷出获得推力的动力装置。由于需要高速冲压吸入空气,所以冲压发动机自身不具备起飞能力,需要借助其他发动机加速到一定速度时才能正常工作,因此,应用于防空导弹的冲压发动机实质上是一种组合发动机。

冲压喷气发动机的核心在于"冲压"两字。冲压发动机由进气道(也称扩压器)、燃烧室、燃料供给系统和推进喷管四部分组成。与其他吸气式发动机相比,其结构要简单得多。

现代的冲压喷气发动机一般由四个主要组成部分构成,如图1-5所示。

(1)进气道。进气道的主要作用是引入空气,实现压缩过程,提高气流的压力。迎面空气流经过扩压器,以尽可能小的损失减速增压,提供燃烧室进口所需的速度场。

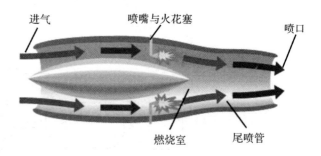

图1-5 冲压发动机简图

(2)燃烧室。它是实现燃烧过程,使气流温度增高的地方。减速增压后的空气进入燃烧室与燃料混合,在燃烧室中进行等压燃烧,使气体焓值增高。燃烧室设计应保证能在冲压发动机整个工作范围内保持稳定燃烧,并获得尽可能高的燃烧效率和尽可能小的热损失及流动损失。

(3)尾喷管。燃烧后的高温高压燃气,经尾喷管膨胀加速后排出。在尾喷管中,燃气的一部分焓转变成动能,产生动量大于迎面气流动量的高速射流,从而产生推力。

(4)燃料供给系统及自动调节系统。根据所感受的内部和/或外部参数,调节进入燃烧室的燃料流量及某些部件(如扩压器、尾喷管)的几何形状,以适应飞行高度和速度变化时空气流量的变化,并使可调部件的几何形状尽量好地适应发动机所处的工作状态。

冲压发动机的基本类型,按其工作原理包括亚燃冲压发动机、超燃冲压发动机、双模态冲压发动机以及双燃烧室冲压发动机。

(1)亚燃冲压发动机。即亚声速燃烧冲压发动机,是冲压发动机的最基本类型,也是冲压发动机的原型。其特点是,工作时高速空气流经进气道,以尽可能小的损失减速至亚声速并增压后进入燃烧室,与燃料混合燃烧,产生具有一定压力的高温燃气,经尾喷管膨胀加速,以一部分焓转变为动能,高速喷出而得到推力。

(2)超燃冲压发动机。即超声速燃烧冲压发动机,它是在高超声速飞行条件($Ma>5$)下,使燃烧室入口气流减速至低超声速时组织湍流燃烧的冲压发动机。随着马赫数的增加,静温和静压急剧升高,激波损失、壁面热流损失以及燃烧产物离解损失急剧增加,这时就要采用超燃冲压发动机。发动机热力循环优化分析结果表明,当经过进气道减速后的气流马赫数为飞行马赫数的 1/3～1/2 时,发动机性能最佳。超燃冲压发动机由进气道、隔离段、燃烧室、内/外喷管等主要部件组成。超燃冲压发动机需要较大的进/出口流通面积,为此可利用前机身的预压缩作用和后机身的继续膨胀作用,进行飞行器/发动机的一体化设计。这种能在较宽的马赫数范围($Ma=6～15$)内工作并具有自加速能力的超燃冲压发动机,适用于加速型和加速/巡航型的推进任务需求,可用于高超声速飞行器。

(3)双模态冲压发动机。随着飞行速度($Ma=4～8$)的提高,在扩张燃烧室的流通通道内,通过调节加热规律相继实现亚/超声速燃烧两种工作模态的冲压发动机。利用几何扩张和燃烧加热对马赫数的影响正好相反的特点,在扩张燃烧室中控制加热规律,能够实现亚/超声速燃烧的转换。这种双模态冲压发动机扩大了超燃冲压发动机的工作马赫数下限,适用于需要自加速和巡航的推进任务,例如高超声速导弹、高超声速飞机、跨大气层飞行器和空天飞机等应用场合。

(4)双燃烧室冲压发动机。即将亚燃冲压发动机与超燃燃烧室组合在一起。燃料先在亚燃燃烧室内燃烧,变成富油燃气,通过其尾喷管加速到超声速,然后喷入超声速空气流中混合燃烧,实际上等于亚燃燃烧室变成一个富油燃气发生器。从发动机性能角度来分析,双燃烧室冲压发动机的性能要比单一类型的超燃冲压发动机的性能低一些,这种类型的冲压发动机一般工作在 $Ma=3～8$ 的范围之内。

按照使用的飞行速度来划分,冲压发动机可分为亚声速、超声速、高超声速三类。前两种发动机统称为亚燃冲压发动机,最后一种称为超燃冲压发动机。

根据冲压发动机的用途,它又可以分为:

(1)加速式冲压喷气发动机。它必须在较宽的速度范围内使用,要求在各种飞行状态下都能可靠地工作。

(2)巡航式冲压喷气发动机。它的工作范围窄,适宜在巡航飞行速度下工作。

与涡轮喷气发动机或火箭发动机相比较,冲压发动机有以下几点优点:

(1)推力比涡喷发动机大,经济性比火箭发动机好;

(2)构造简单、质量轻、成本低;

(3)无转动部件,因而不存在高温转动部件的冷却问题,进气道和发动机与飞行器的结构相容性方面更加优越(可设计成任意形状);

(4)无涡轮叶片耐热性限制,允许更高的燃烧温度,以产生更大推力。

同时,冲压发动机的缺点也很明显,主要有以下几点:

(1)冲压发动机不能自行启动,需借助助推装置;

(2)飞行速度低时性能差、效率低;

(3)对飞行状态的改变敏感,当偏离设计点时发动机性能很快恶化,需对某些部件(如扩压器、尾喷管)进行调节,否则工作范围很窄;

(4)使用冲压发动机的飞行器单位迎面推力较小,单位迎面推力的值越小,表示阻力越大,发动机提供有效推力的能力越小。

除此以外,在冲压发动机的研制过程中存在着一系列技术上的困难,例如,研制高效率的进气道、组织稳定的燃烧、保证可靠的点火启动和高温室壁的可靠冷却等问题。

1.2.3 组合发动机

如图 1-6 所示,各种不同的发动机适合于不同的工作条件。在不同的飞行马赫数下,不同种类的发动机的性能(如比冲)大不相同,如高涵道比混合式 PDE 比冲高,但是其工作范围仅在 $Ma=1$ 以下,涡轮喷气发动机可在 $Ma=0\sim4$ 区间工作,但是,随着马赫数的增加,比冲下降非常快,接近 $Ma=4$ 时性能显著恶化。火箭发动机理论上可在较宽的马赫数下工作,但是其比冲却比较低。由此人们想到,在大空域、做长时间飞行的飞行器动力装置是否可以将两种或两种以上的发动机组合起来,在不同的空域和马赫数范围内发挥各自的高性能,这就是组合发动机的设计思想。组合发动机是指由两种或两种以上不同类型的发动机组合而成的一类新型发动机。其工作循环由参与组合的各类发动机的热力过程所构成,或者是在结构上共用某些主要部件,使总体结构简化。组合发动机往往综合了不同发动机的优点,并克服各自的缺点,从而达到总体性能上的改善和提高,或者达到拓宽工作范围,满足飞行器大空域、大速度范围的需求。目前,对于防空反导导弹而言,其组合发动机主要是冲压发动机和火箭发动机的组合——火箭冲压组合发动机。

火箭冲压发动机的分类方式有多种,常用的分类方式是按照燃气发生器使用的推进剂形态的不同,可分为液体火箭冲压发动机、固体火箭冲压发动机和混合火箭冲压发动机。不论是液体推进剂还是固体推进剂,它们都是贫氧推进剂。按照是否设置单独的引射室(引射器),可分为有单独引射室的引射式火箭冲压发动机和不单独设置引射器的火箭冲压发动机。按照燃烧方式,可分为亚声速燃烧火箭冲压发动机和超声速燃烧火箭冲压发动机。

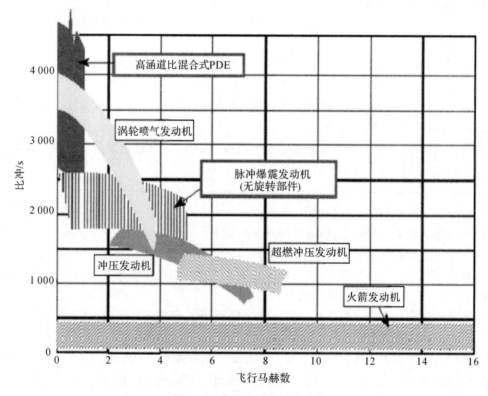

图 1-6　各种发动机性能比较

固体火箭冲压发动机首先在防空导弹上得到了应用。这是由于固体火箭冲压发动机具有系统结构简单、使用方便、比冲较高、工作可靠等优点。其缺点是发动机工作调节困难，弹道难以控制，工作时间受固体药柱结构尺寸的限制，工作时间不宜过长。

与固体火箭冲压发动机相比较，液体火箭冲压发动机的工作时间要比固体火箭冲压发动机的长，而且燃气发生器的流量及余氧系数均可调节。液体火箭冲压发动机的缺点是系统结构复杂，增加了导弹的质量，所需地面设备也多。

1.2.4 其他发动机

凝胶/膏体推进剂火箭发动机，简称凝胶/膏体火箭发动机。凝胶推进剂和膏体推进剂是一种介于固体和液体之间的推进剂，它克服了液体推进剂难以贮存且易泄露，固体推进剂难以实现推力调节和多次启动的缺点，且符合钝感弹药的要求，发烟量少，有利于突防，比冲和密度比冲基本与现役最好的固体推进剂相当，有望成为未来防空反导导弹的主要动力装置。

随着科学技术的发展，目前尚在研究和处于概念阶段的发动机，也有望成为防空反导导弹的动力装置。

1.3 防空导弹推进系统发展历史

防空导弹推进系统主要包括固体火箭发动机、液体火箭发动机、混合发动机、组合发动机和其他发动机等。发动机的发展史实质上就是推进剂的发展史。

固体火箭发动机是一种具有悠久历史的古老的推进动力装置，起源于中国。众所周知，火药是我国古代的四大发明之一，它为固体火箭发动机的发明准备了必要的技术条件。

早在公元 6 世纪，我国唐代的医学家兼炼丹家孙思邈所著的《丹经内伏硫磺法》就已经载有黑火药的配方、特性和制作方法。到了宋朝（公元 960—1279 年），应用黑火药制成的各种火箭，不仅用于焰火娱乐，也用于军事。宋太宗开宝二年（公元 969 年），兵部令史冯继昇等人首先发明了火箭武器。宋真宗咸平三年（公元 1000 年），神卫水军队长唐福、冀州团练使石普等人都相继制造和进献过火箭。宋高宗绍兴三十一年（公元 1161 年），南宋虞允文用火箭"霹雳炮"在长江打败金兵。到了 14—17 世纪的明朝，火箭得到进一步的发展。明神宗万历二十六年（公元 1598 年），赵士祯发明的"火箭溜"，可按一定的方向和角度发射火箭。明熹宗天启元年（公元 1621 年），明代茅元仪所著的《武备志》中绘制了近 30 种火箭图案，如"火箭溜""一窝蜂""火弩流星箭""震天雷""神火飞鸦""火龙出水"等，如图 1-7 所示。"火龙出水"火箭的龙身分别扎有两级火箭，点火时间由引火线控制，这可看作是现代二级火箭的雏形。还有其他一些记载，都充分证明了中国是火箭的发源地，同时说明我国当时的火箭技术已经达到了很高的水平。

13 世纪左右，元军西征，火箭技术传入阿拉伯国家，继而传入欧洲，后来又传入印度。19世纪初期，印度在抵抗英军的侵略战争中使用了火箭，使英国人也开始注意应用火箭作战。1867 年英军进攻丹麦的哥本哈根，一共发射了约 4 万枚火箭，取得了战争的胜利。以后在丹麦、俄国等欧洲国家都相继应用火箭于军事作战。

从我国古代的火箭开始，到 19 世纪欧洲的火箭应用于战争，是固体火箭发展的第一个时期。这一时期所用的推进剂是黑火药，能量较低，技术也比较原始。而火炮由于采用了硝化棉火药和线膛身管等新技术,射程和射击精度大大提高,超越了火箭技术,使得火箭技术不久就从战场上销声匿迹了。

图 1-7　中国古代的火箭
(a)神火飞鸦；　(b)火龙出水

现代火箭技术是 20 世纪在西方首先发展起来的。俄国的齐奥尔科夫斯基是现代火箭的先驱。他在 1903 年撰写的具有巨大影响力的论文《用反作用力装置探索太空》中,首次阐明了火箭飞行的理论、液氢和液氧发动机的设想和火箭最大飞行速度公式,论述了火箭是到达星际空间的唯一运输工具。在 1924 年所著的《太空火箭列车》中,齐奥尔科夫斯基提出了多级火箭理论。

现代固体火箭的发展是从硝化甘油无烟火药的应用开始的。这种无烟火药使火箭的性能得到了很大的提高,开始了一个新的发展阶段。当时欧洲的苏联、德国等都采用无烟的双基推进剂,验证和生产大量的各种近程野战火箭弹。如图 1-8 所示的"喀秋莎"火箭是这个时期苏联火箭的典型代表,在第二次世界大战中发挥了相当大的作用。在德国,到第二次世界大战结束前夕,已经研制了几种多级固体火箭作为远射程武器。

双基推进剂的能量和制造工艺限制了固体火箭技术的发展,火箭技术一度以液体推进技术为主。从"V-2"导弹(见图 1-9)开始到 20 世纪 50 年代,中、远程导弹和人造卫星的运载火箭,以及后来的各种航天飞机、登月飞行器和飞船,其主发动机均为液体火箭发动机。第一代防空导弹的主级动力装置和部分助推器也都采用液体火箭发动机或者液体冲压发动机。这一时期,液体火箭技术得到了飞速的发展。

就在这一时期,固体火箭发动机技术尤其是固体推进剂技术的研究工作也一直在进行。1944 年,美国喷气推进实验室(JPL)研制成功了复合推进剂,这种推进剂在能量和工艺性上都有重大突破,固体火箭推进技术又进入了一个新的发展时期。复合推进剂可以广泛选择能量高而性能比较全面的氧化剂和燃烧剂,可以得到更高的比冲。而贴壁浇注、内孔燃烧的装药和强度高、质量轻的壳体的采用,使固体火箭发动机向着大尺寸、长时间工作方向发展,大大提高了固体火箭发动机的性能,扩大了它的应用范围。1956 年,美国研制成功"北极星"固体导弹,标志着现代固体推进技术趋于成熟。之后,美国又先后发展了"海神""三叉戟""民兵""MX"等中、远程导弹和大型航天运载工具的固体火箭发动机。曾经作为导弹主要动力的液体火箭发动机逐渐向机动性、安全性和可靠性更为优越的固体火箭发动机过渡。到目前为止,除了少数待淘汰的防空导弹,现代防空导弹的动力装置已经几乎全部为固体火箭发动机。

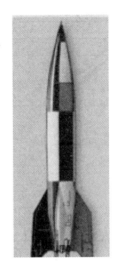

图 1-8　苏联的"喀秋莎"火箭　　　　　图 1-9　德国的"V-2"导弹

　　随着空袭兵器的多样化和其性能的不断进步,防空反导导弹对推进系统性能的要求也在不断提高,主要表现在固体火箭发动机性能的不断改进,以及未来在火箭发动机组合动力和新概念发动机的应用。

第2章 固体火箭发动机

固体火箭发动机是以固体推进剂为能量来源，以固体推进剂燃烧产生的高温高压燃气为工质，通过喷管高速喷出获得推力的动力装置。

2.1 固体火箭发动机概述

固体火箭发动机的应用范围很广，包括航空航天、武器和民用等。目前防空反导导弹的动力装置几乎全部使用固体火箭发动机。

2.1.1 固体火箭发动机分类

按不同的特点，固体火箭发动机可以分为不同的类型。按有无喷管可分为有喷管发动机和无喷管发动机。按喷管数目可分为单喷管发动机、双喷管发动机和多喷管发动机。按照工作特点可分为助推发动机、续航发动机和脉冲发动机。

2.1.2 固体火箭发动机特点

1. 固体火箭发动机的主要优点

（1）结构简单。与其他直接反作用式喷气推进动力装置相比较，固体火箭发动机零部件的数量最少，且构造简单。同液体火箭发动机相比，它不需要推进剂贮箱、推进剂输送-调节系统和燃烧室冷却系统。除了喷管的推力矢量控制装置以外，没有转动部件。

（2）使用方便。固体火箭发动机都是预先装填好的完整的动力装置，发射工作很简单，只要接通点火电源就可以启动。平常的维护工作很少，一般只是定期检查其是否损坏。整个装置都很简单，可以装在车上、船上或飞机上，机动性很好，最适宜于军事上应用。

（3）能长期保持在战备状态。装填好的固体火箭发动机能长期存放，受季节变换、气候条件影响较小，可以长期置于发射架（筒）上或发射井内，根据情况可随时进行发射，这对于武器装备，特别是对于防御性武器，是一个突出的优点。

（4）可靠性高。固体火箭发动机的零部件最少，可以达到很高的可靠性。有一个统计数据表明，在 15 000 次各种型号的固体火箭发动机试验中，可靠性达到了 98.14%，也就是说在 100 次试验中，由于意外的压强升高、室壁过热或连接强度不够而不能正常工作的发动机不多于两个。这对于高性能的动力装置来说，是一个很高的数字。

（5）质量比高。由于固体火箭发动机结构简单，固体推进剂的密度较大，可以实现比较高的质量比。质量比是指推进剂质量对发动机（包括推进剂）总质量之比。质量比越大，对于提高火箭飞行器的总体性能越有利。

另外，固体火箭发动机还可以在高速旋转的条件下工作，比较容易实现飞行器的旋转稳定。

2. 固体火箭发动机的主要缺点

(1)比冲较低。固体推进剂的比冲一般都比液体推进剂低一些。液体推进剂的比冲可达 4 500 m/s 左右。而双基推进剂的比冲为 2 000 m/s 左右,复合推进剂或改性双基推进剂的比冲已经提高到 2 700 m/s 左右。多年来,在提高固体推进剂的比冲方面,很多国家做出了不少努力,新型固体推进剂不断涌现,但仍未能得到较大幅度的进展。据估计,固体推进剂的比冲难以超过 3 000 m/s,这种估计目前看来还一时难以改变。

(2)工作时间较短。固体火箭发动机工作时间较短,主要有两方面的限制:一是受热部件无冷却措施,在高温、高压和高速气流条件下只能短时间工作,虽然可以采用耐热材料和各种热防护措施,但工作时间仍受较大限制;另一方面是受装药尺寸的限制,燃烧时间不能太长。固体火箭发动机最适宜于短时间、大推力的任务,最短的可以在 1 s 以下,甚至以毫秒计,长的可以达几十秒甚至 100 多秒,时间过长的工作任务不适宜固体火箭发动机的应用。

(3)发动机性能受气温影响较大。固体推进剂的燃速随初温不同而改变,使发动机的推力和工作时间都受气候温度的影响。夏季高温,发动机推力增加,工作时间缩短;冬季低温,推力减小,工作时间延长。发动机性能参数的这种变化,必须采取一定的措施,才能使其满足某些规定任务的要求。

(4)可控性能较差。固体火箭发动机一经点燃,便只有自动地燃烧到工作结束,不能根据当时的需要改变推力的大小,只能按照预定的推力方案进行工作,也难以像液体火箭发动机那样实现多次停车和再启动。现在这种状况已有所改善。如采用燃烧室放气和喷水的方法使推力中止;向喷管内喷射液体或采用其他方法可控制推力矢量;采用喷入自燃液体等方法使发动机再次点燃启动等。但是要获得这样的可调性会使其结构变得复杂得多。

(5)发动机工作压强较高。由于固体火箭推进剂完全燃烧所需的临界压强较高,一般都在 6~7 MPa,从而增加了燃烧室的强度负荷,使飞行器消极质量增大。

固体火箭发动机的这些缺点,当然会影响它的发展和使用。但是,经过人们的不断努力,可以逐步减小甚至消除它们的影响,或者利用其优势方面来弥补其缺陷,因此固体火箭发动机的整体性能仍在不断提高,成为应用最广泛的火箭发动机。

2.1.3　固体火箭发动机的主要组成部分和工作过程

固体火箭发动机是一种性能优越的动力装置,其主要组成如图 2-1 所示,由燃烧室、主装药、点火器和喷管等部件组成。

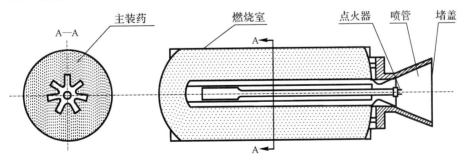

图 2-1　固体火箭发动机主要组成部分

燃烧室是贮存推进剂的容器,又是进行燃烧的空间,不仅要有足够的容量,而且还需要有对高温、高压的承载能力。大多数燃烧室都是圆柱形的,成为整个飞行器受力结构的一部分。少数的也有其他形状,如球形或椭球形燃烧室。燃烧室的材料大都采用高性能的金属材料,如各种合金钢、铝合金和钛合金,还有的采用纤维缠绕复合材料加树脂成型的玻璃钢结构,可以大幅度地减轻壳体的质量。为了防止壳体材料过热而破坏,在燃烧室与高温燃气接触的表面,要采取各种隔热措施,用各种隔热材料黏涂燃烧室内壁,形成防护层。

主装药是由固体推进剂制成的,其中包括燃料、氧化剂和其他组元,是发动机工作的能源和工质源。主装药直接放置于燃烧室中,它可以是可分解的自由装填式,也可以是贴壁浇铸,与燃烧室粘连成一体。主装药必须具有一定的几何形状和尺寸,其燃烧表面的变化必须保持一定的规律,才能实现预期的推力方案。为了保证燃烧表面的变化规律,需要对装药表面的某些部分用阻燃层进行包覆,防止其参与燃烧。

点火器用于点燃主装药,主要包括电发火管及点火药。启动时,先是发火管发火,然后点燃点火药,点火药燃烧产生的高温高压燃烧产物,包围主装药的燃烧表面,将主装药点燃。对于大型或较长装药的固体火箭发动机,为了确保其燃烧面全面瞬时点燃,可采用小型的点火发动机作点火器。

喷管是固体火箭发动机的能量转换装置,它具有以下功能:首先,通过它的喷喉面积来控制燃气的流量,以达到控制燃烧室内燃气压强的目的。其次,燃气通过喷管进行膨胀加速,形成超声速气流高速向后喷出,产生反作用推力。为了使亚声速流能加速为超声速流,都采用截面形状先收敛后扩张的拉瓦尔喷管。由于喷管始终承受着高温、高压、高速气流的冲刷,尤其在喉部情况更加严重,因此需要在喉部采用耐高温耐冲刷的材料(如石墨、钨渗铜、碳/碳复合材料等)作喉衬,并在内表面采取相应的热防护措施。为了在飞行中对飞行器的方向和姿态进行控制,现代的固体火箭发动机都有推力矢量控制装置,有的将整个喷管做成可以摆动的或可旋转的,或者在喷管结构上安装其他的推力矢量控制装置,在发动机工作期间用以改变推力的方向。

有的固体火箭发动机要求有推力终止装置。例如,弹道式导弹的末级火箭发动机,要求在达到预定的高度和速度的时候,准确地停车,以保证其弹道的准确性,这就要求固体火箭发动机能准确地实现推力终止。通常是在燃烧室上打开反向喷管,产生反向推力来终止原来的推力的。

火箭发动机的工作过程,实质上就是把推进剂的化学能转变为燃烧产物的动能,进而转变为火箭飞行动能的一种能量转换过程。

固体推进剂是发动机的能源,它在燃烧室中被点燃而进入燃烧过程。燃烧是一种剧烈而复杂的化学反应,生成了高温($2\,000 \sim 3\,500$ K)、高压($4 \sim 20$ MPa)的燃烧产物(主要是双原子和三原子的气相成分,有时也会有少量凝相成分),将推进剂中蕴藏的部分化学能转变成燃烧产物的热能。这是固体火箭发动机第一个能量转换过程。

作为工质的燃烧产物从燃烧室流入喷管。喷管是具有先收缩后扩张的管道,燃烧产物在这种喷管内得以膨胀、加速,最后以比声速高数倍的速度从喷管出口喷出。此时,喷管入口处燃烧产物的热能又部分地转变成喷管出口处高速喷射的燃烧产物的动能。这是在喷管中完成的第二个能量转换过程。凭借这种动能对火箭发动机产生的反作用力(即发动机的推力)推动火箭运动,最后转化为火箭飞行的动能。图 2-2 所示是火箭发动机的能量转换过程示意图。

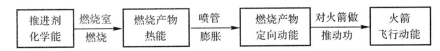

图 2-2　火箭发动机的能量转换过程示意图

这就是固体火箭发动机的主要组成部分和基本的工作过程。

2.2　固体火箭发动机主要性能参数

表征固体火箭发动机性能和工作质量的基本参数,包括推力、喷气速度、流率、特征速度、推力系数、工作时间、总冲和比冲等。

2.2.1　推力与喷气速度

1. 推力

当火箭发动机不工作时,其内外表面均受到外界大气静压强的作用而处于受力平衡状态,推力为零。当火箭发动机工作时,其内表面受到燃气压强的作用,而且随着燃气流速的变化,发动机内表面上的燃气压强分布也是变化的,但其外表面仍然受到外界大气静压强的作用。此时发动机内、外表面的受力处于不平衡状态,其全部作用力的合力就构成了推动飞行器前进的动力,即火箭发动机的推力,它是火箭发动机的一个主要性能参数,用符号 F 表示。

火箭发动机的推力是指发动机工作时作用于发动机全部表面(包括内外表面)上的气体压力的合力,即

$$F = F_内 + F_外 \tag{2-1}$$

式中　$F_内$ 是燃气对发动机内表面的作用力。发动机工作时,燃气受发动机的作用而加速,得到了向后的动量,根据作用力与反作用力的力学第三定律,燃气气流必以大小相等、方向相反的反作用力作用于发动机上,这就是 $F_内$。

$F_外$ 是外界大气对发动机外表面的作用力。发动机的推力只考虑垂直于发动机外表面的大气静压强,它是垂直于发动机外表面的。如果在飞行中发动机表面直接与相对运动的气流接触,还有切向的空气阻力,切向作用力计入飞行器的阻力。

推力公式的推导通常有两种方法,即根据气体动量变化和根据发动机内、外表面上的压强分布来推导。本章只介绍根据气体动量变化推导推力公式。

发动机中燃气的流动是复杂的三维非定常流动,为了分析方便,假定燃气的流动是一维定常流。由于发动机的形状大多是轴对称的,各种作用力在垂直于发动机轴线方向的分力互相抵消,所以只需要考虑沿发动机轴线方向各参数的变化。

如图 2-3 所示,取导弹前进方向为坐标正向。发动机内燃气由 0—0 截面至 e—e 截面运动过程中,流速由 0 增加到 u_e。这两个截面之间的燃气所受的外力是发动机内表面的作用力 $F_内$ 和在 e—e 截面上外界大气对燃气的压力 $p_e A_e$。

根据动量定理,气体的动量变化率等于气体所受到的外力。设气体的质量流率为 $\dot{m}$,则有

$$\dot{m}[(-u_e) - 0] = -F_内 + p_e A_e$$

式中　u_e 和 $F_内$ 前面的负号表示它们的方向与 x 轴正方向相反。由上式可得

$$F_{内} = \dot{m}u_e + p_e A_e$$

由于发动机后端是开口的,所以作用在发动机外表面的外界大气压力是不平衡的,若外界大气压强是 p_a,则不平衡力的数值为 $-p_a A_e$,其方向与 x 轴线方向相反,故用负号。

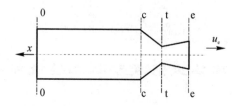

图 2-3　火箭发动机简图

发动机内、外表面上所受的力的合力就是发动机的推力 F,有

$$F = \dot{m}u_e + (p_e - p_a)A_e \tag{2-2}$$

式中　各参数单位均按照国际单位制(SI 制)。

上述推力公式适用于各种类型的火箭发动机。

由推力公式(2-2)可见,推力由两部分组成。第一项 $\dot{m}u_e$ 称为动推力(也称冲量推力),其大小取决于燃气的质量流率 $\dot{m}$ 和喷气速度 u_e,它是推力的主要组成部分,通常占总推力的 90% 以上。第二项 $(p_e - p_a)A_e$ 称为静推力,它是由于喷管出口处燃气压强 p_e 与外界大气压强 p_a 不平衡而引起的,其大小取决于两者的压强差及出口截面的尺寸。对喷管尺寸已定的发动机,则只与工作高度有关。从推力公式(2-2)可看出,当喷管出口压强 p_e 等于外界大气压强 p_a 时,静推力为零,只有动推力一项。发动机只有在某个特定的高度上工作才能满足 $p_a = p_e$,所以称 $p_a = p_e$ 的状态为设计状态,这时的推力称为特征推力 $F_{特征}$。

$$F_{特征} = \dot{m}u_e \tag{2-3}$$

当发动机在真空中工作时,$p_a = 0$,这时的推力称为真空推力 F_v。

$$F_v = \dot{m}u_e + p_e A_e \tag{2-4}$$

随着工作高度增加,外界大气压强 p_a 逐渐减小,推力则逐渐增大,这是火箭发动机推力的一个重要特点。

为了分析方便,可引入另一个参数 u_{ef},使推力公式简化成

$$F = \dot{m}u_{ef} \tag{2-5}$$

式中　u_{ef} 称为等效喷气速度,它是一个设想的喷气速度。由推力基本公式(2-2)可推导出

$$u_{ef} = u_e + \frac{p_e - p_a}{\dot{m}}A_e \tag{2-6}$$

2. 喷气速度

推力公式(2-2)中的 u_e 就是喷气速度,即喷管出口截面上气流通过的速度。为了便于研究燃气在喷管中的膨胀流动过程,假设喷管中的流动是理想的一维定常等熵流动,忽略燃气对喷管壁的摩擦、传热以及燃气在膨胀过程中的成分变化,并认为燃气的定压比热是常量。

这样,燃气流动的能量方程可以写成

$$H + \frac{u^2}{2} = H_0 = \text{const} \tag{2-7}$$

式中　H—— 单位质量气体所具有的焓;

H_0——当气流速度绝热地滞止到零时,单位质量气体所具有的焓,又称滞止焓。

若以下角标 c 表示喷管入口截面,下角标 e 表示喷管出口截面,能量方程式(2-7)可以写为

$$H_c + \frac{u_c^2}{2} = H_e + \frac{u_e^2}{2} \qquad (2-8)$$

一般情况下 $u_c \ll u_e$,可以略去 u_c,并近似认为 $H_c = H_0$,于是得

$$H_0 = H_e + \frac{u_e^2}{2}$$

$$u_e = \sqrt{2(H_0 - H_e)} = \sqrt{c_p T_f \left(1 - \frac{T_e}{T_f}\right)} = \sqrt{\frac{2k}{k-1} \frac{R_0}{m} T_f \left[1 - \left(\frac{p_e}{p_c}\right)^{\frac{k-1}{k}}\right]} \qquad (2-9)$$

式中　　m——燃烧产物的平均分子量;

　　　　R_0——通用气体常数。

从式(2-9)可以看出,喷气速度主要取决于燃气在喷管膨胀过程中的焓降。影响喷气速度 u_e 的因素可以分为两方面:一方面是推进剂的性能,反映在燃烧温度 T_f、比热比 k 和平均分子量 m;另一方面是喷管的膨胀压强比 p_e/p_c。

假定喷管出口压强小到零,即 $p_e = 0$,这时燃气的全部热能都转换为喷气的动能,喷气速度达到极限值,称为极限喷气速度 u_L,它说明燃气热能的利用程度。

$$u_L = \sqrt{2H_0} = \sqrt{2c_p T_f} = \sqrt{\frac{2k}{k-1} R T_f} \qquad (2-10)$$

极限喷气速度指出某种推进剂提供的喷气速度的极限值,实际喷气速度永远达不到极限喷气速度 u_L,两者的比值在 $0.65 \sim 0.75$ 之间。

2.2.2　流率、流率系数和特征速度

在发动机稳态工作条件下,按照质量守恒的原则,通过喷管任意截面的流率都相等,且等于推进剂的消耗率。喷管的临界截面是一个特征截面,因此取它作为研究流率的基准截面。

根据质量守恒方程

$$\dot{m} = \rho u A = \rho_t u_t A_t = \text{const} \qquad (2-11)$$

式中　　下角标 t 表示喷管临界截面。

参照喷气速度的计算式(2-9),可得喷管中任一截面的流速公式,再将等熵过程方程和状态方程代入式(2-11)得

$$\dot{m} = A \sqrt{\frac{2k}{k-1} p_c \rho_c \left[\left(\frac{p}{p_c}\right)^{\frac{2}{k}} - \left(\frac{p}{p_c}\right)^{\frac{k+1}{k}}\right]} \qquad (2-12)$$

通常,为了方便起见,流率可表示为

$$\dot{m} = \frac{\Gamma}{\sqrt{RT_f}} p_c A_t \qquad (2-13)$$

式中　　$\Gamma = \sqrt{k} \left(\frac{2}{k+1}\right)^{\frac{k+1}{2(k-1)}}$,$\Gamma$ 值只是燃气比热比的函数。

从流率公式(2-13)可以看出,流率与喷管入口滞止压强和临界截面积成正比,与燃烧产物的 RT_f 的二次方根成反比,比热比 k 的影响较弱。

流率公式可以写成更简明的形式

$$\dot{m} = C_D p_c A_t \tag{2-14}$$

式中 C_D 是流率系数，主要取决于推进剂成分，其定义为

$$C_D = \frac{\Gamma}{\sqrt{RT_f}} \tag{2-15}$$

流率系数反映了燃烧产物的热力学性质，主要由推进剂成分决定。在火箭发动机中，经常使用特征速度 c^* 代替流率系数，特征速度由流率关系定义，即

$$\dot{m} = \frac{p_c A_t}{c^*} \tag{2-16}$$

因此有

$$c^* = \frac{1}{C_D} = \frac{\sqrt{RT_f}}{\Gamma} \tag{2-17}$$

式中 c^* 具有速度的量纲(m/s)，因此称为特征速度，但它是一个假想的速度，与流动过程无关。它是反映推进剂能量特性的参数。c^* 的数值取决于燃烧产物的热力学性质，即与燃烧温度、燃烧产物平均分子量和比热比有关。c^* 值越大，可达到更大的喷气速度。

2.2.3 推力系数

把喷管流率 $\dot{m}$ 的表达式(2-14)和喷气速度 u_e 的表达式(2-9)代入推力公式(2-2)可得

$$F = p_c A_t \left\{ \Gamma \sqrt{\frac{2k}{k-1}\left[1 - \left(\frac{p_e}{p_c}\right)^{\frac{k-1}{k}}\right]} + \frac{A_e}{A_t}\left(\frac{p_e}{p_c} - \frac{p_a}{p_c}\right) \right\} \tag{2-18}$$

用一个系数简化推力公式(2-18)的形式，得

$$F = C_F p_c A_t \tag{2-19}$$

式中 C_F 称为推力系数，有

$$C_F = \Gamma \sqrt{\frac{2k}{k-1}\left[1 - \left(\frac{p_e}{p_c}\right)^{\frac{k-1}{k}}\right]} + \frac{A_e}{A_t}\left(\frac{p_e}{p_c} - \frac{p_a}{p_c}\right) \tag{2-20}$$

推力系数是一个无因次系数，它是表征喷管性能的参数，C_F 越大则说明燃气在喷管中进行膨胀过程越完善。影响 C_F 的因素有比热比 k、压强比 p_e/p_c，p_a/p_c 和面积比 A_e/A_t。

喷管在真空状态下工作时，$p_a = 0$，这时推力系数写成

$$C_{FV} = \Gamma \sqrt{\frac{2k}{k-1}\left[1 - \left(\frac{p_e}{p_c}\right)^{\frac{k-1}{k}}\right]} + \frac{A_e}{A_t}\frac{p_e}{p_c} \tag{2-21}$$

式中 C_{FV} 称为真空推力系数，它只取决于喷管结构和比热比 k 的值。

喷管在完全膨胀状态下工作时，$p_a = p_e$，这时推力系数写成

$$C_F^0 = \Gamma \sqrt{\frac{2k}{k-1}\left[1 - \left(\frac{p_e}{p_c}\right)^{\frac{k-1}{k}}\right]} \tag{2-22}$$

式中 C_F^0 称为特征推力系数，它只是喷管面积比 A_e/A_t 和比热比 k 的函数，而与燃烧室压强和外界大气压强无关。

用特征推力系数表示推力系数的公式为

$$C_F = C_F^0 + \frac{A_e}{A_t}\left(\frac{p_e}{p_c} - \frac{p_a}{p_c}\right) \tag{2-23}$$

当发动机工作高度一定时(即外界大气压强 p_a 一定时),随着出口压强 p_e 的变化,喷管的工作状态也不一样。当 $p_a = p_e$ 时,喷管处于完全膨胀状态;当 $p_a \neq p_e$ 时,喷管处于欠膨胀或过膨胀状态。在完全膨胀状态下工作的喷管,产生的推力最大。当燃烧室压强 p_c 和喷管喉部截面积 A_t 一定时,发动机的推力与推力系数成正比。既然只有完全膨胀喷管的推力最大,那么它的推力系数也最大。

完全膨胀喷管的推力系数值可由一般推力系数公式求得。即当 $p_e/p_c = p_a/p_c$ 时,得

$$C_{Fmax} = C_F^0 = \Gamma\sqrt{\frac{2k}{k-1}\left[1-\left(\frac{p_e}{p_c}\right)^{\frac{k-1}{k}}\right]} \qquad (2-24)$$

式(2-24)表明,由给定压强比 p_e/p_c 所表示的完全膨胀喷管的推力系数,正好等于由给定压强比所表示的特征推力系数。

2.2.4 总冲和比冲

1. 总冲

火箭发动机的总冲量是指发动机推力的冲量,简称总冲。在推力不变的情况下,总冲是推力与时间的乘积,用符号 I 表示。

$$I = Ft_a \qquad (2-25)$$

式中 t_a 为工作时间,应包括其产生推力的全部时间,可以从发动机实验的压强-时间或推力-时间曲线(见图2-4)来确定。为了计算时有统一标准,工作时间 t_a 通常按下列惯用的方法确定:以发动机点火后推力上升到10%最大推力或其他规定推力(或压强)的一点为起点,以熄火后推力下降到10%最大推力或其他规定推力(或压强)的一点为终点,这两点间的时间间隔作为工作时间。

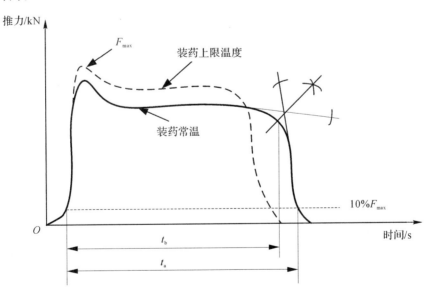

图 2-4 典型推力-时间曲线示意图

图2-4中 t_b 为装药燃烧时间,是指从点火启动、装药开始燃烧到装药燃烧层厚度烧完为止的时间,不包括拖尾段。燃烧时间 t_b 的具体确定,也有一个惯用的方法:计算燃烧时间的起点

与工作时间是一样的,但终点则是推进剂装药肉厚的燃完点。在推力-时间曲线上,在工作段后部和下降段前部各作一条切线,两切线夹角的角等分线与推力-时间曲线的交点,就作为计算燃烧时间的终点。

在一般情况下,推力是随时间变化的,因此,发动机的总冲量定义为推力对工作时间的积分:

$$I = \int_0^{t_a} F \mathrm{d}t \qquad (2-26)$$

总冲的单位,在国际单位制中为牛顿·秒(N·s)。在工程单位制中为千克力·秒(kgf·s)或吨·秒(t·s)。

总冲是火箭发动机的重要性能参数,它包括发动机推力和推力持续工作时间,综合反映了发动机工作能力的大小。发动机总冲越大,则火箭射程越远或发射的载荷越大。要达到同样的总冲,可以采用不同的推力与工作时间的组合,这需要根据火箭的用途来选择。例如助推器宜用大推力、短工作时间;续航发动机宜用小推力、长工作时间。

将式(2-5)代入式(2-26)得

$$I = \int_0^{t_a} \dot{m} u_{\mathrm{ef}} \mathrm{d}t \qquad (2-27)$$

对于一定的发动机,等效喷气速度 u_{ef} 在工作过程中变化不大,可近似看作常数,再考虑到

$$\int_0^{t_a} \dot{m} \mathrm{d}t = M_{\mathrm{p}}$$

式中 M_{p} 为推进剂装药质量。因此

$$I = M_{\mathrm{p}} u_{\mathrm{ef}} \qquad (2-28)$$

由式(2-28)可见,总冲与等效喷气速度和装药质量有关。要增大发动机总冲,必须选用高能推进剂以提高等效喷气速度,同时主要靠增加装药质量来实现。对固体火箭发动机来说,由于装药质量的大小直接影响发动机尺寸,所以总冲的大小就反映了发动机的大小。

2. 比冲

发动机的比冲量(简称比冲),是燃烧 1 kg 质量推进剂所产生的冲量,用符号 I_{s} 表示。因此,比冲是推力冲量与消耗推进剂质量之比。发动机在工作阶段的平均比冲可用下式计算:

$$I_{\mathrm{s}} = \frac{I}{M_{\mathrm{p}}} \qquad (2-29)$$

比冲的单位,在国际单位制中为牛顿·秒/千克(N·s/kg)或米/秒(m/s)。在工程单位制中为千克力·秒/千克(kgf·s/kg)或秒(s)。

发动机的比推力,是指每秒钟消耗 1 kg 质量的推进剂所产生的推力,即推力与质量流率之比,用符号 F_{s} 表示:

$$F_{\mathrm{s}} = \frac{F}{\dot{m}} \qquad (2-30)$$

比推力的单位,在国际单位制中为牛顿/(千克·秒$^{-1}$)(N/(kg·s^{-1}))或米/秒(m/s)。在工程单位制中为千克力/(千克·秒$^{-1}$)(kgf/(kg·s^{-1}))或秒(s)。

比冲与比推力在定义和物理意义上有区别,但在数值上是相同的,它们可以取瞬时值,也可以取发动机工作过程中某一时间间隔的平均值,视应用场合而定。对固体火箭发动机来说,在发动机试验中,精确测量推进剂流率较困难,所以,通常是利用试验中记录的推力-时间曲

线,整理出总冲值,除以推进剂质量求得平均比冲,所以采用比冲这个参数较为方便。

比冲是发动机的重要质量指标之一。它主要取决于推进剂本身能量的高低,也与发动机工作过程的完善程度有关。比冲对火箭性能有重要影响。若发动机的总冲已给定,比冲越高,则所需要的推进剂质量也越小,因此发动机的尺寸和质量都可以减小。若推进剂质量给定,比冲越高,则发动机总冲也越大,可使火箭的射程或载荷相应地增加。目前固体火箭发动机的实际比冲在 $2\ 100\sim2\ 800\ \mathrm{m/s}$ 之间。

2.2.5　火箭发动机参数实际值和火箭的理想飞行速度

1. 火箭发动机参数的实际值

前面给出的发动机主要性能参数,是在理想条件下通过热力计算和喷管计算等得到的,这些数值称为理论值。由于发动机实际工作过程较复杂,影响因素很多,这样就使理论值与实际值之间有一定差别。分析这些差别,有助于我们了解发动机的实际工作过程,为提高发动机性能和改进设计方法提供依据。

发动机性能参数的实际值,一般是通过发动机静止点火试验,获得推力-时间曲线和燃烧室压强-时间曲线,并在试验前测量推进剂装药质量 M_p 和喷管喉径 d_t 等数据。某些性能参数如特征速度、推力系数和比冲等,则是根据试验数据再经过适当计算求得的。下面讨论如何算出这些参数的实际值。用下角标"理"和"实"分别表示各参数的理论值和实际值。

(1) 特征速度 $c^*_\text{实}$。根据喷管流率关系式

$$\dot{m} = \frac{A_\mathrm{t}p_\mathrm{c}}{c^*}$$

等式两边对发动机工作时间积分得

$$\int_0^{t_\mathrm{a}} \dot{m}\mathrm{d}t = \int_0^{t_\mathrm{a}} \frac{A_\mathrm{t}p_\mathrm{c}}{c^*}\mathrm{d}t \tag{2-31}$$

在发动机工作过程中,如果喷管喉部材料烧蚀很轻微,则可认为喷管喉部截面积 A_t 不随时间变化;在一般情况下,特征速度 $c^*_\text{实}$ 可看作常数(或取工作时间内的平均值),这样,式(2-31)可写成

$$M_\mathrm{p} = \frac{A_\mathrm{t}}{c^*}\int_0^{t_\mathrm{a}} p_\mathrm{c}\mathrm{d}t$$

因为式中其他参数值都是取发动机工作的实际值,于是 c^* 也是实际值:

$$c^*_\text{实} = \frac{A_\mathrm{t}}{M_\mathrm{p}}\int_0^{t_\mathrm{a}} p_\mathrm{c}\mathrm{d}t \tag{2-32}$$

这里 $\int_0^{t_\mathrm{a}} p_\mathrm{c}\mathrm{d}t$ 称为压强冲量,是试验中测得的 $p_\mathrm{c}-t$ 曲线的积分。注意式中的 p_c 应该是喷管等熵流动中的总压,即喷管入口总压,实际应用中常以测量得到的燃烧室压强代替,因此发动机试验中应测得的压强确实能代表喷管入口总压。

(2) 推力系数 $C_{F\text{实}}$。根据推力关系式

$$F = C_F p_\mathrm{c} A_\mathrm{t}$$

等式两边对发动机工作时间积分得

$$\int_0^{t_\mathrm{a}} F\mathrm{d}t = \int_0^{t_\mathrm{a}} C_F p_\mathrm{c} A_\mathrm{t}\mathrm{d}t \tag{2-33}$$

在喷管喉部不烧蚀的情况下，A_t 在工作时间内保持不变，推力系数 C_F 一般可认为是常数（或取工作时间内的平均值），于是

$$\int_0^{t_a} F \mathrm{d}t = C_F A_t \int_0^{t_a} p_c \mathrm{d}t \qquad (2-34)$$

式中，两个积分值取自实测 $F-t$ 曲线和 p_c-t 曲线，A_t 取实测值，因此 C_F 也是实际值：

$$C_{F\text{实}} = \frac{\int_0^{t_a} F \mathrm{d}t}{A_t \int_0^{t_a} p_c \mathrm{d}t} = \frac{I_\text{实}}{A_t \int_0^{t_a} p_c \mathrm{d}t} \qquad (2-35)$$

（3）比冲 $I_{s\text{实}}$。根据比冲的定义，可写出 $I_{s\text{实}}$ 的计算式：

$$I_{s\text{实}} = \frac{I_\text{实}}{M_p} = \frac{\int_0^{t_a} F \mathrm{d}t}{M_p} \qquad (2-36)$$

或

$$I_{s\text{实}} = c_\text{实}^* \, C_{F\text{实}} \qquad (2-37)$$

（4）冲量系数。一般情况下，特征速度、推力系数和比冲的理论值都比实际值大一些，通常用这些参数的实际值与理论值之比来表示这种差别。

发动机实际比冲与理论比冲的比值，称为发动机的冲量系数，用符号 ξ 表示：

$$\xi = \frac{I_{s\text{实}}}{I_{s\text{理}}} \qquad (2-38)$$

由于

$$I_s = c^* C_F$$

所以 ξ 可以表示为

$$\xi = \frac{c_\text{实}^* \, C_{F\text{实}}}{c_\text{理}^* \, C_{F\text{理}}} = \xi_c \xi_N \qquad (2-39)$$

其中

$$\xi_c = \frac{c_\text{实}^*}{c_\text{理}^*} \qquad (2-40)$$

$$\xi_N = \frac{C_{F\text{实}}}{C_{F\text{理}}} \qquad (2-41)$$

式中　ξ_c 为燃烧室质量系数；ξ_N 为喷管质量系数，它们反映了燃烧室和喷管中工作过程的完善程度。这两个系数也表示了由于实际过程与理论过程的差别而产生的对比冲的影响，因此也称 ξ_c 为燃烧室冲量系数，ξ_N 为喷管冲量系数。

现代固体火箭发动机燃烧室质量系数 ξ_c 在 $0.94 \sim 0.99$ 之间，喷管质量系数 ξ_N 的范围为 $0.88 \sim 0.97$，发动机冲量系数 ξ 为 $0.82 \sim 0.96$。

2. 火箭的理想飞行速度

火箭发动机的主要功能是使火箭具有一定的飞行速度。下面将导出火箭的理想飞行速度公式，揭示理想飞行速度与发动机性能参数、火箭的基本结构参数之间的关系。理想飞行速度指的是火箭在不计空气阻力和重力时，即在大气层和重力场以外空间中的飞行速度。

按照牛顿第二定律，火箭的加速运动可以写为

$$F = M \frac{\mathrm{d}V}{\mathrm{d}t}$$

式中　F 为发动机的推力；M 为整个火箭飞行器的质量，它随着推进剂的消耗而减小，$\mathrm{d}V/\mathrm{d}t$

为火箭的加速度。

火箭发动机的推力等于推进剂消耗率 $\dot{m}$ 和比冲 I_s 的乘积

$$F = \dot{m} I_s$$

而推进剂的消耗率就是火箭质量减小的速率：

$$\dot{m} = -\frac{\mathrm{d}M}{\mathrm{d}t}$$

联立以上各式,得

$$M\frac{\mathrm{d}V}{\mathrm{d}t} = -I_s\frac{\mathrm{d}M}{\mathrm{d}t}$$

或

$$\mathrm{d}V = -I_s\frac{\mathrm{d}M}{M}$$

从开始加速($V=0$)时起到达最大速度($V=V_{\max}$)时止,进行积分得

$$\int_0^{V_{\max}}\mathrm{d}V = \int_{M_0}^{M_0-M_p}I_s\frac{\mathrm{d}M}{M}$$

可得

$$V_{\max} = I_s\ln\frac{M_0}{M_0-M_p} \qquad (2-42)$$

式中　M_0 为起飞时整个火箭的质量,而 $M_0 = M_p + M_e + M_s$,M_p 为全部推进剂的质量,M_e 为有效载荷质量,M_s 为发动机结构质量。$M_0 - M_p = M_e + M_s = M_f$ 为推进剂燃尽后的火箭质量,又叫消极质量。定义 $\mu = M_0/M_f$ 为火箭的质量数,即火箭起飞质量与推进剂燃尽后火箭质量之比,它是一个比 1 大得多的数字,因此,可得

$$V_{\max} = I_s\ln\mu \qquad (2-43)$$

式(2-43)为火箭理想速度公式,即著名的齐奥尔考夫斯基公式。它表明火箭的最大速度与发动机比冲和火箭的质量数直接有关,图 2-5 表示了这一关系。

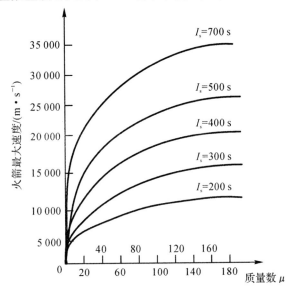

图 2-5　比冲和质量数对火箭最大速度的影响

由此可见,火箭理想速度 V_{max} 与发动机比冲 I_s 成正比。提高火箭发动机的比冲是提高火箭飞行速度的最有效途径。因此,要选用高能量、高密度的推进剂,在发动机设计中应尽可能改进工作过程的完善程度,提高燃烧室和喷管的质量系数。另一个有效途径就是提高火箭的质量数 μ,即提高推进剂的质量 M_p 和减轻发动机的结构质量 M_s,以减轻火箭的被动段质量 M_f。为了提高质量数,在发动机设计中应该采用合理的结构和强度高的优质材料,尽量减轻发动机的结构质量,增加其可能装填的推进剂质量,使推进剂质量占发动机总质量的百分比(质量比)尽量大。

2.3 固体火箭发动机燃烧室的热力计算

固体火箭发动机的热力计算为发动机设计提供燃烧产物的组分、温度及其他热力学参数等原始数据,以便进行发动机的内弹道计算、传热计算及喷管内流场计算,是发动机设计工作中的基本计算之一。固体火箭发动机的热力计算由两部分组成:燃烧室中燃烧过程的热力计算和喷管中流动过程的热力计算。本节介绍燃烧室中燃烧过程的热力计算。

2.3.1 燃烧室热力计算基础

固体推进剂中含有多种化学元素,并且燃烧温度较高,因此它的燃烧产物一般处于离解状态,使得固体推进剂燃烧产物的成分复杂,种类繁多,可能包含几十种,甚至更多种类的物质。对于这样复杂的热力学系统,需要有专门的方法进行热力计算。

1. 发动机热力计算的任务

固体火箭发动机热力计算的任务是,在给定推进剂配方、初温、燃烧室压强和喷管出口截面压强的条件下,计算:

(1) 燃烧室中燃烧产物的成分、绝热燃烧温度及其热力学性质和输运性质,以及推进剂的理论特征速度;

(2) 喷管出口截面上(或其他指定的喷管截面上)燃烧产物的成分、温度、压强及其热力学性质,并在此基础上计算发动机的理论比冲。

燃烧产物的热力学性质是指燃烧产物的定压比热、定容比热、比热比和声速等。燃烧产物的输运性质是指气体的黏性系数和热传导系数。

固体火箭发动机的计算工作往往从热力计算开始,它为内弹道计算、喷管内流场计算以及传热计算等提供必要的数据。

2. 燃烧室热力计算的理论模型

在燃烧室的热力计算中通常采用如下假设:

(1) 固体推进剂的燃烧过程是绝热的,燃烧产物与外界没有热交换,燃烧所释放的热量全部为燃烧产物吸收;

(2) 固体推进剂的燃烧产物处于化学平衡状态;

(3) 燃烧产物中的每种单质气体及由它们混合而成的气体都认为是完全气体,它们都符合完全气体的状态方程。

在上述假设基础上,建立了固体推进剂燃烧过程的绝热–化学平衡模型

$$\tilde{I}_m = \tilde{I}_p$$

(2-44)

式中　　$\tilde{I}_m$——1 kg 燃烧产物的总焓(kJ/kg);

　　　　$\tilde{I}_p$——1 kg 推进剂的总焓(kJ/kg)。

燃烧室热力计算的内容大体上可分为三个部分:

(1) 固体推进剂的假定化学式与总焓(化学能与焓之和)的计算;

(2) 根据质量守恒方程和化学平衡方程,在给定压强和指定温度的条件下计算处于化学平衡状态的燃烧产物的成分(简称平衡组分);

(3) 在给定压强的条件下根据能量守恒方程先确定燃烧温度,然后求出该温度下燃烧产物的平衡组分及其热力学性质和输运性质,并计算推进剂的理论特征速度。

燃烧过程的绝热-化学平衡模型是一种理想化的情况,它与实际过程之间存在着一定的偏离。因此为了确定燃烧过程的实际参数,需要对理论计算结果进行必要的修正。

3. 固体推进剂的总焓

物质的总焓反映了物质具有的总能量。在不同的能量转换过程中,总焓概念具有不同的内容。由于这里讨论的是具有化学反应的系统,因此物质的总焓 I 定义为物质的化学能 X 和物质的焓 H 之和:

$$I = X + H \tag{2-45}$$

式中　I, X, H 的单位为 kJ/mol。

物质在温度 T 时的焓可用下式表示:

$$H = \int_0^T c_p \, \mathrm{d}T \tag{2-46}$$

式中　　c_p 为物质的定压比热,单位为 kJ/(mol·K)。

对于热力计算来说,重要的是化学能的变化,而不是其绝对值。通常,物质的化学能通过其标准生成焓来表示,物质的标准生成焓可以由试验测得,也可以经计算得到。

物质的标准生成焓 $H_f^{T_s}$ 等于该物质在基准温度 T_s 下的总焓(以下简称为基准总焓)I^{T_s} 与生成该物质的标准元素在基准温度 T_s 下的总焓 $I_{st}^{T_s}$ 之差,即

$$H_f^{T_s} = I^{T_s} - I_{st}^{T_s}$$

利用式(2-45)和式(2-46),上式可写为

$$H_f^{T_s} = \left(X + \int_0^{T_s} c_p \mathrm{d}T \right) - \left(X_{st} + \int_0^{T_s} c_{p,st} \mathrm{d}T \right) \tag{2-47}$$

式中　　下角标 st 表示属于标准元素。

在热力计算中,重要的不是物质的化学能和焓的绝对值,而是它们的变化量,所以用于计算的基准,原则上可以任意取定,只要在整个计算中采用同一基准,就不会影响化学能和焓的变化量的计算值。为了计算方便,通常规定:标准元素的化学能和其在标准温度下的焓值取为零,即

$$\left. \begin{array}{l} X_{st} = 0 \\ \int_0^{T_s} c_{p,st} \mathrm{d}T = 0 \end{array} \right\} \tag{2-48}$$

也就是说,在基准温度下标准元素的总焓取为零值,于是由式(2-47)得到

$$H_f^{T_s} = X + \int_0^{T_s} c_p \mathrm{d}T = I^{T_s} \tag{2-49}$$

式(2-49)说明物质的标准生成焓 $H_f^{T_s}$ 等于该物质的化学能加上该物质在标准温度下的

焓。有了上述关系式,物质的化学能就可用该物质的标准生成焓来表示。由式(2-49)可以看出,物质的化学能等于该物质在绝对零度时的生成焓,即

$$X = H_f^0 \qquad (2-50)$$

由式(2-49)还可以看出,物质的标准生成焓 $H_f^{T_s}$ 等于该物质的基准总焓 I^{T_s}。对于标准元素来说,其基准总焓 I_{st}^{T} 及标准生成焓 $H_{f;st}^{T_s}$ 都等于零。

将式(2-46)和式(2-49)代入式(2-45),可以得到任意温度下物质总焓的表达式为

$$I = H_f^0 + \int_0^T c_p \mathrm{d}T = H_f^{T_s} + \int_{T_s}^T c_p \mathrm{d}T \qquad (2-51)$$

物质的标准生成焓 $H_f^{T_s}$ 可在有关物理化学或化学热力学的手册中查到。

固体推进剂由多种组元组成,所以 1 kg 质量推进剂的总焓 $\tilde{I}_p$ 等于其中各组元的总焓之和。若已知固体推进剂的组成,且不考虑在推进剂混合、固化过程中的热效应,则 1 kg 质量固体推进剂的总焓可由下式计算:

$$\tilde{I}_p = \sum_{k=1}^K \tilde{I}_k q_k \qquad (2-52)$$

式中　q_k—— 固体推进剂中第 k 种组元的质量百分数;

　　　$\tilde{I}_k$——1 kg 质量第 k 种组元的总焓;

　　　K—— 组成固体推进剂的组元数。

I_k 值按照式(2-51)计算,然后通过单位之间的换算,计算 $\tilde{I}_k$ 值。液体或固体物质的比热,无定压或定容条件之分,都用符号 c 表示。在常用的温度范围内,可认为比热 c 与温度无关,故计算固体推进剂组元的总焓的公式可写为

$$I_k = H_{f;k}^{T_s} + c_k(T_i - T_s) \qquad (2-53)$$

在查用热力学性质数据表时,应该注意单位之间的换算,例如

$$\tilde{I}_k(\mathrm{kJ/kg}) = I_k(\mathrm{kJ/mol}) 1\,000/m_k \qquad (2-54)$$

式中　m_k 为第 k 种组元的摩尔质量。

4. 固体推进剂燃烧产物的总焓

固体推进剂燃烧产物的总焓 $\tilde{I}_m$ 等于燃烧产物中的各组分的总焓之和。若已知 1 kg 质量的燃烧产物中各组分的摩尔数 $n_j(j=1,2,\cdots,N)$,则 1 kg 燃烧产物的总焓为

$$\tilde{I}_m = \sum_{j=1}^N I_j n_j \qquad (2-55)$$

式中　I_j 为 1 mol 第 j 组分在给定温度下的总焓,单位为 kJ/mol。在利用计算机进行计算时,表格形式的数据不便利用,通常用解析形式的公式,即

$$I(T) = R_0(\alpha_1 T + \alpha_2 T^2/2 + \alpha_3 T^3/3 + \alpha_4 T^4/4 + \alpha_5 T^5/5 + \alpha_6) \qquad (2-56)$$

式中　　　　　R_0—— 通用气体常数;

　　$\alpha_1, \alpha_2, \alpha_3, \alpha_4, \alpha_5, \alpha_6$—— 该组分的特定系数。

5. 固体推进剂的假定化学式

计算固体推进剂的假定化学式是为了得到 1 kg 固体推进剂中含有各化学元素的摩尔原子数,便于建立推进剂燃烧前后的质量守恒方程。

固体推进剂通常由几种化学物质组成,如在表 2-1 中所列的某聚硫复合推进剂,由五种物质组成。

表 2-1　某聚硫橡胶推进剂的组成

组元 i	质量百分数 q_i/(%)	组元的化学式或各元素在组元中的质量百分数
过氯酸铵	71.5	NH_4ClO_4
聚硫橡胶	20.5	C—35.89%；H—6.10%
苯乙烯	4.0	O—20.28%；S—37.73%
铝粉	2.5	C_8H_8
环氧树脂	1.5	C—72.94%；H—7.02%；O—20.04%

　　组成固体推进剂的每种物质称为组元,由表 2-1 可见,某聚硫橡胶推进剂由 5 种组元组成,而每个组元又由若干化学元素组成。由质量守恒定律可知,化学反应前后(例如燃烧)固体推进剂中各元素的原子数(或摩尔原子数)保持不变。因此为了便于应用质量守恒定律,要将固体推进剂看作是一种假想的由基本化学元素组成的单一化学物质,其化学式叫作固体推进剂的假定化学式。在热力计算中,采用 1 kg 质量的推进剂作为计算单位,因此规定固体推进剂的假定化学式也以 1 kg 质量为单位,即它的假定分子量为 1 000。

　　固体推进剂的假定化学式的一般形式可写为

$$C_{N_C} H_{N_H} O_{N_O} N_{N_N} \cdots \tag{2-57}$$

式中　下角标 $N_C,N_H,N_O,N_N,\cdots$ 表示 1 kg 质量的固体推进剂中含有 C,H,O,N,$\cdots$ 元素的摩尔原子数。所以假定化学式不表示固体推进剂的化学结构,只表示含有各元素的组成。

　　确定固体推进剂假定化学式的步骤如下:

　　(1)计算 1 kg 组元的假定化学式。若组元的分子式已知,则首先将组元的分子式写成一般化学式以表示该组元所含元素的情况。例如硝化甘油的分子式为 $C_3H_5(ONO_2)_3$,可将它改写为按元素 C,H,O,N 次序排列的一般化学式,其形式为 $C_3H_5O_9N_3$。组元的一般化学式表示了 1 mol 组元中含有各化学元素的摩尔原子数,例如,1 mol 硝化甘油中含有 C 元素的 3 个摩尔原子数、H 元素的 5 个摩尔原子数、O 元素的 9 个摩尔原子数、N 元素的 3 个摩尔原子数。因此,1 mol 组元的一般化学式的通式可以写为

$$C_C H_H O_O N_N \cdots \tag{2-58}$$

　　现在讨论 1 kg 组元的假定化学式,其通式写为

$$C_{C'} H_{H'} O_{O'} N_{N'} \cdots \tag{2-59}$$

　　在式(2-58)和式(2-59)中,下角标 $C,H,O,N,\cdots$ 为 1 mol 组元中含有相应各元素的摩尔原子数;下角标 $C',H',O',N'\cdots$ 为 1 kg 组元中含有相应各元素的摩尔原子数。二者之间显然存在如下关系:

$$\left. \begin{array}{l} C' = \dfrac{1\ 000}{m}C \\[2mm] H' = \dfrac{1\ 000}{m}H \\[2mm] O' = \dfrac{1\ 000}{m}O \\[2mm] N' = \dfrac{1\ 000}{m}N \end{array} \right\} \tag{2-60}$$

式中 m 为该组元的摩尔质量。

在有些情况下，若组元中各元素的质量百分数已知，则 1 kg 组元中含有各相应元素的摩尔原子数也可按下式确定：

$$
\left.
\begin{array}{l}
C' = \dfrac{1\ 000}{m_C} g_C \\[2mm]
H' = \dfrac{1\ 000}{m_H} g_H \\[2mm]
O' = \dfrac{1\ 000}{m_O} g_O \\[2mm]
N' = \dfrac{1\ 000}{m_N} g_N
\end{array}
\right\}
\tag{2-61}
$$

式中 m_C, m_H, m_O, m_N——元素 C，H，O，N 的原子量；

         g_C, g_H, g_O, g_N——组元中元素 C，H，O，N 的质量百分数。

（2）计算 1 kg 推进剂的假定化学式。假定固体推进剂中含有 K 种组元，各组元在推进剂中的质量百分数分别为 $q_1, q_2, \cdots, q_K$，则

$$
\left.
\begin{array}{l}
N_C = \displaystyle\sum_{i=1}^{K} q_i C_i' \\[4mm]
N_H = \displaystyle\sum_{i=1}^{K} q_i H_i' \\[4mm]
N_O = \displaystyle\sum_{i=1}^{K} q_i O_i' \\[4mm]
N_N = \displaystyle\sum_{i=1}^{K} q_i N_i' \\[2mm]
\cdots\cdots
\end{array}
\right\}
\tag{2-62}
$$

式中 q_i——推进剂中第 i 种组元的质量百分数；

      C_i', H_i', O_i', N_i'——第 i 种组元的 C', H', O', N'。

因为固体推进剂的假定化学式是对 1 kg 质量的推进剂而言的，因此存在如下关系式：

$$
N_C m_C + N_H m_H + N_O m_O + N_N m_N + \cdots = 1\ 000
\tag{2-63}
$$

在进行热力学计算过程中，可用此式检验推进剂假定化学式的计算有无错误，若计算结果在规定的精度要求范围内，则认为计算无误。

例 2-1 已知某聚硫橡胶推进剂的组成如表 2-1 所示，确定该推进剂的假定化学式。

解   计算步骤如下：

（1）计算各个组元的假定化学式。

1）过氯酸铵的假定化学式。过氯酸铵的摩尔质量为

$$
m = 14 \times 1 + 1 \times 4 + 35.5 \times 1 + 16 \times 4 = 117.5 \text{ g/mol}
$$

$$
Cl' = \frac{1\ 000}{117.5} \times 1 = 8.511
$$

$$
H' = \frac{1\ 000}{117.5} \times 4 = 34.043
$$

$$
O' = \frac{1\ 000}{117.5} \times 4 = 34.043
$$

$$N' = \frac{1\ 000}{117.5} \times 1 = 8.511$$

因此，1 kg 过氯酸铵的假定化学式为

$$H_{34.043} O_{34.043} N_{8.511} Cl_{8.511}$$

2）聚硫橡胶的假定化学式。1 kg 聚硫橡胶中各元素的原子摩尔数参照式（2-62）计算：

$$C' = \frac{1\ 000}{m_C} g_C = \frac{1\ 000}{12} \times 35.89\% = 29.908$$

$$H' = \frac{1\ 000}{m_H} g_H = \frac{1\ 000}{1} \times 6.10\% = 61.0$$

$$O' = \frac{1\ 000}{m_O} g_O = \frac{1\ 000}{16} \times 20.28\% = 12.675$$

$$S' = \frac{1\ 000}{m_S} g_S = \frac{1\ 000}{32} \times 37.73\% = 11.791$$

因此，1 kg 聚硫橡胶的假定化学式为

$$C_{29.908} H_{61.0} O_{12.675} S_{11.791}$$

同理可以求出其他的假定化学式为

苯乙烯　　　　　　　　$C_{76.923} H_{76.923}$

铝粉　　　　　　　　　$Al_{37.037}$

环氧树脂　　　　　　　$C_{60.78} H_{70.20} O_{12.53}$

（2）确定推进剂的假定化学式。根据求出的各组元的假定化学式，按式（2-62）计算 1 kg 推进剂中各元素的原子摩尔数。

$$N_C = \sum_{i=1}^{5} q_i C'_i = 20.5\% \times 29.908 + 4.0\% \times 76.923 + 1.5\% \times 60.78 = 10.120$$

$$N_H = \sum_{i=1}^{5} q_i H'_i = 71.5\% \times 34.043 + 20.5\% \times 60.1 + 4.0\% \times 76.923 +$$
$$1.5\% \times 70.20 = 40.976$$

$$N_O = \sum_{i=1}^{5} q_i O'_i = 71.5\% \times 34.043 + 20.5\% \times 12.675 + 1.5\% \times 12.53 = 27.127$$

$$N_N = \sum_{i=1}^{5} q_i N'_i = 71.5\% \times 8.511 = 6.085$$

$$N_{Cl} = \sum_{i=1}^{5} q_i (Cl)'_i = 71.5\% \times 8.511 = 6.085$$

$$N_S = \sum_{i=1}^{5} q_i (S)'_i = 20.5\% \times 11.791 = 2.417$$

$$N_{Al} = \sum_{i=1}^{5} q_i (Al)'_i = 2.5\% \times 37.037 = 0.925\ 9$$

因此，某聚硫复合推进剂的假定化学式为

$$C_{10.120} H_{40.976} O_{27.127} N_{6.085} Cl_{6.085} S_{2.417} Al_{0.925\ 9}$$

（3）验算。计算出的假定化学式是否正确，可利用式（2-63）进行验算。由式（2-63）得

$$10.120 \times 12 + 40.976 \times 1 + 27.127 \times 16 + 6.085 \times 14 + 6.085 \times 35.5 +$$
$$2.417 \times 32 + 0.925\ 9 \times 27 = 999.998\ 8$$

计算结果与 1 000 相近,误差只有 0.001 2%,表明整个计算无误。

2.3.2 燃烧室热力计算的控制方程组

现取 1 kg 质量的燃烧产物为研究对象,把它看作是一个封闭的热力学系统。在此系统内含有多种化学元素,例如 C,H,O,N,Cl,Al 等,其总数用 M 表示。由于存在化学反应,系统内含有数量众多的组分,例如 CO_2,CO,H_2O,H_2,H 等,其总数用 N 表示。系统中的化学反应在给定压强和温度条件下,处于化学平衡状态。燃烧产物的成分一般用各组分的摩尔数或分压表示,也可以用相对摩尔数或质量分数表示。

在燃烧产物中有些物质可以以气相和凝相(液相和固相)两种状态同时存在。例如在燃烧产物中可能存在气态的 $Al_2O_3(g)$,同时也可能存在凝相的 $Al_2O_3(c)$。在热力计算时,对于 $Al_2O_3(g)$ 和 $Al_2O_3(c)$ 虽是同一种化合物,但由于处于不同的物态,仍以两种不同的组分对待。

在热力计算时,为方便起见,将燃烧产物中所包含的全部组分统一编号。本书采用的编号规则如下:

$$\underbrace{1,2,\cdots,L,}_{\text{凝相组分编号}}\underbrace{L+1,\cdots,N-M,\underbrace{(N-M)+1,(N-M+2,\cdots,N)}_{\text{元素原子状态的气相组分编号}}}_{\text{气相组分编号}}$$

由上述编号规则可见,编号 $1\sim L$ 为凝相组分编号,$(L+1)\sim N$ 为气相组分编号。在气相组分编号中,$(L+1)\sim(N-M)$ 为气相化合物的编号;$(N-M+1)\sim N$ 为气相原子组分的编号。在作具体计算时,哪些气相原子组分包含在燃烧产物内,哪些气相组分可以舍去,视具体情况而定。

固体火箭发动机热力计算的中心环节是计算给定压强和温度条件下燃烧产物的平衡组分。当固体推进剂的配方给定时,在给定压强和温度条件下,计算燃烧产物平衡组分的控制方程为质量守恒方程和化学平衡方程,现介绍如下。

1. 质量守恒方程

对于有化学反应的系统,其质量守恒方程应以元素的原子总数或摩尔原子总数写出。质量守恒定律表明:在固体推进剂燃烧前后,1 kg 质量推进剂中含有各元素的摩尔原子数,应等于 1 kg 质量燃烧产物中所有组分内含有各相应元素的摩尔原子数的总和。

例如 1 kg 质量推进剂中含有 H 元素为 N_H 个摩尔原子数,N_H 值由计算固体推进剂假定化学式时得到。推进剂燃烧后,H 元素分散在诸如 H_2O,H_2,HCl,OH,H 等燃烧产物的含 H 组分中,1 mol 的 H_2O 和 H_2 各含有 2 mol 原子的 H 元素,1 mol HCl,OH,H 中各含有 1 mol 原子的 H 元素,因此根据质量守恒定律可得如下关系式:

$$N_H = 2n_{H_2O} + 2n_{H_2} + n_{HCl} + n_{OH} + n_H + \cdots$$

式中 $n_{H_2O},n_{H_2},n_{HCl},n_{OH},n_H$ 为 1 kg 质量推进剂燃烧产物中含有 H_2O,H_2,HCl,OH,H 的摩尔数。

上式就是关于 H 元素的质量守恒方程。

同理,可以列出固体推进剂中其他元素的质量守恒方程,其通式可写为

$$N_k = \sum_{j=1}^{N} A_{kj} n_j \quad (k=1,2,\cdots,M) \tag{2-64}$$

式中 k—— 固体推进剂中含有的不同元素的编号;

　　N_k——1 kg 质量固体推进剂中含有第 k 种元素的摩尔原子数,也就是说当 k 取不同值时,它分别代表 N_C,N_H,N_O,N_N,… 的值;

　　n_j——1 kg 燃烧产物中含有编号为 j 的组分的摩尔数;

　　A_{kj}——1 mol j 组分中含有 k 元素的摩尔原子数。

　　由式(2-64)可见,为了准确地建立质量守恒方程,除了必须计算出固体推进剂的假定化学式来确定 N_k 以外,还必须确定燃烧产物中所含组分的种类。计算一种新的固体推进剂时,应当把所有可能存在的组分都考虑进来。当然,系统中包含组分的种类越多,计算就越复杂。但经过多次计算就可能将浓度非常小的次要组分筛选掉。

　　在质量守恒方程式(2-64)中,$n_j(j=1,2,\cdots,N)$ 是待求的未知量,共有 N 个,而方程组式(2-64)中包含的方程仅有 M 个。为了求解 n_j,还缺少 $(N-M)$ 个方程,它们由化学平衡方程提供。

　　2.化学平衡方程

　　当存在有化学反应的系统处于热力学平衡状态时,该系统处于下面三种平衡状态中:

　　(1)力学平衡。系统内部和系统与外界环境之间没有非平衡的力存在,称为达到力学平衡。

　　(2)热平衡。系统内部和系统与外界环境之间处于同一温度下,称为达到热平衡。

　　(3)化学平衡。系统内各组分的摩尔数没有自发的变化趋势(不管多么缓慢),称为达到化学平衡。

　　现在着重讨论化学平衡问题。在研究化学平衡问题时首先肯定了系统是处于力学平衡条件下的,因此认为系统是均匀的。正因为系统是均匀的,才能够利用宏观的热力学参数 p 和 T 来描述系统的状态,才能够用各组分的摩尔数 n_j 来描述系统(固体推进剂燃烧产物)的成分。

　　化学平衡方程是描述化学平衡条件的数学表达形式。在可逆的化学反应中,正向反应与逆向反应是同时进行的,例如:

$$CO_2 \rightleftharpoons CO + \frac{1}{2}O_2 - 283.043 \ kJ/mol$$

　　在此反应中,一方面进行着 CO_2 分解为 CO 和 O_2 的正向反应,同时进行着 CO 与 O_2 化合成 CO_2 的逆向反应。当正向反应速度与逆向反应速度相等时,系统内各组分(例如 CO_2,CO 和 O_2)的浓度不再随时间变化(不管多么缓慢),这种状态就是化学平衡状态。因此当系统处于化学平衡时,系统中的化学反应不是停止了,而是正、逆两方向的反应以相等的速度在进行,因此化学平衡是动平衡。

　　在上面列举的反应中,正向反应是由三原子分子 CO_2 分解为二原子分子 CO 和 O_2,这是一种离解反应。所谓离解反应就是原子数较多的分子分解为原子数较少的分子、原子团或单个原子。离解反应是吸热反应,它把一部分热能变为离解产物的化学能。对于火箭发动机来说,本来希望推进剂的化学能在经过燃烧后尽可能多地转化为热能,而燃烧产物的离解却使推进剂在燃烧时可能释放出来的热能部分地又转化为化学能,这就降低了燃烧过程中放出的热量,因而降低了发动机的性能。这种因燃烧产物离解作用所造成的发动机性能损失,称为离解损失。

　　离解反应的逆向反应,称为复合反应。复合反应把离解反应生成的原子数少的分子或单个原子,又重新化合为原子数较多的分子。例如在高温下离解的产物,当其温度下降时就会产生复合反应。与离解反应相反,复合反应是放热反应。

现在讨论描述化学平衡状态条件的化学平衡方程。

由热力学理论可知,热力学第二定律的数学分析式可写为

$$dS \geqslant \frac{dQ}{T} \tag{2-65}$$

式中   等号对应于可逆过程,不等号对应于不可逆过程。

如果系统对外界做的功只有容积功,则热力学第一定律的数学分析式可写为

$$dQ = dE + pdV \tag{2-66}$$

此外,由吉布斯自由能的定义可得

$$G = H - TS = E + pV - TS \tag{2-67}$$

将关系式(2-66)、式(2-67)代入式(2-65)中,可得

$$dG + SdT - Vdp \leqslant 0 \tag{2-68}$$

式(2-68)是热力学第二定律数学分析式的另一种形式,式中,等号对应于可逆过程,不等号对应于不可逆过程(自发过程)。在等温、等压条件下,即 $dT = 0, dp = 0$ 的条件下,由式(2-68)可得

$$dG \leqslant 0 \tag{2-69}$$

关系式(2-69)说明:在等温等压条件下,只有使系统的自由能 G 减小的过程才能自发地进行。或者说,系统在等温等压条件下进行自发过程时,系统的自由能 G 总是不断减小;当 G 减小到最小值 G_{min} 时,系统的自由能就不能再减小了,这就意味着系统不可能再进行自发过程了(不管多么缓慢),这时系统处于平衡状态。换言之,在平衡状态下,系统的自由能保持为 G_{min} 不再变化,此时

$$G = G_{min} \tag{2-70}$$

或者

$$dG = 0$$

由此可见, $G = G_{min}$ 或者 $dG = 0$ 可作为等温等压下系统达到平衡状态的判据。

对于存在化学反应的系统(为简单起见,认为系统中只存在一种化学反应),当系统的状态变化时,系统内各组分的摩尔数也发生变化。这时,系统的自由能不仅是温度 T 和压强 p 的函数,而且是系统内各组分摩尔数 n_j 的函数,即

$$G = G(T, p, n_1, n_2, \cdots, n_k) \tag{2-71}$$

式中 K 为参加该化学反应的所有组分的总数。

根据式(2-71),求函数 G 的全微分,得

$$dG = \left(\frac{\partial G}{\partial T}\right)_{p, n_1, \cdots, n_k} dT + \left(\frac{\partial G}{\partial p}\right)_{T, n_1, \cdots, n_k} dp + \sum_{j=1}^{k} \left(\frac{\partial G}{\partial n_j}\right)_{T, p, n_1, \cdots, n_{j-1}, n_{j+1}, \cdots, n_k} dn_j \tag{2-72}$$

由热力学可知

$$\left. \begin{array}{l} \left(\dfrac{\partial G}{\partial T}\right)_{p, n_1, \cdots, n_k} = -S \\[3mm] \left(\dfrac{\partial G}{\partial p}\right)_{T, n_1, \cdots, n_k} = V \end{array} \right\} \tag{2-73}$$

将式(2-73)代入式(2-72),得

$$\mathrm{d}G = -S\mathrm{d}T + V\mathrm{d}p + \sum_{j=1}^{k}\left(\frac{\partial G}{\partial n_j}\right)_{T,p,n_1,\cdots,n_{j-1},n_{j+1},\cdots,n_k}\mathrm{d}n_j \tag{2-74}$$

引入符号 μ，令

$$\mu_j = \left(\frac{\partial G}{\partial n_j}\right)_{T,p,n_1,\cdots,n_{j-1},n_{j+1},\cdots,n_k} \tag{2-75}$$

式中　μ_j 表示在等温等压条件下，只变化 j 组分的摩尔数而保持其他组分的摩尔数不变时，第 j 组分增加 1 mol 所引起系统自由能 G 的增量。μ_j 称为 j 组分的化学位。

于是，可得到存在有化学反应的系统的热力学基本关系式：

$$\mathrm{d}G = -S\mathrm{d}T + V\mathrm{d}p + \sum_{j=1}^{k}\mu_j\mathrm{d}n_j \tag{2-76}$$

由式(2-70)给出的判据可知，当系统在等温、等压条件下处于平衡状态时，必有 $\mathrm{d}G=0$。将这个条件代入式(2-76)，可得

$$\sum_{j=1}^{k}\mu_j\mathrm{d}n_j = 0 \tag{2-77}$$

因此，对于具有不变温度和压强的封闭系统，处于化学平衡状态的条件就是式(2-77)。所以式(2-77)是描述等温、等压条件下，系统处于化学平衡状态的化学平衡方程。

对于具有不变内能和容积，或者具有不变温度和容积的封闭系统，从建立稳定平衡的条件出发，都可以得到与式(2-77)完全相同的表达式。因此，式(2-77)是化学平衡方程的一般形式。

化学平衡方程除了式(2-77)的形式以外，还有其他形式的表达式。

现在分析一个任意的可逆化学反应

$$a\mathrm{A} + b\mathrm{B} \rightleftharpoons c\mathrm{C} + d\mathrm{D}$$

式中　A，B——参加反应的反应物；

　　　C，D——化学反应的生成物；

　a,b,c,d——反应物和生成物在反应过程中的化学计量系数。

当化学反应处于平衡状态时，根据式(2-77)可以写出

$$\sum\mu_j\mathrm{d}n_j = \mu_\mathrm{A}\mathrm{d}n_\mathrm{A} + \mu_\mathrm{B}\mathrm{d}n_\mathrm{B} + \mu_\mathrm{C}\mathrm{d}n_\mathrm{C} + \mu_\mathrm{D}\mathrm{d}n_\mathrm{D} = 0 \tag{2-78}$$

因为

$$\frac{\mathrm{d}n_\mathrm{C}}{c} = \frac{\mathrm{d}n_\mathrm{D}}{d} = \frac{-\mathrm{d}n_\mathrm{A}}{a} = \frac{-\mathrm{d}n_\mathrm{B}}{b}$$

将上式代入式(2-78)，即得

$$c\mu_\mathrm{C} + d\mu_\mathrm{D} - a\mu_\mathrm{A} - b\mu_\mathrm{B} = 0 \tag{2-79}$$

再将组分化学位公式代入式(2-79)，经过整理后得

$$\ln K_p = \frac{1}{R_0 T}(a\mu_\mathrm{A}^0 + b\mu_\mathrm{B}^0 - c\mu_\mathrm{C}^0 - d\mu_\mathrm{D}^0) \tag{2-80}$$

式中　K_p 表示以气体分压表示的平衡常数，有

$$K_p = \frac{p_\mathrm{C}^c p_\mathrm{D}^d}{p_\mathrm{A}^a p_\mathrm{B}^b} \tag{2-81}$$

式中　μ_A^0，μ_B^0，μ_B^0，μ_D^0 分别为组分 A，B，C，D 的标准化学位（1 atm[①]下 1 mol 组分的化学位），仅是温度的函数。因此由式（2-80）可见，K_p 也只是温度的函数，而与压强无关，它的值也可由有关的热力学性质表中查得。

对于含有凝相组分的化学反应，其化学平衡常数用下面的方法确定。例如：

$$Al_2O_3(c) \Longrightarrow 2Al + \frac{3}{2}O_2$$

该反应的化学平衡常数可写为

$$K_p = \frac{p_{Al}^2 p_{O_2}^{3/2}}{p_{Al_2O_3(c)}}$$

式中　$p_{Al_2O_3(c)}$ 为凝相 $Al_2O_3(c)$ 的饱和蒸气压。它只是温度的函数，所以可将 $p_{Al_2O_3(c)}$ 与 K_p 合并，于是得到含有凝相组分的可逆反应的平衡常数，即

$$K_p^c = p_{Al_2O_3(c)} K_p = p_{Al}^2 p_{O_2}^{3/2}$$

由上式可以看出，对于含有凝相组分的可逆反应，其平衡常数 K_p^c 可以只用气相组分的分压表示。K_p^c 值由有关的热力学性质表中查得。

还可以有其他形式的化学平衡常数，例如用组分的摩尔数表示的化学平衡常数 K_n。根据道尔顿分压定律，有

$$\frac{p_j}{p} = \frac{n_j}{n}$$

或者

$$p_j = \frac{pn_j}{n} \qquad (2-82)$$

式中　n——1 kg 混合气体的摩尔总数；
　　　　p—— 混合气体的压强。

将式（2-82）代入式（2-81），得

$$\frac{n_C^c n_D^d}{n_A^a n_B^b} \left(\frac{p}{n}\right)^{c+d-a-b} = K_p$$

令

$$\frac{n_C^c n_D^d}{n_A^a n_B^b} = K_n \qquad (2-83)$$

则

$$K_n = K_p \left(\frac{p}{n}\right)^{a+b-c-d} \qquad (2-84)$$

式中　K_n 为用摩尔数表示的化学平衡常数，它不仅是温度的函数，而且也是压强的函数。

令

$$\Delta v = (c+d) - (a+b)$$

式中　Δv 为化学反应前后系统中摩尔数的增量。

若将关系式（2-83）代入式（2-84），可得

$$\frac{n_C^c n_D^d}{n_A^a n_B^b} = K_p \left(\frac{p}{n}\right)^{-\Delta v} \qquad (2-85)$$

---

① 　1 atm = 101.325 kPa。

式 (2 - 85) 就是用化学平衡常数形式写出的化学平衡方程。该式清楚地表示出化学反应达到平衡时,参加可逆反应的各物质的摩尔数与温度和压强之间的关系。在给定温度和压强条件下,该式反映了参加反应的各物质摩尔数之间的关系。

化学平衡方程还可以写成其他形式。如果所研究的可逆化学反应用下述一般形式表示:

$$v_1 A_1 + v_2 A_2 \rightleftharpoons v_3 A_3 + v_4 A_4$$

则当系统处于平衡状态时,根据式 (2 - 77) 可写出类似于式 (2 - 79) 的化学平衡方程:

$$v_3 \mu_3 + v_4 \mu_4 - v_1 \mu_1 - v_2 \mu_2 = 0$$

或

$$\sum_{j=1}^{k} v_j \mu_j = 0 \tag{2-86}$$

式中　k——该化学反应中所有的总数;

　　　　v_j——反应过程中 j 组分的化学计量系数,对于反应物 v_j 取负号,对于生成物 v_j 取正号。

式 (2 - 86) 也是化学平衡方程广泛采用的形式。

如前所述,化学平衡是有条件的,是相对的。大量试验表明,当决定平衡状态的外界条件变化时,旧的平衡状态就被破坏,平衡向削弱外界条件影响的方向移动,直至在新的条件下建立新的平衡状态为止。这就叫平衡移动原理,即吕·查德里原理。在新的平衡状态下,正向反应速度与逆向反应速度虽然也是相等的,但与旧的平衡状态时的速度不同了。与此同时,新平衡状态下各个组分的浓度也与旧平衡状态下的浓度不同。

3. 能量守恒方程

根据固体推进剂燃烧过程的绝热 - 化学平衡模型,固体推进剂燃烧产物在燃烧室中的总焓应等于推进剂的总焓。由式 (2 - 44) 及式 (2 - 56) 可得

$$\sum_{j=1}^{N} I_j(T) n_j(T, p) = \tilde{I}_p \tag{2-87}$$

若给定压强 p,在式 (2 - 87) 中,只包含一个未知数 T,所以根据能量守恒方程,可以求出在给定压强条件下固体推进剂的绝热燃烧温度。然而,在式 (2 - 87) 中函数 $I_j(T)$,尤其 $n_j(T)$ 具有非常复杂的函数关系,因此不可能由式 (2 - 87) 直接得到求解燃烧温度的显式,可以利用内插公式求解的方法求解。

4. 燃烧室热力计算的一般步骤

燃烧室的热力计算可分为三个部分,一是计算固体推进剂的假定化学式与总焓;二是根据质量守恒方程和化学平衡方程,在给出压强和温度条件下计算平衡组分;三是根据能量守恒方程确定燃烧温度,然后求出该温度下燃烧产物的平衡组分、物性参数和特征速度等。其步骤如图 2 - 6 所示。

首先计算推进剂的假定化学式和总焓,然后对推进剂的燃烧温度进行预估,预估值 T_f^* 可以参考同类推进剂的燃烧温度。如果预估值与实际燃烧温度 T_f 很接近,那么只需进行 $2 \sim 3$ 次迭代计算就可以完成燃烧室热力计算,如果预估值偏离实际值较大,就需要更多次迭代计算。基于燃烧温度预估值 T_f^* 和已知的燃烧室压强 p_c,求解化学平衡状态下推进剂燃烧产物的摩尔数 n_j。求解方法可使用化学平衡常数法、最小吉布斯自由能法或布林克莱法。得到燃烧产物的摩尔数 n_j 后,可计算燃烧产物的总焓 $\tilde{I}_m^*$。根据能量守恒可知,计算结果应该满足

条件

$$\tilde{I}_m^* = \tilde{I}_p$$

但实际计算过程中很难实现数值上绝对精确的相等,因此可以给定允许的相对误差 ϵ_1,只要满足下面条件即可认为达到了能量守恒:

$$\frac{|\tilde{I}_m^* - \tilde{I}_p|}{\tilde{I}_p} \leqslant \epsilon_1$$

如果不满足能量守恒条件,就需要对燃烧温度预估值进行修正,重新开始给定燃烧温度和燃烧室压强条件下的平衡组分计算,重复上面过程,直到满足能量守恒条件。

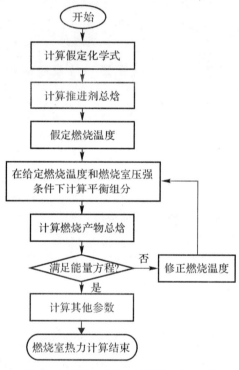

图 2-6　燃烧室热力计算的一般流程

2.3.3　计算平衡组分的最小吉布斯自由能法

最小自由能法是在给定温度和压强条件下计算燃烧产物平衡组分的最常用的方法之一。如在 2.3.2 节中叙述的那样,计算在给定温度和压强条件下燃烧产物平衡组分的控制方程是质量守恒方程和化学平衡方程(化学平衡条件),对于最小自由能法也不例外。但是在最小自由能法中所采用的化学平衡方程直接采用在等温、等压条件下系统达到平衡状态的判据

$$\tilde{G} = \tilde{G}_{min}$$

也就是说,利用系统在等温、等压条件下达到平衡状态时,其自由能 $\tilde{G}$ 必具有最小值这一条件,并由此推导出形式上独特的控制方程组。这时,平衡组分的计算问题归结为:当系统的自由能具有最小值时,系统内各组分的摩尔数应为何值?从数学上说,这是寻求目标函数 $\tilde{G}$ 的极值点的问题。

为了分析这个问题,首先从建立目标函数入手。

1. 目标函数 —— 系统的吉布斯自由能方程

首先需要确定系统内(燃烧产物)含有组分的种类。根据推进剂含有元素的情况,确定燃烧产物中含有组分的种类。为了提高精度,常常多选一些组分包含在燃烧产物中。在利用计算机进行热力计算时,可以将燃烧产物中包含的组分种类大大扩充,这样就可以防止遗漏主要的组分。

系统的自由能是系统内各组分的自由能之和,即

$$\widetilde{G} = \sum_{j=1}^{N} \widetilde{G}_j$$

式中　$\widetilde{G}$——1 kg 燃烧产物的自由能;

　　$\widetilde{G}_j$——1 kg 燃烧产物中含有 j 组分的自由能。

为了计算方便,以后将凝相组分与气相组分的自由能分别计算,即

$$\widetilde{G} = \sum_{j=1}^{L} \widetilde{G}_j + \sum_{j=L+1}^{N} \widetilde{G}_j = \sum_{j=1}^{L} G_j n_j + \sum_{j=L+1}^{N} G_j n_j$$

将式(2-77)及组分化学位表达式($\mu_j = \mu_j^0 + R_0 T \ln p_j$)代入上式,得

$$\widetilde{G} = \sum_{j=1}^{L} \mu_j^c n_j + \sum_{j=L+1}^{N} (\mu_j^0 + R_0 T \ln p_j) n_j \tag{2-88}$$

因为

$$\left. \begin{array}{c} p_j/p = n_j/n_g \\ p = \sum_{j=L+1}^{N} p_j \\ n_g = \sum_{j=L+1}^{N} n_j \end{array} \right\} \tag{2-89}$$

所以式(2-88)可进一步写为

$$\widetilde{G} = \sum_{j=1}^{L} \mu_j^c n_j + \sum_{j=L+1}^{N} \left[\mu_j^0 + R_0 T (\ln n_j + \ln p - \ln n_g) \right] n_j \tag{2-90}$$

式(2-90)同除以 $R_0 T$,得出关系式:

$$\frac{\widetilde{G}}{R_0 T} = \sum_{j=1}^{L} \frac{\mu_j^c}{R_0 T} n_j + \sum_{j=L+1}^{N} \left[\frac{\mu_j^0}{R_0 T} + \ln n_j + \ln p - \ln n_g \right] n_j \tag{2-91}$$

引入函数 Φ 和 Φ_j,令

$$\left. \begin{array}{c} \Phi = \dfrac{\widetilde{G}}{R_0 T} \\[2mm] \Phi_j = \dfrac{\widetilde{G}_j}{R_0 T} \end{array} \right\} \tag{2-92}$$

并令

$$\left. \begin{array}{l} Y_j^c = \dfrac{\mu^c}{R_0 T} \quad (j = 1, 2, \cdots, L) \\[3mm] Y_j = -\dfrac{\mu_j^0}{R_0 T} \quad (j = L+1, L+2, \cdots, N) \end{array} \right\} \tag{2-93}$$

则式(2-91)可写为

$$\Phi = \sum_{j=1}^{L} \Phi_j^c + \sum_{j=L+1}^{N} \Phi_j = \sum_{j=1}^{L} (-Y_j^c n_j) + \sum_{j=L+1}^{N} \left[-Y_j + \ln n_j + \ln p - \ln n_g \right] n_j \tag{2-94}$$

式中

$$\left.\begin{aligned} \Phi_j^c &= -Y_j^c n_j \quad (j=1,2,\cdots,L) \\ \Phi_j &= [-Y_j + \ln n_j + \ln p - \ln n_g]n_j \quad (j=L+1,L+2,\cdots,N) \end{aligned}\right\} \quad (2-95)$$

在给定温度和压强条件下,函数 $\widetilde{G}$ 仅是各组分摩尔数 $n_j(j=1,2,\cdots,N)$ 的函数。由上述推导可以看出,函数 Φ 处于极小值的条件与函数 $\widetilde{G}$ 处于极小值的条件是一样的。因此使函数 Φ 处于极小值的各组分的摩尔数,也就是所要计算的平衡组分。现在的问题是,平衡组分的摩尔数,除了使函数 Φ 处于最小值以外,还必须满足质量守恒方程式(2-64),因此这是一个条件极值问题。在条件极值问题中,习惯上把函数 $\widetilde{G}$ 或者函数 Φ 称为目标函数,方程式(2-64)称为约束条件方程。

2. 求解条件极值问题的拉格朗日乘数法

应用拉格朗日乘数法把条件极值问题转换为无条件极值问题。其方法是,用常数 λ_k 乘各个约束条件方程,然后与目标函数相加,得到一个新的函数

$$F = \Phi + \sum_{k=1}^{M} \lambda_k \left(N_k - \sum_{j=1}^{N} A_{kj} n_j \right) \quad (2-96)$$

函数 F 既是 $n_j(j=1,2,\cdots,N)$ 的函数,也是 $\lambda_k(k=1,2,\cdots,M)$ 的函数,即

$$F = F(n_1, n_2, \cdots, n_N, \lambda_1, \lambda_2, \cdots, \lambda_M)$$

显然,函数 F 的极值点(无条件极值)就是函数 Φ 带有约束条件式(2-64)的极值点。函数 F 的极值条件是

$$\left.\begin{aligned} \frac{\partial F}{\partial n_j} &= 0 \quad (j=1,2,\cdots,N) \\ \frac{\partial F}{\partial \lambda_k} &= 0 \quad (k=1,2,\cdots,M) \end{aligned}\right\} \quad (2-97)$$

现将极值条件具体化。先将式(2-96)代入式(2-97)第一式并化简。

为了明显起见,将具体化后第一式中的属于凝相和气相组分的关系式分别写出,得

$$-Y_j^c - \sum_{k=1}^{M} \lambda_k A_{kj} = 0 \quad (j=1,2,\cdots,L) \quad (2-98)$$

$$-Y_j - \ln n_j + \ln p - \ln n_g - \sum_{k=1}^{M} \lambda_k A_{kj} = 0 \quad (j=L+1,L+2,\cdots,N) \quad (2-99)$$

将式(2-96)代入式(2-97)第二式。第二式具体化为

$$N_k - \sum_{j=1}^{N} A_{kj} n_j = 0 \quad (k=1,2,\cdots,M) \quad (2-64)'$$

式(2-98)、式(2-99)是极值条件式(2-97)的具体化,式(2-64)$'$ 是质量守恒方程,也是极值条件式(2-97)第二式的具体化。

由函数 F 的极值条件得到了两个方程式(2-98)、式(2-99)及质量守恒方程式(2-64)$'$。此外还有关系式(2-89)。在上述方程中包含未知量 $n_j(j=1,2,\cdots,N)$,$\lambda_k(k=1,2,\cdots,M)$ 以及 n_g,它们共有未知量 $N+M+1$ 个。在上述方程中,独立的方程数也是 $N+M+1$ 个,所以方程组是封闭的、可解的。

3. 方程组的线性化及其求解

方程组中包含对数函数 $\ln n_j$,$\ln\left(\sum_{j=L+1}^{N} n_j\right)$,方程组难于直接求解,一般采用线性化处理后

迭代求解的方法,即牛顿迭代法进行求解。

现取一组正值的数$(c_{L+1}, c_{L+2}, \cdots, c_N)$,作为系统内各气相组分摩尔数精确值$(n_{L+1}, n_{L+2}, \cdots, n_N)$的近似值,将对数函数$\ln n_j$和$\ln\left(\sum\limits_{j=L+1}^{N} n_j\right)$在$(c_{L+1}, c_{L+2}, \cdots, c_N)$点分别展成泰勒级数,得

$$\ln n_j = \ln c_j + (n_j - c_j)\left[\frac{\partial(\ln n_j)}{\partial n_j}\right]_{(c_{L+1}, c_{L+2}, \cdots, c_N)} + R_1 \qquad (2-100)$$

式中　R_1为泰勒级数展开的余项。

在式$(2-100)$中,下脚标$(c_{L+1}, c_{L+2}, \cdots, c_N)$表示偏导数在点$(c_{L+1}, c_{L+2}, \cdots, c_N)$上取值,以下用$\bar{c}$表示。

$$\ln\left(\sum_{j=L+1}^{N} n_j\right) = \ln\left(\sum_{j=L+1}^{N} c_j\right) + \sum_{j=L+1}^{N}(n_j - c_j)\frac{\partial}{\partial n_j}\left[\ln\left(\sum_{k=L+1}^{N} n_k\right)\right]_{\bar{c}} + R_2 \qquad (2-101)$$

经过线性处理后,得到一组近似的线性的代数方程组。

$$-Y_j^c - \sum_{k=1}^{M}\lambda_k A_{kj} = 0 \quad (j=1, 2, \cdots, L) \qquad (2-98)'$$

$$-Y_j + \ln c_j + \ln p - \ln c_g + \frac{n_j}{c_j} - \frac{n_g}{c_g} - \sum_{k=1}^{M}\lambda_k A_{kj} = 0 \quad (j=L+1, L+2, \cdots, N)$$
$$(2-102)$$

$$N_k - \sum_{j=1}^{N} A_{kj} n_j = 0 \quad (k=1, 2, \cdots, M) \qquad (2-64)''$$

$$N_g = \sum_{j=L+1}^{N} n_j \qquad (2-89)'$$

由上述线性方程式$(2-98)'$、式$(2-102)$、式$(2-64)''$、式$(2-89)'$计算得到的各组分的摩尔数,并不是平衡组分摩尔数的精确值,而是它的近似值。为了区别于精确值,用符号$X_j(j=1, 2, \cdots, N)$表示由线性方程组计算得到的平衡组分的摩尔数。同时将上述方程组改写为

$$-Y_j^c - \sum_{k=1}^{M} A_{kj}\lambda_k = 0 \quad (j=1, 2, \cdots, L) \qquad (2-98)'$$

$$(-Y_j + \ln c_j + \ln p - \ln c_g) + \left(\frac{X_j}{c_j} - \frac{X_g}{c_g}\right) - \sum_{k=1}^{M} A_{kj}\lambda_k = 0 \quad (j=L+1, L+2, \cdots, N)$$
$$(2-102)'$$

$$N_k - \sum_{j=1}^{N} A_{kj} X_j = 0 \quad (k=1, 2, \cdots, M) \qquad (2-64)'''$$

$$X_g = \sum_{j=L+1}^{N} X_j \qquad (2-89)''$$

这个方程组还不适宜计算,需要进一步简化和整理。在上面的方程组中,可以消去气相组分的$X_j(j=L+1, L+2, \cdots, N)$,从而使方程组大为简化。

经过简化和整理,可得如下方程组:

$$\sum_{j=1}^{M} R_{kj}\lambda_j + a_k W + \sum_{j=1}^{L} A_{kj} X_j = N_k + \sum_{j=L+1}^{N} A_{kj}\Phi_j(\bar{c}) \quad (k=1, 2, \cdots, M) \qquad (2-103)$$

式中

$$R_{kj} = \sum_{j=L+1}^{N} A_{kj} A_{ij} c_j \quad (k=1,2,\cdots,M; \quad j=1,2,\cdots,M) \left.\right\}$$

$$a_k = \sum_{j=L+1}^{N} A_{kj} c_j \quad (k=1,2,\cdots,M) \tag{2-104}$$

$$W = \frac{X_g}{c_g} \tag{2-105}$$

$$\sum_{k=1}^{M} a_k \lambda_k = \sum_{j=L+1}^{N} \Phi_j(\bar{c}) \tag{2-106}$$

$$\sum_{k=1}^{M} A_{kj} \lambda_k = -Y_j^c \quad (j=1,2,\cdots,L) \tag{2-107}$$

在式(2-106)、式(2-107)中都不包括气相组分的 $X_j(j=L+1,L+2,\cdots,N)$。由方程式(2-103)、式(2-106)、式(2-107)组成的方程组共有 $M+L+1$ 个方程,未知数为 $\lambda_k(k=1,2,\cdots,M)$,$X_j(j=1,2,\cdots,L)$ 及 W,也是 $M+L+1$ 个,所以方程组可解,并且已经大为简化了。

先将式(2-103)、式(2-106)、式(2-107)组成的方程组写成矩阵形式:

$$\begin{bmatrix} R_{11} & R_{12} & \cdots & R_{1M} & a_1 & A_{11} & A_{12} & \cdots & A_{1L} \\ R_{21} & R_{22} & \cdots & R_{2M} & a_2 & A_{21} & A_{22} & \cdots & A_{2L} \\ \vdots & \vdots & & \vdots & \vdots & \vdots & & & \vdots \\ R_{M1} & R_{M2} & \cdots & R_{MM} & a_M & A_{M1} & A_{M2} & \cdots & A_{ML} \\ a_1 & a_2 & \cdots & a_M & 0 & 0 & 0 & \cdots & 0 \\ A_{11} & A_{21} & \cdots & A_{M1} & 0 & 0 & 0 & \cdots & 0 \\ A_{12} & A_{22} & \cdots & A_{M2} & 0 & 0 & 0 & \cdots & 0 \\ \vdots & \vdots & & \vdots & \vdots & \vdots & & & \vdots \\ A_{1L} & A_{2L} & \cdots & A_{ML} & 0 & 0 & 0 & \cdots & 0 \end{bmatrix} \begin{bmatrix} \lambda_1 \\ \lambda_2 \\ \vdots \\ \lambda_M \\ W \\ X_1 \\ X_2 \\ \vdots \\ X_L \end{bmatrix} = \begin{bmatrix} N_1 + \sum_{j=L+1}^{N} A_{1j}\Phi_j(\bar{c}) \\ N_2 + \sum_{j=L+1}^{N} A_{2j}\Phi_j(\bar{c}) \\ \vdots \\ N_M + \sum_{j=L+1}^{N} A_{Mj}\Phi_j(\bar{c}) \\ \sum_{i=L+1}^{N} \Phi_j(\bar{c}) \\ -Y_1^c \\ -Y_2^c \\ \vdots \\ -Y_L^c \end{bmatrix}$$

$$\tag{2-108}$$

上述矩阵一般可采用高斯消元法求解,求出 $X_j(j=1,2,\cdots,L)$,$\lambda_k(k=1,2,\cdots,M)$ 和 W,然后求出所有气相组分的 X_j。其步骤如下:

(1)参照同类推进剂已有的热力计算结果,先给定试算值 $c_j(j=1,2,\cdots,N)$,然后按照式 $c_g = \sum_{j=L+2}^{N} c_j$ 计算 c_g 值。

(2)先按照式(2-93)计算 $Y_j(j=1,2,\cdots,N)$,然后按照式 $\Phi_j(\bar{c}) = [-Y_j + \ln c_j + \ln p - \ln c_g] c_j$ 计算 $\Phi_j(c_j)$ $(j=L+1,L+2,\cdots,N)$,并计算 $\sum_{j=L+1}^{N} A_{kj}\Phi_j(\bar{c})$ $(k=1,2,\cdots,M)$。按照式(2-104)计算 $R_{kj}(k=1,2,\cdots,M; j=1,2,\cdots,M)$ 和 $a_k(k=1,2,\cdots,M)$。

(3)求解方程组式(2-108),求出凝相组分的 $X_j(j=1,2,\cdots,L)$,$\lambda_k(k=1,2,\cdots,M)$ 及

W 值。

（4）按照式（2-105）计算 X_g。

（5）按照下式计算可得气相组分 $X_j(j=L+1,L+2,\cdots,N)$ 的值：

$$X_j = -\Phi_j(\bar{c}) + \frac{c_j X_g}{c_g} + c_j \sum_{k=1}^{M} A_{kj}\lambda_k \tag{2-109}$$

由以上计算得到的一组值，就是平衡组分的摩尔数 $n_j(j=1,2,\cdots,N)$ 的近似值。

（6）将第一次（或上次）的计算结果作为第二次（或本次）的试算值，重复上述各步骤进行第二次试算，直到相邻两次计算结果的差值达到所要求的精度为止。最后得到的结果即为平衡组分的摩尔数 $n_j(j=1,2,\cdots,N)$。

2.3.4　绝热燃烧温度及燃烧产物特性参数的计算

1. 定压绝热燃烧温度的确定

固体推进剂的燃烧温度主要取决于它的组成。在燃烧过程中，固体推进剂的化学能转变为燃烧产物的热能，这种转变遵守能量守恒定律。因为燃烧产物的温度与燃烧产物的热能有关，因而也与推进剂的能量有关。燃烧产物的温度正是根据能量守恒定律确定的。根据固体推进剂燃烧过程的绝热-化学平衡模型，固体推进剂燃烧产物在燃烧室中的总焓应等于推进剂的总焓。

$$\sum_{j=1}^{N} I_j(T) n_j(T,p) = \tilde{I}_p \tag{2-110}$$

若给定压强 p，在式（2-110）中，只包含一个未知数 T，所以根据能量守恒方程，可以求出在给定压强条件下固体推进剂的绝热燃烧温度。然而，在方程式（2-110）中的函数具有非常复杂的函数关系，不可能由式（2-110）直接得到求解燃烧温度的显式表达式。本章介绍一种利用内插公式求解燃烧温度的方法。

首先参考相近推进剂的绝热燃烧温度，选取两个计算温度 T_{f1}，$T_{f2}(T_{f2}>T_{f1})$；然后利用在给定温度和压强条件下计算燃烧产物平衡组分的方法，计算出给定压强及上述两个温度 T_{f1}，T_{f2} 条件下的平衡组分 $n_j(j=1,2,\cdots,N)$，以及对应的燃烧产物总焓 $\tilde{I}_{m1}$，$\tilde{I}_{m2}$。按照能量守恒定律，$\tilde{I}_m$ 必须等于 $\tilde{I}_p$。如果 $\tilde{I}_m$（即 $\tilde{I}_p$）处于 $\tilde{I}_{m1}$ 及 $\tilde{I}_{m2}$ 之间，则采用下述线性内插的方法，如图 2-7 所示，求出定压燃烧的绝热燃烧温度 T_f：

$$T_f = T_{f1} + \frac{\tilde{I}_p - \tilde{I}_{m1}}{\tilde{I}_{m2} - \tilde{I}_{m1}}(T_{f2} - T_{f1}) \tag{2-111}$$

如果 $\tilde{I}_p$ 不处于 $\tilde{I}_{m1}$ 与 $\tilde{I}_{m2}$ 之间，则应再选取一个计算温度 T_{f3}。若 $\tilde{I}_p > \tilde{I}_{m2}$，则应取 $T_{f3} > T_{f2}$；若 $\tilde{I}_p < \tilde{I}_{m1}$，则应取 $T_{f3} < T_{f1}$。然后计算 T_{f3} 温度下燃烧产物的总焓 $\tilde{I}_{m3}$，使之处于 $\tilde{I}_{m1}$ 与 $\tilde{I}_{m3}$ 或 $\tilde{I}_{m2}$ 与 $\tilde{I}_{m3}$ 之间。最后根据具体情况在温度 T_{f1} 与 T_{f3} 或 T_{f2} 与 T_{f3} 之间，利用式（2-111）计算 T_f。也可以利用图解法（见图 2-8）或二次插值公式计算 T_f。为了计算方便，一般选取的相邻两温度之差为 100 K。温度间隔取得小些，计算的精度会高些，但要使 $\tilde{I}_p$ 处于两个计算温度的 $\tilde{I}_m$ 之间就更麻烦一些。

定压绝热燃烧温度是固体推进剂的重要参数。一般双基推进剂的定压绝热燃烧温度为 2 000～3 000 K 之间；复合推进剂的定压绝热燃烧温度为 2 400～3 000 K 之间；加金属提高能量后可达 3 000～4 000 K。

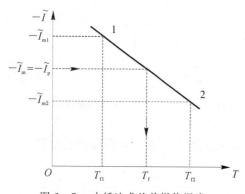

图 2-7　内插法求绝热燃烧温度

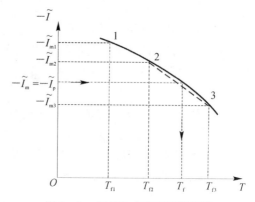

图 2-8　图解法求绝热燃烧温度

2. 燃烧产物的热力学性质

计算了燃烧产物的绝热燃烧温度及此温度下的平衡组分的摩尔数后,就可计算燃烧产物的热力学性质、熵及输运性质,为进一步计算提供数据。

(1) 凝相产物的质量百分数 ε。1 kg 燃烧产物中含有 N 种组分,其中 L 种为凝相组分,则凝相组分的质量百分数为

$$\varepsilon = \sum_{j=1}^{L} m_j n_j / 1\,000 \qquad (2-112)$$

(2) 燃烧产物中气相产物的平均摩尔质量 $\overline{m}$ 为

$$\overline{m} = 1\,000(1-\varepsilon)/n_g \qquad (2-113)$$

(3) 燃烧产物中气相产物的平均气体常数 $\overline{R}$ 为

$$\overline{R} = R_0/\overline{m} \qquad (2-114)$$

(4) 整个燃烧产物(含凝相)的等价气体常数 $\overline{R}_m$ 为

$$\overline{R}_m = (1-\varepsilon)\overline{R} \qquad (2-115)$$

式中　$\overline{R}$ 和 $\overline{R}_m$ 的单位为 kJ/(kg·K);R_0 的单位为 kJ/(kmol·K)。

(5) 燃烧产物的比热与比热比。燃烧室中的燃烧产物处于化学平衡状态。对于存在有化学反应的多组分系统,当温度发生变化时,由于系统处于化学平衡状态,在确定燃烧产物的比热时就应当考虑化学反应热。这样的比热称为平衡比热。

按照比热的定义,在定压条件下燃烧产物(混合气)的比热为

$$c_p = (\partial \widetilde{H}/\partial T)_p$$

因此

$$c_p = \frac{\partial}{\partial T}\Big(\sum_{j=1}^{N} H_j n_j\Big)_p = \sum_{j=1}^{N} n_j(\partial H_j/\partial T)_p + \sum_{j=1}^{N} H_j(\partial n_j/\partial T)_p =$$

$$\sum_{j=1}^{N} n_j c_{pj} + \frac{1}{T}\Big(\sum_{j=1}^{N} n_j H_j D_{Tj}\Big)_p \qquad (2-116)$$

式中

$$D_{Tj} = (\partial \ln n_j/\partial \ln T)_p \quad (j=1,2,\cdots,N) \qquad (2-117)$$

当计算绝热燃烧温度下燃烧产物的定压比热时,将该温度下的 n_j, c_{pj}, H_j, D_{Tj} 代入式 (2-116) 中,就可以求出 c_p 的值。

式(2-117)中,偏导数 D_{Tj} 反映了定压条件下,燃烧产物中每种组分的摩尔数随温度的变化率,有

$$D_{Tj} = \left(\frac{\partial \ln Z_j}{\partial \ln T}\right)_p + \left(\frac{\partial \ln n_g}{\partial \ln T}\right)_p \quad (j=1,2,\cdots,N) \tag{2-118}$$

式中　Z_j 表示 j 组分的摩尔分数,即

$$Z_j = n_j/n_g \tag{2-119}$$

在计算过程中,利用式(2-118)计算 D_{Tj} 比较方便,因为 Z_j 值是事先已算得的。

在式(2-116)中,c_{pj} 表示在计算温度下的 1 mol 第 j 组分的定压比热,单位为 kJ/(mol·K)。但计算中使用更方便的是它的解析表达式:

$$c_{pj} = R_0(\alpha_1 + \alpha_2 T + \alpha_3 T^2 + \alpha_4 T^3 + \alpha_5 T^4)$$

式中　$\alpha_1,\alpha_2,\alpha_3,\alpha_4,\alpha_5$ 为该组分的特定系数,对于不同的组分,这些系数的值也不同,它们可在有关资料中查到。

对于成分不变的燃烧产物,式(2-116)中的第二项等于零,这时计算出的比热就是通常的冻结比热 $c_{p,f}$:

$$c_{p,f} = \sum_{j=1}^{N} n_j c_{pj} \tag{2-120}$$

平衡比热也可以采用比较简单的方法近似地确定。如果已经计算得到 1 kg 燃烧产物在数值相差不太大的两个温度 T_1 和 T_2 下的总焓值,则可利用下式求得平均平衡比热:

$$c_p \approx \frac{I_{T_2} - I_{T_1}}{T_2 - T_1} \tag{2-121}$$

按照定义,定容条件下燃烧产物的比热为

$$c_V = (\partial \widetilde{E}/\partial T)_v \tag{2-122}$$

式中　$\widetilde{E}$ 为 1 kg 燃烧产物的内能,单位为 kJ/kg。也可以利用如下的热力学关系式来计算 c_V:

$$c_p - c_V = \frac{R_0 \left[1 - (\partial \ln \overline{m}/\partial \ln T)_p\right]^2}{\overline{m}\left[1 + (\partial \ln \overline{m}/\partial \ln p)_T\right]} \tag{2-123}$$

关系式(2-123)适用于有化学反应的气体。对于无化学反应的气体 $\overline{m}$ 为常数,因此式(2-123)中的偏导数都等于零,从而得到成分冻结情况下的关系式:

$$c_{p,f} - c_{V,f} = R_0/\overline{m} = \overline{R} \tag{2-124}$$

根据以上得到的定压比热与定容比热,可得平衡比热的比热比为

$$k = c_p/c_V \tag{2-125}$$

冻结比热的比热比为

$$k_f = c_{p,f}/c_{V,f} \tag{2-126}$$

一般来说,k 与 k_f 的值是不相同的。需要特别指出的是,式(2-124)只适用于成分冻结的情况。

(6)声速。计算声速的一般表达式是

$$a^2 = (\partial p/\partial \rho)_\varphi \tag{2-127}$$

这是根据微弱扰动压缩波的传播过程推导而得的,式中,下角标 φ 表示微弱扰动的传播过程在 $\varphi =$ 常量的条件下进行的。这是因为,在微弱扰动的传播过程中,气流的压强、密度和温度的变化是一个无限小量,即 $\mathrm{d}p \rightarrow 0, \mathrm{d}\rho \rightarrow 0, \mathrm{d}T \rightarrow 0$,若忽略黏性的作用,则整个过程接近于

可逆过程。此外,在微弱扰动传播过程中气流参数变化得相当迅速,来不及与外界交换热量,这就使得此过程接近于绝热过程。这样,在扰动波强度无限微弱的极限情况下,可认为微弱扰动的传播过程是等熵过程。因此声速公式(2-127)可写为

$$a^2 = (\partial p / \partial \rho)_s = -v^2 (\partial p / \partial v)_s \qquad (2-128)$$

式中 v 为气体的比容。

在有化学反应的混合气中,如果扰动的频率很大,而化学反应速度相对较小,因此,在波经过时,气体的成分来不及发生变化,则波内的过程与无化学反应时的情况是一样的,这时在气相中微弱扰动的传播速度称为冻结声速。

如果化学反应速度很大,而扰动频率相对较小时,在声波压缩和稀疏过程中,气体的成分来得及与温度、压强相适应,则在波通过时气体处于化学平衡状态。这时声速称为平衡声速。

计算平衡声速的公式推导如下。

利用微分形式的热力学关系可得

$$\left(\frac{\partial p}{\partial v}\right)_s = \left(\frac{-c_p/T}{c_v \beta_T v/T}\right)_s = -\frac{c_p}{c_v} \frac{1}{\beta_T v} = -\frac{k\rho}{\beta_T} \qquad (2-129)$$

式中

$$\beta_T = \frac{1}{p}\left[1 + \left(\frac{\partial \ln \overline{m}}{\partial \ln p}\right)_T\right] \qquad (2-130)$$

将式(2-129)、式(2-130)代入式(2-128),得

$$a^2 = -\frac{1}{\rho^2}\left\{-k\rho \frac{p}{\left[1 + \left(\frac{\partial \ln \overline{m}}{\partial \ln p}\right)_T\right]}\right\} = \frac{kR_0 T}{\overline{m}\left[1 + \left(\frac{\partial \ln \overline{m}}{\partial \ln p}\right)_T\right]} \qquad (2-131)$$

式(2-131)就是计算平衡声速的公式。对于气体成分不变化的情况,式中,$(\partial \ln \overline{m}/\partial \ln p)_T = 0$,将此关系代入式(2-131),即可得到冻结声速,即

$$a_f^2 = kR_0 T/\overline{m} = k\overline{R}T \qquad (2-132)$$

在一般情况下,平衡声速与冻结声速是有差别的,特别在燃气的成分随着温度或压强的改变而急剧变化的情况下,二者的差别更为明显(见图2-9),只有当燃气的成分不随温度而改变时(也即当燃气尚未离解,或者完全离解时),平衡参数与冻结参数才相一致。

3. 燃烧产物的熵

对于一定的化学物质,当它所处的温度和压强一定时,它的熵值就一定。由气相和凝相两类组分组成的燃烧产物,其气相产物的熵与温度和压强有关;凝相产物的熵只与温度有关,而与压强无关。因此燃烧产物的熵取决于它的成分及它所处的温度和压强。1 kg 燃烧产物的熵 $\widetilde{S}$ 等于各组分的熵的总和,即

$$\widetilde{S} = \sum_{j=1}^{N} S_j n_j = \sum_{j=1}^{L} S_j n_j + \sum_{j=L+1}^{N} S_j n_j \qquad (2-133)$$

在给定温度和压强条件下,1 mol 气相组分的熵为

$$S_j = S_j^0 - R_0 \ln p_j \quad (j = L+1, L+2, \cdots, N) \qquad (2-134)$$

对于 1 mol 凝相组分,其熵为

$$S_j = S_j^0 \quad (j = 1, 2, \cdots, L) \qquad (2-135)$$

式中 S_j^0——1 mol j 组分在 1 atm 以及温度 T_f 条件下的熵;

p_j——j 组分的分压,单位取为物理大气压(atm)。

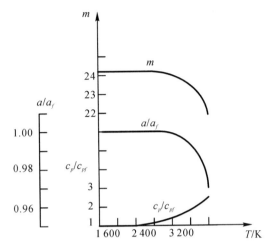

图 2 - 9　燃烧产物平衡组分与冻结组分热力学性质的比较

S_j^0 的值可由熵表中查得,或用下述形式的公式计算:

$$S_j^0 = R_0(\alpha_1 \ln T_f + \alpha_2 T_f + \alpha_3 T_f^2/2 + \alpha_4 T_f^3/3 + \alpha_5 T_f^4/4 + \alpha_7) \tag{2-136}$$

式中　$\alpha_1, \alpha_2, \alpha_3, \alpha_4, \alpha_5, \alpha_7$ 取决于组分种类的特定系数,它们可在有关资料中查到。

将关系式(2-134)、式(2-135)代入式(2-133)中,可得

$$\widetilde{S} = \sum_{j=1}^N S_j^0 n_j - R_0 \left[n_g \ln p + \sum_{j=1}^N n_j \ln \left(\frac{n_j}{n_g} \right) \right] \tag{2-137}$$

4.燃烧产物的输运性质

任意一个不平衡的气体系统,若此系统是孤立的,则只要时间足够长,由于分子的微观运动,它最终必然达到平衡状态。导致系统从不平衡到平衡的过程称为输运过程。输运过程包括三种典型过程:动量输运过程 —— 使系统内部的宏观的相对运动逐渐消失,最终达到系统内速度处处相等。在此过程中,动量由系统内高速区传输到低速区,因而产生内摩擦,也称为黏性。热量输运过程 —— 使系统内各处的温差逐渐消失,最终达到各处的温度相等。在此过程中,能量由系统内高温区传输到低温区,所以又称为热传导过程。质量输运过程 —— 使系统内各处组分的浓度逐渐达到一致而处于均匀状态。在此过程中,该组分由系统内高浓度区传输到低浓度区,所以也称为扩散过程。与这三种典型过程有关的特性参数是黏性系数 μ、热传导系数 λ 和扩散系数 D。在固体火箭发动机的计算中,需要知道气相燃烧产物的 μ 和 λ 值,因此这里只讨论前两种系数。

在火箭发动机的研制与设计工作中,燃烧产物的输运性质与发动机燃烧室、喷管等部件的传热计算、两相流动计算等密切相关,因此燃烧产物输运性质的计算也是发动机热力计算的重要组成部分。

(1)动量输运过程中黏性系数 μ 的计算。取一气体,如图 2-10 所示,若在此气体中各处的速度 u 不相等,其大小是其速度法线方向位置的函数,即 $u = u(y)$,则由气体动力学可知,在此气体任意两邻层的气体之间必有摩擦力存在。单位面积上的摩擦力 τ 称为摩擦应力。摩擦力对较快的那层气体来说是一个阻止其流动的阻力,这是相邻的那层较慢的气体对它所施加的

作用力。相反地,对于速度较慢的那层气体来说,有一个拉力作用在它上面,使它流动加快,这是速度较快的相邻层气体对它所施加的作用力。

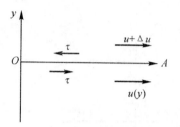

图 2 - 10　动量输运示意图

按照牛顿定律,流体内部的摩擦应力 τ 与流体速度梯度的关系是

$$\tau = -\mu \frac{\mathrm{d}u}{\mathrm{d}y} \qquad (2-138)$$

假定:单位容积内气体的分子数为 n;气体分子的微观热运动在各个方向上的机会都是相等的,并且都以平均速率 $\bar{v}$ 运动;每个气体分子的质量为 m_0。由气体分子运动论可知,系统最初不平衡状态通过分子的微观热运动的作用,最终达到平衡状态。根据此理论可推导得到计算黏性系数的初步近似公式:

$$\mu = \frac{1}{3}n\bar{v}m_0 l \qquad (2-139)$$

式中　l——平均自由程,是气体的一个分子在受到下一次碰撞前所走过的平均路程,其表达式为 $l = 1/\sqrt{2}\pi d^2 n$,此处 d 为气体分子的直径;

　　　$\bar{v}$——平均速率,是气体分子运动速率的算术平均值,它与分子速率的分布规律有关,对于麦克斯韦速率分布定律,分子的平均速率为

$$\bar{v} = \sqrt{\frac{8k_0 T}{\pi m_0}}$$

式中　k_0 为玻尔兹曼常数。

将 l 和 $\bar{v}$ 的表达式代入式(2-139)中,得

$$\mu = \frac{2}{3}\frac{1}{\pi^{3/2}}\frac{\sqrt{m_0 k_0 T}}{d^2} \qquad (2-140)$$

由以上推导可见,式(2-140)是在平均自由程的基础上得到的,并采用了平均动量的概念,这些情况与实际的碰撞情况有出入。此外,在计算平均速率的关系式中,采用了麦克斯韦速率分布律。因为麦克斯韦速率分布律是属于平衡状态的,而非平衡状态下分子运动速率的分布函数不同于麦克斯韦速率分布律,所以按照式(2-140)计算的 μ 值,从数值来说是不精确的。但是,式(2-140)表明了黏性系数 μ 与气体的压强和密度无关,而与温度有关,这些结论与实验得到的结果却是相符合的。

在上面计算的基础上,有不同的修正公式。恩斯库格(Enskog)和查普曼(Chapman)从分析气体分子运动速率的分布函数着手,运用严格的数学推理,得出了单种气体的黏性系数 μ_i 的计算公式:

$$\mu_i = 2.669\ 3 \times 10^{-5}\frac{\sqrt{m_i T}}{\sigma_i^2 \Omega_{\mu_i}} \quad \mathrm{g/(cm \cdot s)} \qquad (2-141)$$

式中　　m_i——i 组分气体的摩尔质量,单位是 g/mol;

　　　　σ_i——气体分子的碰撞截面直径,单位是 Å(1 Å $= 10^{-10}$ m);

　　　　Ω_{μ_i}——折算的碰撞积分。

对于由多种气体混合而成的混合气体,其黏性系数 μ 可由下式求得:

$$\mu = \sum_{j=L+1}^{N} \frac{Z_i \mu_i}{\sum_{j=L+1}^{N} Z_j \Phi_{ij}} \qquad (2-142)$$

式中

$$\Phi_{ij} = \frac{1}{\sqrt{8}} \left(1 + \frac{m_i}{m_j}\right)^{-1/2} \left[1 + \left(\frac{\mu_i}{\mu_j}\right)^{1/2} \left(\frac{m_j}{m_i}\right)^{1/4}\right]^2 \qquad (2-143)$$

式中　　　　Z_i——混合气体中 i 组分的摩尔分数;

　　　　　　μ_i——混合气体中 i 组分的动力黏性系数;

　　　　　　m_i——混合气体中 i 组分的摩尔质量;

$(L+1) \sim N$——组成燃烧产物的气相组分的编号。

(2)能量输运过程中热传导系数的计算。取一气体,其中各处的温度不相同,如图 2-11 所示。气体中各点的温度 T 是坐标 y 的函数,即 $T = T(y)$,很明显气体处于非平衡状态。

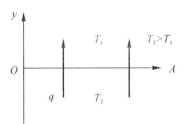

图 2-11　能量输运示意图

由热力学可知,若 $T_2 > T_1$,则热量必由 T_2 区域向 T_1 区域流动,最终使温度处处相等而达到平衡状态。通过单位面积(垂直于 y 方向)在单位时间内所传输的热量由热流强度 q 表示,按照傅里叶定律

$$q = -\lambda \frac{\mathrm{d}T}{\mathrm{d}y} \qquad (2-144)$$

采用与分析黏性系数相同的假设以及气体分子运动理论,对于单原子组成的分子,可得到计算热传导系数的近似关系式:

$$\lambda = \frac{1}{3} \bar{n} \bar{v} l c = \frac{2}{3} \frac{c}{\pi^{3/2} d^2} \sqrt{\frac{k_0 T}{m_0}} \qquad (2-145)$$

最后得

$$\lambda = \frac{c_V}{m} \mu \qquad (2-146)$$

式中　　c——每个分子的热容量(恒定体积时);

　　　　c_V——气体的定容比热,单位为 J/(kmol·K);

　　　　μ——单位为 N·s/m²;

　　　　λ——单位为 W/(m·K)。

利用式(2-145)计算的 λ,与利用式(2-140)计算的 μ 值一样,计算结果是不精确的。恩斯库格和查普曼对它进行了改进,一方面从分子速率的分布函数着手,同时考虑了多原子组成的分子所携带的能量有平动、转动和振动能量,得出了计算单种(第 i 组分)气体分子(由多原子组成)热传导系数的关系式为

$$\lambda_i = \frac{R_0 \mu_i}{m_i}(0.45 + 1.32 c_{pi}/R_0) \tag{2-147}$$

对于由多种气体组分组成的混合气体,其热传导系数 λ 由下式计算:

$$\lambda = \sum_{i=L+1}^{N} \lambda_i \left(1 + 1.065 \sum_{\substack{j=L+1 \\ j \neq i}}^{N} \Phi_{ij} \frac{Z_j}{Z_i}\right)^{-1} \tag{2-148}$$

式中　Φ_{ij} 按照式(2-143)确定。

知道了气相燃烧产物的 μ,λ 和 c_p,就可以计算它的普朗特数 Pr:

$$Pr = c_p \mu / \lambda \tag{2-149}$$

2.3.5　特征速度与燃烧室中的性能损失

在绝热-化学平衡理论模型的理论基础上,求出了固体推进剂的绝热燃烧温度及燃烧产物的热力学性质以后,就可以计算理论特征速度。

1. 理论特征速度

特征速度 c^* 是由喷管的质量流率关系式来定义的,即

$$\dot{m} = p_c A_t / c^*$$

在燃烧产物成分及其热力学性质不变的条件下,理论特征速度 $c^*_{理}$ 可由下式计算:

$$c^*_{理} = \sqrt{RT_f}/\Gamma = \sqrt{R_0 T_f/\overline{m}}/\Gamma$$

而

$$\Gamma = \sqrt{k}\left(\frac{2}{k+1}\right)^{\frac{k+1}{2(k-1)}}$$

式中　$\overline{m}$ 和 k 是一个定值。但若考虑在从燃烧室出口截面到喷管喉部流动过程中,燃烧产物成分和热力学性质的变化,则上式中的 k 值应取上述流动过程中的平均值,而与喷管喉部下游的过程无关,因而有

$$c^*_{理} = \sqrt{\overline{R}T_f}/\overline{\Gamma} = \sqrt{R_0 T_f/\overline{m}}/\overline{\Gamma} \tag{2-150}$$

$$\overline{\Gamma} = \sqrt{\overline{k}}\left(\frac{2}{\overline{k}+1}\right)^{\frac{\overline{k}+1}{2(\overline{k}-1)}}$$

式中　$\overline{k}$ 为从燃烧室出口截面到喷管喉部流动过程中的平均等熵指数。由于一般推进剂的 $\overline{k}$ 值的变动范围不大,对 $c^*_{理}$ 值的影响不显著,取 $\overline{k}$ 的近似值是可以的。至于 $c^*_{理}$ 的精确值则需要在考虑燃烧产物成分变化以后通过喷管的质量流率来计算。

由式(2-150)可见,理论特征速度 c^* 与推进剂的组成及燃烧室的压强有关,具体地说与参数 T_f,$\overline{m}$ 及 $\overline{k}$ 值有关。推进剂组成对特征速度、绝热燃烧温度及燃烧产物分子量的影响,可以从 $[NH_4ClO_4-(CH_2)_x]$ 推进剂的热力计算结果得到明确的概念。如图2-12所示,特征速度、绝热燃烧温度及燃烧产物分子量都随着 $(CH_2)_x$ 的含量而改变。当黏合剂 $(CH_2)_x$ 质量分数约为12%时,特征速度达到最大值。但是,黏合剂的这个含量太小了,以致不能得到良好的药柱机械性能。由此图还可以看出,使 T_f 达到最大值与使 c^* 达到最大值的 $(CH_2)_x$ 的质量分

数是不相同的,这是因为燃烧产物的分子量随着黏合剂(燃烧剂)的百分比的增大而减小。

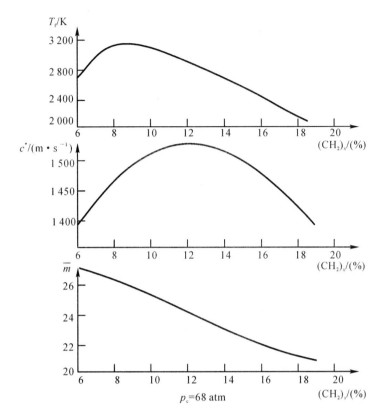

图 2-12　$[NH_4Cl_4—(CH_2)_x]$推进剂的特征速度、绝热燃烧温度及燃烧产物分子量

对于给定的推进剂,燃烧室压强对特征速度、绝热燃烧温度以及燃烧产物成分的影响如图 2-13 所示。由图可以看出,T_f,c^* 随着燃烧室压强的增高而增大,n_g 随燃烧室压强的增高而减小。至于比冲 I_s,不仅与燃烧室压强有关,而且与压强比 p_c/p_e 的值有关,它也随着 p_c 的增高而增大,但增大的速率逐渐放慢。除此以外,比冲的值还与膨胀过程的性质即它是平衡膨胀还是冻结膨胀有关。习惯上,除非图中另有说明,否则有关数据是属于冻结膨胀过程的。图 2-13 中的 I_s 数据就是属于冻结膨胀过程的。

2. 实际特征速度与燃烧室中的性能损失

实际特征速度总是低于理论特征速度,因为燃烧室中进行的实际工作过程总是或多或少地偏离理想过程,从而引起特征速度下降,随之比冲下降,即所谓性能损失。

引起燃烧室内性能损失的主要原因是燃烧不完全损失和散热损失。

燃烧不完全主要是指燃烧的化学反应进行不完全。当燃烧室工作压强较低时,燃烧反应所需时间较长,致使燃烧产物在离开燃烧室以前来不及充分反应,达不到化学平衡,能量释放不充分就流出去了,因而燃烧温度 T_f 下降,造成特征速度 c^* 减小。尤其当推进剂中含有某些金属成分如铝、硼等以后,更易出现这种情况。提高燃烧室工作压强可以促进燃烧反应更加完全,提高燃烧室的质量系数。

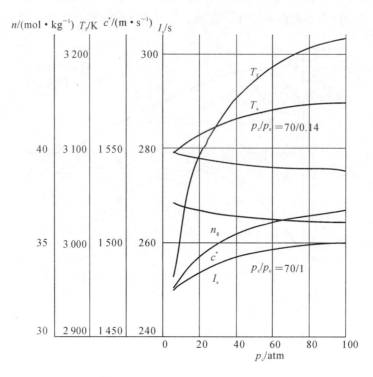

图 2-13　烧室压强的影响

推进剂：聚氨酯 20％,过氯酸铵 60％,铝粉 20％

　　除了化学反应不完全以外,有时还可以看到有些推进剂碎块或颗粒随同气流由喷管喷出。它们没有进入燃烧,因而使整个发动机的冲量减少,相当于整个装药的实际平均特征速度减小,降低了燃烧室的质量系数。

　　散热损失是指在燃烧过程中高温燃烧产物向与之接触的燃烧室壳体、热防护层、包覆层等零部件传热。燃烧产物的部分热能不可逆地损失于对这些零部件的加热,使燃烧产物的温度降低,造成性能损失。应该指出,高温燃烧产物与热防护层、包覆层等的作用是比较复杂的,不是单纯加热,往往由于加热引起材料的热解和烧蚀。这类反应所产生的产物流出喷管时也能产生一定的反作用冲量,但它们的热效应很小,比推进剂燃烧放热要小得多,按总的质量流率考虑仍然要使燃烧产物温度降低,从而使特征速度减小。

　　散热损失的大小与发动机结构形式有关。现代固体火箭发动机,为了降低室壁散热损失、改善室壁承载能力,多采用封顶贴壁浇铸、内孔燃烧的装药。只是在装药燃烧结束时,高温燃烧产物才接触室壁,这样可使散热损失很小,甚至可以略去不计。在这种情况下,主要是不完全燃烧的损失,燃烧室质量系数 ξ_c 可达 0.98 左右。对于端面燃烧装药或外侧面燃烧的管形装药,高温燃烧产物与室壁接触时间长,散热损失较大。当室壁没有内绝热层时,ξ_c 值可低到 0.94。采用内绝热层可以显著减小散热损失,提高燃烧室的质量系数。

　　特征速度的实际值 $c_{实}^*$ 可以通过发动机试车的结果求得。

2.4　喷管流动过程

2.4.1　喷管流动过程的热力计算与发动机理论比冲

1.喷管流动分析及热力计算理论模型

喷管是燃烧产物进行膨胀加速的部件,其主要的过程是高温、高压的燃气在喷管中膨胀加速,其流动过程非常复杂。同时,还会发生各种各样的过程,如由于温度、压强变化引起的离解、复合反应,化学、能量和相的平衡状态是否偏离等,这些过程都不同程度地影响着燃烧产物能量的转换和发动机的性能。

从一个平衡状态向另一个平衡状态过渡的速度,取决于松弛时间。如果达到平衡所需的时间(松弛时间),在数量级上大于燃烧产物在喷管中的逗留时间,则会发生对于平衡状态的偏离。

在喷管流动过程中,燃烧产物的比热除了随着燃烧产物的组分变化以外,也随着温度变化。当能量在分子内部重新分配所需要的时间不够时,能量平衡状态就不存在。

相平衡表达气相与凝相同时存在的组分,它们的物态互相转变能够及时地与温度变化相适应,燃烧产物是否处于相平衡将影响推进剂热值的利用。

在喷管热力计算中,对于上述问题进行了理想化的处理,即假定:燃烧产物是组分均一的完全气体,其流动过程为不存在任何不可逆现象(如摩擦、传热及其他不平衡现象)的理想过程。对于这样的理想化流动过程,其熵值为常数,即

$$S = \mathrm{const} \tag{2-151}$$

喷管中这种等熵流动的理论计算模型,可有如下不同形式:

(1)平衡流动模型。其特点是在流动的每一点处,燃烧产物处于化学的、能量的和相的平衡状态。这个理论计算模型适用于燃烧产物温度较高、压强也较大的情况,它广泛地被用作计算发动机理论推力的计算模型。

(2)化学组分冻结的流动模型。该模型认为燃烧产物的组分在流动过程中不发生变化。这个模型适用于温度较低的情况,也是热力计算中的一种典型计算模型。

(3)化学组分突然冻结的流动模型。该模型认为在达到某种条件(如一定的温度)之前,流动为平衡流,而其进一步为冻结流。按照这种模型进行计算,有时能满意地代替考虑化学反应动力学(化学不平衡)的复杂计算。

关于能量平衡问题,在喷管热力计算中按两种极限情况处理:

(1)在喷管内的流动过程中,燃烧产物的比热变化非常快,基本上能适应温度变化的速度。这时得到所谓平衡比热。

(2)在喷管内的流动过程中,燃烧产物比热的变化速度大大低于温度的变化速度,此时可认为燃烧产物的比热不随温度而变化,即比热保持为常量。这时得到所谓冻结比热,其值与在燃烧室中的比热完全相同。

此外,还可专门针对某种计算目的,提出其他的模型。例如,为估算凝结与结晶的滞后对气流参数的极限影响,提出了"相冻结"的流动模型。

2.喷管热力计算任务与热力计算方案

喷管热力计算是整个发动机热力计算的组成部分,其任务为:

(1)确定喷管指定截面上,尤其是喷管出口截面上燃烧产物的组分及其热力学参数。燃烧产物的热力学参数是指它的压强、温度、密度、焓及熵等。

(2)计算指定截面上,尤其是喷管出口截面上燃烧产物的流速及发动机的理论性能参数(理论比冲)。

喷管热力计算的已知条件是,喷管进口截面上燃烧产物的热力学参数及其组分的摩尔数,这些可取自燃烧室热力计算的数值;此外还有表示喷管计算截面参数。随着具体情况的不同,表示喷管截面参数的方式也有所不同。其中最主要的方式是给定喷管出口截面压强或者给定喷管面积比,也可以给定计算截面的马赫数,或者给定燃烧产物的温度 T 来确定计算截面的位置。根据不同的确定喷管计算截面的方式,形成了不同的计算方案。

用于喷管热力计算的关系式是:

(1)等熵方程。根据喷管内理想流动过程的等熵关系,喷管任意截面上燃烧产物的熵等于喷管进口截面上燃烧产物的熵。喷管中燃烧产物的熵的计算,与燃烧室中燃烧产物的熵的计算方法相同,即对于 1 kg 燃烧产物的熵由下式计算:

$$\widetilde{S} = \sum_{i=1}^{N} n_j S_j^0 - R_0 \sum_{j=L+1}^{N} n_j \ln\left(\frac{n_j}{n_g}\right) - R_0 n_g \ln p \qquad (2-152)$$

式(2-152)可以计算喷管任意截面上燃烧产物的熵值,只要将该截面上燃烧产物的有关参数等代入式(2-152)即可。于是,得出计算给定截面上热力学参数的一个关系式:

$$\sum_{j=1}^{N} n_j S_j^0 - R_0 \sum_{j=L+1}^{N} n_j \ln\left(\frac{n_j}{n_g}\right) - R_0 n_g \ln p = \widetilde{S}_{0c} \qquad (2-153)$$

可将式(2-153)简写为

$$\widetilde{S}(p,T) = \widetilde{S}_{0c}$$

或者写为

$$\varphi_1(p,T) = \widetilde{S}(p,T) - \widetilde{S}_{0c} = 0 \qquad (2-154)$$

(2)表示计算截面的方程。上面已提到,对应于不同的计算方案,表示计算截面的方程可以是不同的,例如,对于给定压强的方案:

$$p = p^{(\delta)} = \text{const} \quad \text{或} \quad p - p^{(\delta)} = 0 \qquad (2-155)$$

式中　　上标表示喷管计算截面上的给定值。对于完全膨胀的喷管,在出口截面上给定的压强 p_e 等于 p_a。

对于给定喷管压强比 $\varepsilon_p^{(\delta)}$ $(\varepsilon_p = p/p_{0c})$ 的方案:

$$p - \varepsilon_p^{(\delta)} p_{0c} = 0 \qquad (2-156)$$

对于给定喷管面积比 $\varepsilon_A^{(\delta)}$ 的方案:

$$\frac{\rho_t u_t}{\rho u} - \varepsilon_A^{(\delta)} = 0 \qquad (2-157)$$

对于给定 $Ma^{(\delta)}$ 的方案:

$$\frac{\sqrt{2(I_{m,0c} - I_m)}}{a} - Ma^{(\delta)} = 0 \qquad (2-158)$$

对于给定温度 $T^{(\delta)}$ 的方案:

$$T = T^{(\delta)} = \text{const}, \quad \text{或} \quad T - T^{(\delta)} = 0 \qquad (2-159)$$

可将表示计算截面的方程式(2-155)～式(2-159)概括地写为

$$\varphi_2(p,T)=0 \tag{2-160}$$

(3) 计算给定温度与压强条件下燃烧产物平衡组分的方程。燃烧产物平衡组分的方程已在 2.3 节中详细讨论了,此处不再重复。

对于组分冻结的膨胀过程,计算截面上待定的热力学参数只有两个,即 p 和 T,现有关系式也有两个,即式(2-154)与式(2-160),所以原则上能够联立求解。对于平衡膨胀过程除了燃烧产物的组分以外,计算截面上的待求热力学参数也是两个,也可以用式(2-154)与式(2-160)联立求解。现在的问题是,方程式(2-154)对 p,T 是非线性的,为了求解非线性方程组式(2-154)与式(2-160),一般采用牛顿迭代法或内插法。

3. 平衡膨胀到给定马赫数及喷管喉部截面燃气参数的计算

计算喷管喉部截面燃气参数是热力计算的任务之一。在喷管喉部截面上,$Ma=1$,所以可作为平衡膨胀到给定马赫数的特殊情况处理。计算平衡膨胀到给定马赫数的燃气参数的控制方程是式(2-154)和式(2-158),这两个方程都是非线性的,可用牛顿迭代法求解。

4. 平衡膨胀或冻结(组分)膨胀给定压强

在喷管计算中最常遇到的问题是计算设计状态下喷管出口截面上燃烧产物的热力学参数。这时出口截面上燃烧产物的压强 p_e 是给定的,需要计算的主要参数是温度 T_e。对其计算可以采用较为简单的内插法。

5. 先平衡膨胀到给定温度,然后冻结膨胀到给定压强

从喷管流动过程的分析可知,喷管上游的流动由于密度较大、温度较高、化学反应速度较快,而且流速较慢,往往接近于平衡流动,而下游的流动则接近于冻结流动。这样就产生了"突然冻结"的近似概念,也就是在喷管中存在一个从平衡流动转变为冻结流动的较窄区间,在其上游一侧为平衡流动,下游一侧为冻结流动。为简单起见,可以认为此区间为一平面。然而,此冻结平面的位置是一个需要仔细研究的问题。在有些计算中取喉部截面为冻结平面,或者根据某个温度来确定。从理论上讲,突然冻结模型比完全平衡模型或完全冻结模型有了一些改进。特别在化学不平衡损失不可忽略的情况下,采用突然冻结模型是有好处的。但在其他情况下这样做是不必要的。

采用突然冻结模型进行喷管热力计算,除了如何合理确定冻结平面以外,在计算方法上没有什么新的困难。不过是将整个过程划分两段分别计算而已。

6. 流动参数及发动机理论比冲的计算

固体火箭发动机的理论比冲是在如下假设下计算出来的:

1) 固体推进剂完全燃烧,燃烧产物在流动过程中处于平衡状态;

2) 燃烧产物为完全气体,每种单一气体和其混合物均可利用完全气体的状态方程;

3) 燃烧产物的流动是一维的,即在同一截面上燃烧产物的组分、压强、温度和速度都是均匀分布的,在喷管出口截面上燃气射流是轴向的;

4) 燃烧过程是绝热的,燃烧产物在喷管中的流动过程是定常的,而且是等熵的。

一般计算喷管内流动参数及发动机的理论比冲有两种方法,一种方法是在喷管热力计算结果的基础上进行的,另一种方法是利用气动关系式以及平均等熵指数进行的。

(1) 利用喷管热力计算结果的方法。由假设 1) 可知,在喷管进口截面上燃烧产物处于对应 p_{0c},T_{0c} 条件下的平衡状态,由燃烧室热力计算可得该截面上的热力学参数如焓 $\bar{I}_{m,0c}$,

熵 $\widetilde{S}_{0c}$ 等。

在喷管出口截面上，燃烧产物的速度为

$$u_e = \sqrt{2(\widetilde{I}_{m,0c} - \widetilde{I}_{m,e})} \tag{2-161}$$

发动机真空比冲为

$$I_{s,V} = u_e + \frac{A_e}{\dot{m}}p_e \tag{2-162}$$

当环境压强为 p_a 时，发动机的理论比冲为

$$I_s = u_e + \frac{A_e}{\dot{m}}(p_e - p_a) \tag{2-63}$$

当 $p_e = p_a$ 时，发动机的理论比冲为

$$I_s = u_e \tag{2-164}$$

理论特征速度由下式计算：

$$c^* = \frac{p_{0c}A_t}{\dot{m}} = \frac{p_{0c}}{p_t}\frac{R_0 T_t}{u_t \dot{m}_t} \tag{2-165}$$

由该式计算的 c^* 比较准确，但需计算出喷喉截面的燃气参数。

真空中的理论推力系数为

$$C_{F,V} = \frac{I_{s,V}}{c^*} \tag{2-166}$$

当 $p_e = p_a$ 时，理论推力系数为

$$C_F = \frac{I_s}{c^*} = \frac{u_e}{c^*} \tag{2-167}$$

（2）利用气动关系式与平均等熵指数的方法。此方法是一种近似方法，产生误差的原因在于计算中利用了等熵方程及整个计算过程中采用了平均等熵指数。但是，这种方法比较简便，这对于分析问题与在方案论证阶段中的计算是比较合适的。

2.4.2　喷管中的实际流动过程与损失

喷管中的实际流动过程与上节讨论的等熵过程有很大差别。因为在实际流动过程中存在着一系列偏离理想情况的现象，所以存在各种性质的比冲损失，使得发动机的实际比冲小于理论比冲。这种比冲损失就是喷管流动过程中的性能损失。

通常有两种方法表示喷管中的性能损失。一种方法是利用冲量系数 ξ_i，其定义为

$$\xi_i = \frac{I_{s,i实}}{I_{s,i理}} \tag{2-168}$$

式中　　　　ξ_i——由第 i 种原因造成损失的冲量系数；

$I_{s,i理}$，$I_{s,i实}$——不存在与存在第 i 种损失原因时的理论比冲和实际比冲。

另一种方法是利用相对比冲损失系数 ζ_i，其定义是

$$\zeta_i = \frac{I_{s,i理} - I_{s,i实}}{I_{s,i理}} = \frac{\Delta I_i}{I_{s,i理}} \tag{2-169}$$

式中　　ΔI_i 为第 i 种损失原因造成的比冲损失值。

由式（2-168）、式（2-169）可见，两种系数之间存在如下关系：

$$\zeta_i = 1 - \frac{I_{s,i实}}{I_{s,i理}} = 1 - \xi_i \tag{2-170}$$

喷管中的实际流动通常不是一维流动,而是二维或三维流动。在同一截面上流动参数的分布是不均匀的,尤其是在喷管出口截面上气流的速度方向与喷管轴线不平行,由此引起的比冲损失称为喷管的扩张损失,用考虑喷管流动非轴向损失的冲量系数 ξ_a 表示。

喷管中的实际流动经常不是化学平衡流动,而是化学不平衡流动。由此引起的比冲损失称为喷管的化学不平衡损失,用考虑喷管化学不平衡损失的冲量系数 ξ_n 表示。

喷管中的实际流动是两相混合物的流动。由于凝相微粒的速度滞后于气相载体的速度,以及气体与微粒之间温度的不均一,引起了比冲损失。由两相流引起的比冲损失称为两相流损失。一般用考虑喷管两相流损失的冲量系数 ξ_p 表示。

喷管中的实际流动既不是绝热流动,也不是无摩擦的流动,而是向环境有散热的流动和与壁面有摩擦的流动。喷管散热引起的比冲损失称为喷管的散热损失,用考虑喷管散热损失的冲量系数 ξ_q 表示。燃烧产物的黏性引起的比冲损失称为喷管的摩擦损失,用考虑喷管摩擦损失的冲量系数 ξ_f 表示。为了确定散热损失和摩擦损失,必须进行附面层计算,以计算出喷管传热的热流强度和壁面摩擦应力,然后计算出损失。

另外,在喷管实际流动过程中高温高速的燃气流有可能使喷喉烧蚀,致使喷喉直径尺寸比设计值大,使燃烧室压强减小,由此引起的比冲损失称为喷管的烧蚀损失,用考虑喷管烧蚀的冲量系数 ξ_e 表示。

上述六种冲量系数数值的大致范围见表 2 - 2,可供参考。

喷管的冲量系数即为上述六种冲量系数的乘积。

表 2 - 2　喷管内各种冲量系数数值的大致范围

冲量系数	数值范围	说明
ξ_a	$0.998 \sim 0.983$	
ξ_n	$0.998 \sim 0.990$	
ξ_p	$0.970 \sim 0.900$	$\alpha_e = 5° \sim 15°$ 时
ξ_q	$0.980 \sim 0.970$	
ξ_f	$0.995 \sim 0.980$	
ξ_e	$0.995 \sim 0.990$	

2.4.3　喷管两相流

1.喷管两相流的特点

目前高能固体推进剂中都添加金属粉末,铝、锂、铍、硼、钛和镁以及它们的化合物都可以作为添加剂,一般含量为 $10\% \sim 20\%$,使用最多的是铝粉。添加剂不仅能提高推进剂的密度、燃烧温度和理论比冲,并且铝粉燃烧后产生成的三氧化二铝凝相微粒,在气相中有阻尼作用,能抑制高频振荡燃烧。

含铝推进剂在燃烧后形成气相燃烧产物和三氧化二铝等凝相微粒,这是由气相和凝相(或固相)组成的两相混合物。它们在喷管中的流动是两相混合物的流动过程,一般称为喷管两相流。呈随机运动的凝相微粒对压强的贡献极小,它们不能像气体那样膨胀做功。微粒在喷管中的加速,只能依靠气流的带动,没有气体流动的那样快,这种凝相微粒的速度小于气体流速的现象称为速度滞后。在喷管出口截面上凝相微粒速度必然小于气体的速度,这种速度滞后引起的比冲损失称为速度滞后损失。喷管中的气相温度随着向下游流动而逐渐下降,但是凝相微粒的温度却下降的没有气相那样快。凝相微粒温度总比气相温度高,这种现象称为温度滞后,其引起的比冲损失称为温度滞后损失。由以上几种原因引起的比冲损失,统称为喷管两相流损失。另外,在喷管内两相混合物的流动过程中,高速运动的微粒可能对喷管壁面有冲击,会引起壁面粗糙度增大或壁面的微弱烧蚀。前者会使喷管摩擦损失增加,后者如烧蚀发生在喷喉会使发动机的推力-时间曲线下降。

研究两相流时,通常将它作为连续介质处理。把均匀分散在气相中的微粒群视为假想流体,如果气相的速度相当高时,微粒群就具有一般的流体属性,则可把它看作准流体更接近实际情况。这样,就可以采用连续介质的经典理论方法,同时考虑两相之间的质量、动量和能量传输,便可写出其控制方程组。即使这样处理,方程组也相当复杂,必须采用数值计算方法才能得解。得出凝相的速度滞后和温度滞后就可以计算出喷管两相流损失了。

2. 两相混合物的热力学性质

(1) 两相混合物的质量

$$M_m = M_g + M_p \tag{2-171}$$

式中　下标 m,g 和 p 分别代表两相混合物、气相燃烧产物和凝相燃烧颗粒。

(2) 两相混合物体积

$$V_m = V_g + V_p \approx V_g \tag{2-172}$$

这是因为假设颗粒不占体积即 $V_p = 0$。

(3) 凝相质量比

$$\varepsilon = \frac{M_p}{M_m} \tag{2-173}$$

(4) 凝相浓度

$$\bar{\rho}_p = \frac{M_p}{V_m} \tag{2-174}$$

式中　$\bar{\rho}_p$ 上方加一横线,是为了与凝相颗粒本身的密度 ρ_p 相区别。

(5) 气相浓度

$$\bar{\rho}_g = \frac{M_g}{V_m} \approx \frac{M_g}{V_g} = \rho_g \tag{2-175}$$

(6) 两相混合物的密度

$$\rho_m = \frac{M_m}{V_m} = \bar{\rho}_p + \bar{\rho}_g \tag{2-176}$$

(7) 凝气相质量流率比

$$\varepsilon_{\dot{m}} = \frac{\dot{m}_p}{\dot{m}_g} = \frac{\bar{\rho}_p u_p A}{\rho_g u_g A} = \frac{\varepsilon}{1-\varepsilon} \frac{u_p}{u_g} \tag{2-177}$$

(8) 单位质量两相混合物的焓

$$h_m = (1-\varepsilon) h_g + \varepsilon h_p \tag{2-178}$$

(9) 单位质量两相混合物的定压比热

$$c_{pm} = (1-\varepsilon) c_{pg} + \varepsilon c \tag{2-179}$$

式中　c 为凝相颗粒的比热。

(10) 单位质量两相混合物的定容比热

$$c_{Vm} = (1-\varepsilon) c_{Vg} + \varepsilon c \tag{2-180}$$

（11）单位质量混合物的气体常数

$$R_m = c_{pm} - c_{Vm} = (1 - \varepsilon)(c_{pg} - c_{Vg}) = (1 - \varepsilon)R_g \tag{2-181}$$

（12）两相混合物的状态方程

$$p = \rho_m R_m T_m \tag{2-182}$$

（13）两相混合物的比热比

$$k_m = \frac{c_{pm}}{c_{Vm}} = \frac{(1-\varepsilon)c_{pg} + \varepsilon c}{(1-\varepsilon)c_{Vg} + \varepsilon c} = k\frac{1 + \frac{\varepsilon}{1-\varepsilon}\delta}{1 + \frac{\varepsilon}{1-\varepsilon}k\delta} \tag{2-183}$$

式中　　k——气相比热比，$k = \dfrac{c_{pg}}{c_{Vg}}$；　　　　　　　　　　　　　　　$(2-184)$

　　　　δ——相对比热，$\delta = \dfrac{c}{c_{pg}}$。　　　　　　　　　　　　　　　$(2-185)$

（14）单位质量两相混合物的滞止焓

$$h_{0m} = (1 - \varepsilon)\left(c_{pg}T_g + \frac{u_g^2}{2}\right) + \varepsilon\left(cT_p + \frac{u_p^2}{2}\right) \tag{2-186}$$

3. 两相流动的基本方程

为了便于进行理论计算，须对两相流动作如下假设：

1）流动是一维、定常和等熵的；

2）凝相颗粒为直径相同的小球，它们具有相同的速度和温度；

3）凝相颗粒对压强无贡献，不占有体积，颗粒间无相互作用，两相间无质量交换，流动中无相变；

4）两相混合物与喷管壁之间无摩擦和传热；

5）两相混合物中的气相燃烧产物为理想气体；

6）在喷管中的两相流为无加质流。

上述"等熵"假设和实际情况偏离较大，因为凝相颗粒对周围气态工质的流动有机械阻力，所以两相流动过程是不等熵的。但在凝相颗粒尺寸很小且高度弥散时，这种影响就小得多，仍可采用等熵流动假设。

（1）质量守恒方程

$$\dot{m}_m = \dot{m}_g + \dot{m}_p \tag{2-187}$$

两相混合物中凝相燃烧产物的质量守恒方程

$$\dot{m}_p = \bar{\rho}_p u_p A = \dot{m}_m \varepsilon = \text{const} \tag{2-188}$$

两相混合物中气相燃烧产物的质量守恒方程

$$\dot{m}_g = \rho_g u_g A = \dot{m}_m(1 - \varepsilon) = \text{const} \tag{2-189}$$

（2）动量守恒方程。两相混合物中凝相燃烧产物的动量守恒方程

$$\frac{\partial}{\partial t}(\bar{\rho}_p A u_p) + \frac{\partial}{\partial x}(\bar{\rho}_p A u_p^2) = \bar{\rho}_p f_D \frac{\partial V}{\partial x} = \bar{\rho}_p f_D A \tag{2-190}$$

式中　$\bar{\rho}_p$ 为颗粒的浓度，即单位容积的两相混合物中所包含的颗粒质量。

对于一维定常等熵流动，式（2-190）可简化为

$$u_p = \frac{\mathrm{d}u_p}{\mathrm{d}x} = f_D \tag{2-191}$$

$$f_D = \frac{F_D}{m_{p1}} = \frac{F_D}{\rho_c \left(\frac{1}{6}\pi d_p^2\right)} \tag{2-192}$$

式中　m_{p1}——单个颗粒质量；

　　　ρ_c——凝相颗粒材料的密度；

　　　d_p——球形颗粒直径；

　　　F_D——气相燃烧产物作用于单个颗粒上的力，用下式表示：

$$F_D = 3\pi d_c \mu (u_g - u_p) \tag{2-193}$$

两相混合物中气相燃烧产物的动量守恒方程为

$$\frac{\partial}{\partial t}(\rho_g A u_g) + \frac{\partial}{\partial x}(\rho_g A u_g^2) = -A\frac{\partial p}{\partial x} + \bar{\rho}_p f_p A \tag{2-194}$$

对于一维定常流动，式(2-194)可简化，并将式(2-191)代入，式(2-194)可简化为

$$\rho_g u_g \mathrm{d}u_g + \bar{\rho}_p u_p \mathrm{d}u_p + \mathrm{d}p = 0 \tag{2-195}$$

（3）能量守恒方程。两相混合物中凝相燃烧产物的能量守恒方程为

$$\frac{\partial}{\partial t}\left[\bar{\rho}_p A\left(e_p + \frac{u_p^2}{2}\right)\right] + \frac{\partial}{\partial x}\left[\bar{\rho}_p A u_p\left(h_p + \frac{u_p^2}{2}\right)\right] = -\bar{\rho}_p A u_p f_D - \bar{\rho}_p \dot{q} A \tag{2-196}$$

式中　e_p——单位质量颗粒的内能；

　　　h_p——单位质量颗粒的焓；

　　　$\dot{q}$——单位时间内单位质量颗粒传给气体的热量。

对于一维定常流动，将式(2-191)代入，式(2-196)可简化为

$$\left(h_p + \frac{u_p^2}{2}\right)\frac{\mathrm{d}u_p}{\mathrm{d}x} + u_p\frac{\mathrm{d}h_p}{\mathrm{d}x} = -\dot{q} \tag{2-197}$$

两相混合物中气相燃烧产物的能量守恒方程为

$$\frac{\partial}{\partial t}\left[\rho_g A\left(e_g + \frac{u_g^2}{2}\right)\right] + \frac{\partial}{\partial t}\left[\rho_g A u_g\left(h_g + \frac{u_g^2}{2}\right)\right] = -\bar{\rho}_p A u_p f_D + \bar{\rho}_p \dot{q} A \tag{2-198}$$

对于一维定常流动，将式(2-191)代入，式(2-198)可简化为

$$\rho_g u_g \frac{\mathrm{d}h_g}{\mathrm{d}x} + \left(\frac{3}{2}\rho_g u_g^2 + \rho_g h_g\right)\frac{\mathrm{d}u_g}{\mathrm{d}x} + \bar{\rho}_p u_p^2 \frac{\mathrm{d}u_p}{\mathrm{d}x} = \bar{\rho}_p \dot{q} \tag{2-199}$$

（4）状态方程

$$p = \rho_g R_g T_g \tag{2-200}$$

（5）焓方程。凝相在无相变的情况下有

$$\mathrm{d}h_p = c\mathrm{d}T_p \tag{2-201}$$

气相：

$$\mathrm{d}h_g = c_{pg}\mathrm{d}T_g \tag{2-202}$$

以上共建立了9个方程式(2-188)、式(2-189)、式(2-191)、式(2-195)、式(2-197)、式(2-199)、式(2-200)、式(2-201)及式(2-202)，其中含有9个未知数 u_p，u_g，$\bar{\rho}_p$，ρ_g，T_c，T_g，h_p，h_g 和 p（或 A），因而在数学上可以求解。

在实际流动条件下，凝相颗粒的速度和温度相对周围气相的速度和温度都会有不同程度的滞后，需要加入滞后参数的条件，利用上述两相流的基本控制方程用数值方法求解。

4. 一维两相流动的几种极限情况

（1）速度平衡、温度平衡情况（$u_p = u_g$，$T_p = T_g$）。一维两相混合平衡流动，是指凝相颗粒

的速度和温度分别等于气相燃烧产物的速度和温度，及二者处于动力和热力平衡状态。当颗粒尺寸非常小时（如直径小于 1 μm 时），可作近似处理。

1）状态方程

$$p = \rho_m R_m T_m = \rho_m (1-\varepsilon) R_g T_g = \rho_g R_g T_g \qquad (2-203)$$

2）能量方程

$$c_{pm} T_m + \frac{u_m^2}{2} = h_{0m} \qquad (2-204)$$

3）排气速度

$$u_{em1} = \sqrt{\frac{2k_m}{k_m - 1} R_m T_0 \left[1 - \left(\frac{p_e}{p_0} \right)^{\frac{k_m - 1}{k_m}} \right]} \qquad (2-205)$$

4）质量流量

$$\dot{m}_{m1} = \frac{\Gamma(k_m) p_0 A_t}{\sqrt{R_m T_0}} \qquad (2-206)$$

（2）速度冻结、温度冻结情况（$u_p = u_0$，$T_p = T_0$）。此时，颗粒在喷管中流动时始终保持它们在喷管入口处的速度和温度，即 $u_p = u_0 = \text{const}$，$T_p = T_0 = \text{const}$。

1）状态方程

$$p = \rho_g R_g T_g \qquad (2-207)$$

2）能量方程

$$\mathrm{d}\left(c_{pg} T_g + \frac{u_m^2}{2} \right) = 0 \qquad (2-208)$$

3）动量方程

$$\dot{m}_g \mathrm{d} u_g + A \mathrm{d} p = 0 \qquad (2-209)$$

4）质量方程

$$\dot{m}_g = \rho_g A u_g = \text{const} \qquad (2-210)$$

上述 4 个方程与纯气相理想气体的一维等熵流动的方程组完全相同，故两相混合物中气相燃烧产物的排气速度与纯气相排气速度相等。这样，第二种极限情况下两相混合物的排气速度可表示为

$$u_{em2} = (1-\varepsilon) u_e \qquad (2-211)$$

（3）速度冻结、温度平衡情况（$u_p = u_0$，$T_p = T_g$）。此时，在喷管中流动的凝相颗粒的速度仍始终保持它们在喷管入口处的速度，但温度则与气体温度一致，即两相混合流处于热力平衡、动力不平衡状态。这种状态的特点为

$$\left. \begin{array}{l} u_p = u_0 = \text{const} \approx 0 \\ T_p = T_g = T_m \end{array} \right\} \qquad (2-212)$$

将式（2-212）代入式（2-186），并考虑到式（2-179），化简后得

$$c_{pm} T_m + (1-\varepsilon) \frac{u_g^2}{2} = h_{0m} \qquad (2-213)$$

将式（2-204）代入式（2-213）得

$$u_{m1}^2 = (1-\varepsilon) u_g^2$$

即

$$u_g = \frac{u_{m1}}{\sqrt{1-\varepsilon}} \qquad (2-214)$$

因而
$$u_{eg} = \frac{u_{em1}}{\sqrt{1-\varepsilon}} \qquad (2-215)$$

由此可知,第三种极限情况下两相混合流排气速度为
$$u_{em3} = (1-\varepsilon)u_{eg} + \varepsilon u_{ep} = (1-\varepsilon)u_{eg} = \sqrt{1-\varepsilon}\, u_{em1} \qquad (2-216)$$

(4)速度平衡、温度冻结情况($u_p = u_g$, $T_p = T_0$)。此时的情况正好与第三种极限情况相反,即
$$\left.\begin{array}{l} u_p = u_g \\ T_p = T_0 = \text{const} \end{array}\right\} \qquad (2-217)$$

将式(2-217)代入式(2-186)得
$$h_{0m} = (1-\varepsilon)\left(c_{pg}T_g + \frac{u_g^2}{2}\right) + \varepsilon\left(cT_0 + \frac{u_g^2}{2}\right) \qquad (2-218)$$

又因
$$h_{0m} = (1-\varepsilon)c_{pg}T_{0g} + \varepsilon c T_{0c} \qquad (2-219)$$

将式(2-219)代入式(2-218),整理后得
$$u_g = \sqrt{1-\varepsilon}\sqrt{2c_{pg}(T_{0g}-T_g)} \qquad (2-220)$$

根据式(2-9)对 u_e 的定义可知
$$u_g = \sqrt{1-\varepsilon}\sqrt{2c_{pg}(T_{0g}-T_g)} = \sqrt{1-\varepsilon}\, u_g \qquad (2-221)$$

故第四种极限情况下两相混合物的排气速度为
$$u_{em4} = (1-\varepsilon)u_{eg} + \varepsilon u_{pg} = u_{eg} = \sqrt{1-\varepsilon}\, u_e \qquad (2-222)$$

2.4.4 喷管在非设计状态下的工作

1.非设计状态下喷管流动过程

为了正确设计喷管和提高火箭发动机的性能,必须研究喷管的工作状态。喷管的工作状态取决于周围介质的压强 p_a 与喷管出口截面处气流压强 p_e 之比。令
$$\frac{p_a}{p_e} = n \qquad (2-223)$$

只有 $p_a = p_e$,即 $n=1$ 时,喷管才处于设计状态,也称为完全膨胀状态。当 $p_a \neq p_e$,即 $n \neq 1$ 时,喷管处于非设计状态,其中当 $p_a < p_e$,即 $n<1$ 时,称为欠膨胀状态;当 $p_a > p_e$,即 $n>1$ 时,称为过膨胀状态。因此,研究喷管的工作状态,实际上是研究周围介质压强对喷管流动过程的影响以及对发动机推力的影响。飞行器在飞行过程中外界大气压强会变化,而采用可调喷管调节发动机工作状态时又会引起喷管出口截面压强的变化,这些都会使喷管工作状态发生变化。

当 $p_e > p_a$ 时,喷管处于欠膨胀状态。这时从喷管流出的射流中伴随有激波。激波具有母线为曲线的旋转面形状。喷出射流呈现出许多腰鼓形,在射流轴线附近曲面激波转化为正激波。随着 n 的减小,激波从喷管出口移开。当 n 接近于 1 时,曲面激波并不结合为正激波,甚至在设计状态下,也仍然存在着曲面激波。

当 $p_e < p_a$ 时,喷管处于过膨胀状态。这时从喷管流出的射流仍然出现交叉的曲线激波系。由于射流为超声速的,所以其中的扰动不可能向上游传播。但是,由于与喷管壁面贴近的附面层中的流动是亚声速的,就存在着喷管内部流动受外界扰动影响的可能性。这种可能性并非在任何非设计状态都存在,只有 $n \geqslant n_{cr}$,$n_{cr} = (p_a/p_e)_{cr}$ 时,附面层中气流的动能不足以克

服激波后的压强梯度时,气流与喷管壁面发生分离,激波进入喷管内部。

喷管内部出现激波和气流的分离,不仅引起喷管外部气流流谱的变化,而且还会引起喷管扩张段自气流分离后的流谱的变化,从而引起喷管这段壁面上的压强分布的变化。气流发生分离以前的那段喷管,流谱和压强分布都保持不变。这段喷管内各截面上的马赫数和压强比 p/p_{t} 仍由相应的面积比 A/A_{t} 和气体的等熵膨胀指数 k 决定。亦即在这一段中,其压强分布与在同样参数下工作的不发生过度膨胀的喷管相应段上的完全相同。

2. 过膨胀状态下喷管流动

在过膨胀工作状态下,周围介质压强 p_{a} 大于喷管出口压强 p_{e},并且当 n 达到其临界值 n_{cr} 时,喷管内就会发生气流分离。在研究发动机结构强度以及喷管传热问题时,对这种情况必须予以考虑。

当 $n=n_{\mathrm{cr}}$ 时,气流在喷管出口发生分离。当 $n>n_{\mathrm{cr}}$ 时,随着 n 值增大,气流分离逐渐向喷管内部移动。

喷管有气流分离的过膨胀工作状态下的发动机推力公式为

$$F=F_1+F_2+F_3 \tag{2-224}$$

式中　F_1——分离截面以前推力室内表面压强合力产生的推力;

　　　F_2——自分离截面到喷管出口截面喷管内表面压强合力产生的推力;

　　　F_3——作用在推力室外表面压强合力产生的推力。

2.4.5　长尾管内的流动过程

为了使导弹在飞行过程中气动性能稳定,有利于操纵导弹作机动飞行,要求弹体的重心位置变化尽量小些,常将固体火箭发动机安排在弹体重心位置附近。这样,就需要在喷管的某一适当位置加入一段等截面长直管,以使燃气从弹体尾部排出。喷管中的这一段长直管就称为长尾管。根据长尾管加入喷管位置的不同有超声速长尾管和亚声速长尾管,如图 2-14 所示。

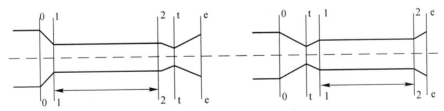

图 2-14　亚声速与超声速长尾管

由于长尾管的管道较长,所以气体与壁面之间的摩擦作用是不能忽略的。一般由于结构上的需要,所以对长尾管都采取了严格的隔热措施,燃气通过管壁向外散热是很小的。可以认为,燃气在长尾管中的流动是有摩擦的绝热流动。由气体动力学可知,气体在等截面有摩擦绝热直管中流动的基本规律,可用下式表示:

$$(Ma^2-1)\frac{\mathrm{d}u}{u}=-\frac{k}{a^2}\mathrm{d}W_{\mathrm{f}} \tag{2-225}$$

因为摩擦功永远是正的,所以根据式(2-225)可知,摩擦使亚声速气流加速,使超声速气流减速。可见,只靠摩擦作用不可能使气流超过声速。长尾管的计算以及对发动机性能参数的影响规律可参见有关文献。

2.5　固体推进剂与装药

2.5.1　固体推进剂

固体推进剂是固体火箭发动机获得推力的能源和工质源的固态混合物,是一种含能材料。它在燃烧室中燃烧,释放出化学能,转换成为热能,以供进一步的能量转换。同时,燃烧产物又是能量转换过程的工质。它作为能量载体,携带热能,在流经喷管的过程中膨胀加速,将热能转换成为燃气流动的动能,使燃气以很高的速度喷出喷管,形成反作用推力。这就是固体火箭发动机的能量转换过程。作为能源和工质源的固体推进剂从根本上决定了发动机的能量特性,并在一定程度上影响能量转换过程的效率,因而成为发动机的重要组成部分。

为了保证发动机的性能,对固体推进剂提出了一系列基本要求。

首先,固体推进剂必须具有足够高的能量。由于它是通过燃烧释放能量的,所以它又必须具有燃烧所需要的全部物质,既包括燃料组元,又包括氧化剂组元。它不依靠任何外界空气而独立完成燃烧过程,这是作为火箭推进剂而区别于一般燃料的重要特点。作为燃料组元,通常主要以 C,H 元素构成的物质为主,还可以采用某些高能金属燃料如 Al,Mg,B,Be 等来提高能量。作为氧化剂组元,则以含氧量多的物质为主,特别是要求能释放出来的自由氧含量高,以提高整个推进剂的能量。某些活性高的卤族元素如 F 等也曾考虑作为氧化元素。燃料组元和氧化剂组元的选择还要求燃烧后的气体生成量大,以有利于能量转换效率的提高,得到更高的比冲。为了使单位体积的推进剂具有较高的能量,还要求推进剂的密度高。

其次,推进剂要能形成固体药柱,必须具有必要的力学性能,以保持药柱的完整性。固体推进剂中的燃料组元和氧化剂组元不仅要掺混均匀,而且要求推进剂制成一定形状和尺寸的固态药柱,因而对推进剂的强度和变形率都要提出要求。这是作为固体推进剂的又一特点。通常都采用高分子材料作为基体,这就是黏合剂,而使其他组元充填其中。在高分子材料固化以后,可以达到适当的力学性能。作为组成推进剂的基体,它在推进剂中占有相当的分量,因此黏合剂本身同时又应作为燃料组元,才不致影响推进剂能量水平的提高。

第三,要求推进剂的燃烧性能好。燃烧性能是指推进剂在燃烧过程中表现出来的各种特性。例如,推进剂是否容易点火,其燃烧是否容易进行完全,是否容易产生不稳定燃烧或者形成爆轰,燃烧速度是否能适应发动机整体性能的需要,等等。应该看到,并不是所有的燃料和氧化剂都能达到必需的燃烧性能的,这需要经过挑选和匹配。有些情况下还需要加入某些少量的添加剂来改善其燃烧特性,如燃速调节剂、燃烧稳定剂等等。

第四,要求推进剂性能稳定。这是指推进剂的物理化学性质随时间和环境的变化应该降至最低,具有好的物理安定性和化学安定性。推进剂药柱在生产出来或装填入发动机以后要准备进行长时间的贮存,并要经受各种气候条件的循环变化。为了保证发动机的性能稳定,要求推进剂的安定性好。必要时,需要加入少量的安定剂、防老化剂等等。

此外,还有一些其他方面的要求。例如,要求推进剂的生产经济性好,这就是指生产工艺尽量简单方便,不仅容易成型,而且易于达到必要的性能,原材料容易取得,成本低;勤务处理简单,运输贮存方便;对环境和人身健康无妨碍,安全性好,等等。

固体推进剂的分类方法很多。如按能量高低进行分类,可分为低能固体推进剂(比冲在

2 156 N·s/kg 以下)、中能固体推进剂(比冲为 2 156～2 450 N·s/kg)、高能固体推进剂(比冲在 2 450 N·s/kg 以上);按照力学性能特点可分为软药和硬药两类;按照燃烧产物中烟的浓度可分为有烟、少烟和无烟三类;根据构成固体推进剂的各组分之间有无相的界面,固体推进剂可分为均质推进剂和异质推进剂两大类。复合推进剂中根据氧化剂的不同又可分高氯酸铵复合推进剂和硝胺复合推进剂。复合推进剂根据不同的黏合剂组成了若干系列复合推进剂。

1. 双基推进剂

双基推进剂(简称 DB)是以硝化纤维素和硝化甘油为基本组元的均质推进剂。其中硝化纤维素作为推进剂的基体,由硝化甘油作为溶剂将其溶解塑化,形成均匀的胶体结构。此外,为改善推进剂的各种性能,还加入少量的各种不同的添加成分。

(1)硝化纤维素。硝化纤维素(简称 NC)又称硝化棉,学名为纤维素硝酸酯,由棉纤维或木纤维的大分子$[C_6H_7O_2(OH)_3]_n$在硝酸和硫酸组成的混酸中与硝酸"硝化"而成。其反应式可写为

$$[C_6H_7O_2(OH)_3]_n + nx HNO_3 \xrightleftharpoons{H_2SO_4} [C_6H_7O_2(OH)_{3-x}(ONO_2)_x]_n + nx H_2O$$

反应式中,n 为纤维素的聚合度,其数以百计。通常计算组成成分时取 $n=4$。x 表示纤维素单个链节中羟基(OH)被硝酸酯基(ONO_2)所取代的数量,显然,x 最大为 3。由于高分子化合物的多分散性,在硝化过程中每个链节上所取代的羟基数可能是不同的。因此就整个硝化棉而言,只能取其平均值,这就使 x 不一定成为整数。x 的大小表示硝化度的高低,如取 4 个链节,则最高的硝化度为 12,其后依次为 11,10,…,分别称为 12 硝酸硝化棉、11 硝酸硝化棉……硝化度愈高,硝化棉的含氮量愈高,也就是硝酸酯基愈多,能量愈高。因此也以含氮量的多少来表示硝化度的高低,这是硝化棉的一项重要指标。理论上可能达到的最高含氮量为14.14%。实际生产中总是低于此值,且随硝化条件不同而不同,其含氮量的范围可在6.55%～13.65%之间。用于制造推进剂的硝化棉按含氮量分为以下三级:

1 号硝化棉(强棉)　　含氮量为 13.0%～13.5%

2 号硝化棉(强棉)　　含氮量为 12.05%～12.4%

3 号硝化棉(弱棉)　　含氮量为 11.8%～12.1%

含氮量低于 11.7% 的硝化棉一般不用于推进剂中,而广泛应用于油漆和塑胶的制造。

硝化棉中既含有 C,H 燃料元素,又有相当数量的 O 元素,本身就是一种能单独燃烧甚至爆轰的高能物质,是双基推进剂的主要能源之一,其燃烧的放热量随含氮量的增加而增加。硝化棉燃烧后生成大量气体。以 11 硝酸硝化棉为例,其燃烧反应式可写为

$$C_{24}H_{28}O_8(OH)(ONO_2)_{11} \longrightarrow 12CO_2 + 12CO + 8.5H_2 + 16H_2O + 5.5N_2$$

硝化棉外观为白色短纤维粉末;柔性差(硬脆);不溶于水,但能溶于醇、醚、酮类有机溶剂。硝化甘油能溶解弱棉,但对强棉溶解性差,其溶解度随含氮量的增加而减小。

干燥的硝化棉对摩擦、热、火花非常敏感,易燃,也易爆炸。因此,硝化棉应在湿润状态下保存,甚至浸泡于水中。硝化棉在常温下缓慢分解,生成氧化氮,使硝化棉变质。严重时缓慢分解会加速,导致燃烧和爆炸。

硝化棉又是推进剂中的基体组分,在双基推进剂中的含量为 50%～60%。

(2)硝化甘油。硝化甘油(简称 NG)学名为丙三醇三硝酸酯,它是由丙三醇(甘油)在硝

酸、硫酸的混酸中由硝酸硝化而成的。其反应式为

$$C_3H_5(OH)_3 + 3HNO_3 \xrightleftharpoons{H_2SO_4} C_3H_5(ONO_2)_3 + 3H_2O$$

硝化甘油是低分子化合物，与硝化棉不同，它不存在多分散性。硝化甘油外观为无色或淡黄色油状液体，密度为 1.6 g/cm³。它微溶于水，易溶于大多数有机溶剂中，它本身又是一种良好的溶剂，可溶解硝化棉。它挥发性小，因而与硝化棉形成不挥发的均质推进剂。但若温度过低，则过量的硝化甘油会"汗析"出来，使推进剂变质。硝化甘油应注意通风和防毒。

硝化甘油是一种猛性炸药，对撞击、震动十分敏感而易产生爆炸，使用中必须特别注意。但在它被固体物料吸收后所形成的硝化甘油块的感度却低得多，这就可以使硝化甘油和硝化棉形成稳定的推进剂。

硝化甘油是一种富氧的氧化剂，在 150～160℃ 即着火燃烧。燃烧的反应式为

$$4C_3H_5(ONO_2)_3 \longrightarrow 12CO_2 + 10H_2O + 6N_2 + O_2$$

它不仅生成大量气体，且释出自由氧。其爆热为 6 322 kJ/kg，爆温约为 3 100℃。其多余的氧还可以使硝化棉进一步氧化。因此，硝化甘油是双基推进剂中的又一主要能源。同时，由于它与硝化棉形成均质的固态溶液，又增加硝化棉的柔性和可塑性。使推进剂易于加工成型，固化后具有一定的力学性能。在双基推进剂中，硝化油的含量为 20%～40%。

（3）助溶剂。助溶剂的主要作用是增加硝化棉在硝化甘油中的溶解度。这些助溶剂能与硝化甘油互溶形成混合溶剂，增加对硝化棉的溶解能力。亦可防止硝化甘油汗析，提高生产过程的安全性。有的溶剂本身就是高能炸药，因而也是推进剂中的辅助能源。

（4）增塑剂。双基推进剂中常用的增塑剂为邻苯二甲酸二丁酯[$C_6H_4(COOC_4H_9)_2$]，它是透明油状液体，能与硝化甘油互溶，并能溶解和增塑硝化棉，也是硝化棉的助溶剂。用它可以降低双基推进剂的玻璃化温度，改善低温力学性能。由于它对能量贡献很小，不宜多用，通常在 3% 以下。

（5）化学安定剂。化学安定剂用来吸收由硝化棉和硝化甘油等分解出来的具有催化分解作用的 NO，NO_2，提高双基推进剂的化学安定性，利于长期贮存，通常其用量都在 4% 以下。常用的化学安定剂有二乙基二苯脲、二甲基二苯脲、甲乙基二苯脲等。

（6）燃烧稳定剂和燃速调节剂。燃烧稳定剂和燃速调节剂是为了改善推进剂的燃烧特性而采用的少量添加剂。燃烧稳定剂用来增加低压下的燃烧稳定性，常用的有氧化镁、碳酸钙、苯二钾酸铅等。燃速调节剂主要是在燃烧中起催化作用，有增速和降速两类。增速是使低压下燃速增加，有铅、氧化铅、苯二酸铅等；常用来降速的有多聚甲醛、石墨及樟脑等。

（7）工艺添加剂。为了加工容易，常用少量的凡士林或硬脂酸锌等以减小加工中的内摩擦。

2.复合推进剂

典型的现代复合推进剂是由氧化剂、金属燃料和高分子黏合剂为基本组元组成的，再加上少量的添加剂来改善推进剂的各种性能。其中氧化剂和金属燃料都是细微颗粒，共同作为固体含量充填于黏合剂基体之中，形成具有一定机械强度的多组元均匀混合体。

（1）氧化剂。氧化剂为金属燃料和黏合剂的燃烧提供所需的氧，是主要的能源。其含量达到 60%～80%，成为构成推进剂的最基本的组元，对推进剂的性能和工艺有重大影响。因此对氧化剂有一系列要求。

1)含氧量高,或自由氧含量高。有利于燃料组元的完全燃烧,提高能量。

2)生成焓高。氧化剂本身就具有较高的能量。

3)密度大。由于氧化剂在推进剂中含量最大,对整体密度的贡献也最大。

4)气体生成量大。也就是燃烧产物分子量低,有利于提高比冲。

5)物理化学安定性好。

6)与其他组元相容性好。

7)经济性好。

过氯酸铵(简称 AP)是目前应用最为普遍的氧化剂。虽然它的含氧量并非最高,但气体生成量大,本身生成焓也高,与其他组元的相容性好,成本低,能大量生产,其他性能都比较全面,其缺点是含有原子量较大的氯原子。它的燃烧产物中含有氯化氢(HCl),不仅分子量较大,而且有相当的腐蚀性和一定的毒性。过氯酸铵本身就可以单独燃烧甚至爆炸。

过氯酸钾的生成焓低,气体生成量少,只用于中等能量的推进剂。但它的密度大,燃速高,燃速压强指数高,可以考虑用于调节推力的发动机。硝酸铵的气体生成量大,成本低,已经大量生产,但含氧量太少,本身生成焓也低,只能用于低能推进剂。目前正在研究应用的晶体氧化剂有过氯酸锂、过氯酸硝酰等,着眼点都在于提高推进剂的能量。

(2)黏合剂。复合推进剂中的黏合剂都是高聚物,主要作用是黏结氧化剂和金属燃料等固体粒子成为弹性基体,使推进剂成为具有必要的力学性能的完整结构。虽然黏合剂的含量不到 20%,它对推进剂的力学性能却有决定性的影响,同时它又提供燃烧所需的 C,H 等燃料元素,也是推进剂的主要能源和工质源,现代复合推进剂多采用各种高分子胶一类的化合物作为黏合剂。对黏合剂的主要要求如下:

1)具有良好的黏结性能和力学性能,使制成的推进剂有足够的强度、弹性模量和延伸率。黏合剂的玻璃化温度应尽量低,黏流态温度应尽量高。

2)工艺性好。为了便于浇注,应能制成液态的低分子量预聚物,并具有浇注所需的流动性。固化温度不宜太高,最好能在常温下固化。固化速度适当。固化中放热少,收缩小。

3)燃烧放热量高,气体生成量大,本身生成焓高,密度高,物理化学安定性好,成本低,等等。

目前广泛使用的复合推进剂是以聚氯乙烯、聚氨酯、NC 塑溶胶和聚丁二烯四类高聚物为黏合剂的。

(3)金属燃料。为了提高能量,现代复合推进剂中都采用燃烧热值较高的金属燃料作为基本组元之一,它还可以提高推进剂的密度。其燃烧产物中的凝相粒子能抑制高频不稳定燃烧。但是,凝相粒子在喷管中形成两相流动,带来一定的性能损失,并加剧对喷管的烧蚀作用,所以金属燃料在推进剂中的含量要受到限制。通常要求金属燃料具有燃烧热值高、密度大、与其他组元相容性好、耗氧量低等特性。铍的燃烧热最高,但它的燃烧产物毒性太大,限制了它的应用。硼的燃烧热也很高,但它的耗氧大,而且不容易达到高效率燃烧,因而在 AP 推进系统中,硼对比冲的提高也不显著。铝的燃烧热虽然较低,但它的耗氧量也低,对比冲的提高有显著作用。再加上铝来源丰富,价格低,因而被广泛采用。

(4)固化剂和交联剂。固化剂是热固性黏合剂系统中不可缺少的组成部分。其作用是使黏合剂组元的线性预聚物转变成适度交联的网状结构的高聚物,形成基体,实现固化,使推进剂具有必要的机械强度。

与固化剂同时使用的还有交联剂,它主要用来形成三维空间交联,使黏合剂成为三维网状结构,防止塑性流动。

此处还有固化促进剂,用来促进某一固化反应,它本身有时也参与固化反应,但主要是调节固化反应的速度与程度。

固化剂及其辅剂的应用是有强烈的选择性的。不同的黏合剂采用不同的固化剂和交联剂。例如,羟基预聚物(例如 HTPB)的固化剂为二异氰酸酯,交联剂用三乙醇胺。羧基聚丁二烯的固化剂可用多官能团环氧化合物(如酚的三环氧化物)或多官能团氮丙啶化合物(如三(2-甲基氮丙啶-1)氧化磷)。

(5)增塑剂。增塑剂的作用有二,一是降低未固化推进剂药浆的黏度,增加其流动性,以利于浇注;二是降低推进剂的玻璃化温度,改善其低温力学性能。苯二甲酸二丁酯就是一种常用的增塑剂。

除以上各组元以外,复合推进剂中还有少量的其他添加剂,如调节燃速用的燃速催化剂或降速剂,防止黏合剂受空气氧化的防老剂,降低药浆黏度的稀释剂,等等。

3.改性双基推进剂

改性双基推进剂(简称 CMDB)在双基推进剂的基础上增加氧化剂组元和金属燃料以提高其能量特性。双基推进剂中含氧量不足,不能使其中的燃料组元完全燃烧,增加氧化剂可以使能量得到有效的提高。在结构上,它是以双基组元作为黏合剂的,将氧化剂和金属燃料等其他组元黏结为一体,因而它属于异质推进剂。

改性双基推进剂有两类:一类加过氯酸铵为氧化剂,简称为 AP-CMDB,另一类加高能硝胺炸药奥克托金(HMX)或黑索金(RDX)来提高其能量,简称为 HMX-CMDB 或 RDX-CMDB。

改性双基推进剂具有很强的能量特性。在海平面条件下的理论比冲可达 $265\sim270$ s,是目前实用的固体推进剂中能量最高的一种。它的密度也比双基推进剂高而相当于复合推进剂。

因此,在那些对推进剂性能要求高的顶级发动机中,可以采用改性双基推进剂。但是,它在高、低温下的力学性能相对较差,特别是低温下延伸率不足,因而限制了它的应用。

为了改进改性双基推进剂的力学性能,一种方法是在双基中加入交联剂,增加硝化棉大分子的交联密度,提高力学性能,这就是交联改性双基推进剂(XLDB);另一种方法是往双基中加入高分子聚合物来改善其力学性能,这种改性双基推进剂称为复合双基推进剂(CDB)。在这里,双基推进剂中的硝化棉和硝化甘油已经成为主要的"氧化剂"组元了。新近出现的NEPE 推进剂是在交联改性双基推进剂的基础上,以能量较高的硝酸酯类物质作为增塑剂,既提高了能量,又改善了高、低温下的力学性能,是一种正在得到实用的新型推进剂。

4.其他固体推进剂

除了上述的双基推进剂、改性双基推进剂和复合推进剂,还有多种固体推进剂获得大量应用。

(1)燃气发生剂。燃气发生剂具有燃烧火焰温度低、凝相燃烧残渣少、燃气生成量大等特点,主要应用于安全气囊快速充气、大型导弹发射、涡轮(涡扇)发动机快速启动等。

(2)富燃料推进剂(贫氧推进剂)。富燃料推进剂本身含氧化剂极少,其完全燃烧需要借助空气中的氧气。富燃料推进剂主要应用于固体火箭冲压发动机和固体燃料冲压发动机。富燃料推进剂组分和普通复合推进剂类似,但其能量特性、燃烧特性和普通复合推进剂有较大的差异。富燃料推进剂主要包括金属富燃料推进剂和碳氢富燃料推进剂。含金属富燃料推进剂中主要添加大量金属(铝、镁、硼等)作为燃料。碳氢富燃料推进剂含金属量极少,主要包含碳、氮物质(或叠氮、叠碳等)作为燃料。

(3)膏体推进剂。膏体推进剂以其燃烧能量高、可实现固体火箭发动机推力可调等显著优势引起了世界各国的关注。膏体推进剂本质上是未固化的复合推进剂,其原材料选取、推进剂制备等与复合推进剂类似。

(4)NEPE 推进剂。NEPE 即高能硝酸酯增塑聚醚,是 20 世纪 80 年代初开始使用的一种新型硝铵类固体推进剂。NEPE 综合了复合推进剂和双基推进剂的优点,即充分发挥复合推进剂中聚氨酯黏合剂低温力学性能好及双基推进剂中硝酸酯增塑剂能量高的特点,同时加入大量的高能炸药,如奥克托金(HMX)和黑索金(RDX),从而制造的一种新型高能推进剂。NEPE 推进剂的能量水平显著高于现有的各种推进剂,且力学性能良好,工艺、弹道、安全贮存性能等均能满足生产和武器使用要求。其主要组成为:

1)黏合剂体系:

黏合剂预聚物:聚乙二醇、聚己二酸乙二酯、聚乙酸内酯、HTPB 等。

增塑剂:硝化甘油;1,2,4-丁三醇三硝酸酯;三羟甲基乙烷三硝酸酯等。

固化交联剂:异氰酸酯、硝化纤维素、乙酸丁羧纤维素等。

固化催化剂:三苯基铋。

2)氧化剂:主要包括高氯酸铵、奥克托金等。

3)高能燃烧剂:铝粉。

4)安定剂:2-硝基二甲苯胺,4-硝基二甲苯胺。

(5)四组元推进剂。用硝铵炸药(HMX,RDX)取代一部分 AP 的四组元 HTPB 推进剂具有能量高、成本低廉等优点。

HMX 和 RDX 有高的生成焓且不含 Cl 元素。燃烧后气体生成量大,推进剂爆温降低。研究证明,以 10%～40% 的 HMX(RDX)代替部分 AP,可使 HTPB 的比冲提高。应用于美国航天飞机的 HMX/AP/Al/HTPB 推进剂理论比冲可达 2 652 N·s/kg。

2.5.2　固体推进剂装药

1.概述

固体推进剂制成的主装药是固体火箭发动机的重要组成部分。装药中,推进剂材料和几何形状决定了发动机的性能特性。如图 2-15 所示,将装药装在壳体中有两种方法。自由装填药柱的制造在壳体外进行,然后装入壳体。在壳体黏结装药中,壳体作为模具,推进剂直接浇注到壳体内,与壳体或壳体绝热层黏结。自由装填药柱用在一些小型战术导弹或中等规模的发动机上,一般成本较低,易于检查。壳体黏结装药呈现出更好的性能,惰性质量略低(没有支撑装置和支撑垫片,绝热层少),有较好的容积装填分数和更高的应力,一般制造更困难、更昂贵。目前,几乎所有的大发动机和许多战术导弹发动机都使用壳体黏结推进剂。

装药设计是在满足发动机内弹道性能和约束条件下,对燃烧室壳体内部绝热层、衬层、人工脱黏层和药柱几何形状综合设计的总称。其重点是药柱几何形状的选择和设计计算。

装药设计的内容如下:

（1）通过热力学计算，以及推进剂能量特性、力学性能、燃烧性能、物理性能和安全性能的比较，选择满意的推进剂配方；通过药柱几何形状的设计计算，给出满足内弹道性能要求的 p-t 曲线，确定药柱设计方案。

（2）根据燃烧温度和燃烧室壳体在燃气中的暴露时间长短，选择绝热层材料，进行厚度分布设计。

（3）根据药柱配方选择相应的衬层材料和厚度。

（4）根据发动机的使用要求，确定是否采用人工脱黏措施，其中包括脱黏深度和脱黏层的厚度分布等。选择药柱、衬层、绝热层之间各界面的黏合剂，提出黏合剂指标。

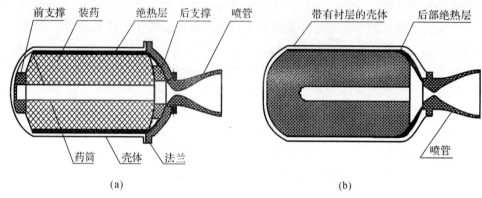

图 2-15　自由装填和壳体黏结装药示意图

(a)自由装填装药；　(b)贴壁浇注装药

2.装药设计

（1）形状选择。药柱几何形状的选择首先根据发动机的使用和内弹道性能要求进行，在满足发动机的使命、内弹道性能要求和保证药柱结构完整的前提下，力求简单，以缩短研制周期。药柱几何形状是从工程实践中不断完善发展起来的。例如内孔燃烧的管状药柱，具有增面燃烧的特点，而且结构简单。当它不能满足某项特定任务要求时，人们就在管型药柱末端开槽，或在管型药柱前端加锥楔，或在管型药柱的前端或后端加翼片等，这就构成了一些较新的药型——开槽管状药型，锥柱、翼柱药型。如图 2-16 所示为目前使用较多的一些药柱几何形状，可供选择，同时还可根据具体任务，选择一种或者数种药型的组合，如开槽管状药型，锥柱、翼柱药型就是利用了开槽锥楔翼片的减面性和管型药柱的增面性相互补偿的特性而构成的。

其次是根据具体的任务进行选择。

1）对于工作时间长、质量比要求高的发动机，可优先选用翼柱、锥柱或星型药柱。这类药柱的特点是肉厚分数大，体积装填分数高，而平均燃面又不大。

2）对于工作时间短、大推力的发动机，优先选用车轮型和树枝型药柱，星型药柱能满足要求，也可选用。这类药柱肉厚分数小，体积装填分数不高，但是平均燃面大。

3）对于单室双推力的发动机，要根据两级推力要求选用图 2-17 所示的内外分层浇铸的双燃速药柱，前后串联的不同燃速的药柱，或者改变燃面的单燃速药柱。

设计单室双推力药柱时应根据所要求的两级或多级推力比和工艺实现的可能性来选择。一般分层浇铸的双燃速药柱，要解决好两层药柱界面的黏结问题；前后串联分段浇铸的不同燃速药柱，则需要准确地控制每段浇铸的药柱质量，并解决好两段药柱界面的黏结问题。改变燃面的单燃速药柱,只能提供较小的助推/续航推力比。

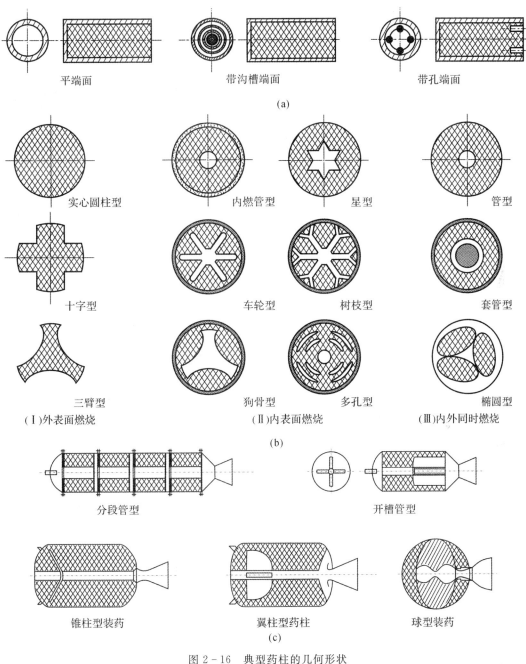

图 2-16　典型药柱的几何形状

(a)端燃药柱(一维药柱);　(b)侧燃药柱(二维药柱);　(c)三维药柱

(2)药柱设计遵循的原则。

1)药柱设计的根本任务是满足总体对发动机的性能要求和内弹道性能要求,其中包括足够的药量、合理的长度、符合内弹道性能要求的燃面、质(量)心变化规律等。设计的药量应当留有余地,同时还要考虑实际内腔由于固化收缩减少的药量。要在推进剂能达到的力学性能、燃烧性能、能量特性、物理性能和安全性能下选择设计药柱,以保证发动机在使用条件下,其药柱结构的完整性。

2)装药工艺简单、芯模制造装配和拆卸方便。

3)在选择推进剂时,要综合考虑其燃烧特性、力学性能、能量特性、贮存特性、价格、安全性能和研制周期等因素。

4)根据燃烧室壳体在燃气中暴露时间长短和绝热材料的烧蚀特性,对燃烧室各部位绝热层的厚度进行设计。要选择质量烧蚀率小、工艺过程简便、质量可靠和较为经济的绝热材料。

5)选用与推进剂及绝热层相容性好、黏结性能满足要求和使用期长的衬层材料。

6)壳体-绝热层-衬层-药柱各界面要有足够的黏结强度,可根据计算或者已有的试验结果确定。还要考虑贮存期各界面之间的组分迁移,并采取相应的措施,如使各界面两侧的材料中的增塑剂浓度相近等。

7)根据发动机的使用要求,确定是否采用脱黏措施,其中包括脱黏深度、盖层和底层的厚度分布等。

8)在满足导弹总体指标的前提下,尽量选用现有的配方原材料和工装以节省经费,加快研制进度。

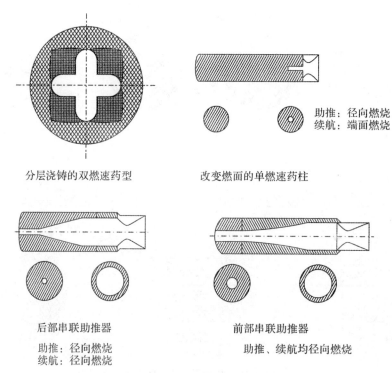

分层浇铸的双燃速药型　　改变燃面的单燃速药柱

助推:径向燃烧
续航:端面燃烧

后部串联助推器　　　　　前部串联助推器

助推:径向燃烧　　　　　助推、续航均径向燃烧
续航:径向燃烧

分段浇铸前后串联的双燃速药型

图 2-17　典型的单室双推力药柱

(3)药柱参数的估算。药柱参数的估算是药型选择的基础,其目的是预先估算出所需的药量、燃烧室的长度和(容积)药柱肉厚,并选择计算所需的燃速,估算药柱的平均燃面,为药型选择提供依据,具体内容包括:

1)根据总冲 I 和发动机的设计比冲计算药量 m_p：

$$m_p = \frac{\xi I}{I_{sp}} \qquad (2-226)$$

式中　ξ 为固化收缩减少的药量，$\xi = 1.005 \sim 1.02$。

2)根据所选推进剂的密度 ρ_p 确定药柱体积 V_p：

$$V_p = \frac{m_p}{\rho_p} \qquad (2-227)$$

3)根据发动机的任务和工作时间，可选择合适的药型和肉厚 ω：

$$\omega = r t_b \qquad (2-228)$$

式中　t_b——发动机设计的燃烧时间；

　　　r——发动机在工作压强、药柱初温下的燃速。

药柱肉厚的最大值不能超过其力学性能所允许的界限；药柱燃气通道大小可能引起侵蚀燃烧；对复合材料壳体，还要考虑壳体在内压作用下变形引起的药柱应力（应变）。

4)根据所选药型计算燃烧室容积 V_c：

$$V_{efc} = \frac{V_p}{\eta_{tV}} \qquad (2-229)$$

$$V_c = V_{efc} + V_1 + V_2 \qquad (2-230)$$

式中　η_{tV}——体积装填系数；

　　　V_{efc}——壳体有效体积；

　　　V_1——绝热层体积；

　　　V_2——衬层体积。

5)燃烧室长度估算。燃烧室一般多由前后椭球台体和圆柱段组成。燃烧室前后封头的开口半径 r_b，r_a 要根据所选的药型确定，为保证药型的实现，可以采用整体式、拆卸式或烧蚀式模芯。

如果用 R_m，b 分别表示前后椭球体的长短半轴，那么前、后椭球体的高度分别为

$$h_b = b\left(1 - \frac{r_b^2}{R_m^2}\right) \qquad (2-231)$$

$$h_a = b\left(1 - \frac{r_a^2}{R_m^2}\right) \qquad (2-232)$$

于是前、后椭球体的体积分别为

$$V_b = \pi h_b R_m^2 \left[1 - \frac{1}{3}(h_b/b)^2\right] \qquad (2-233)$$

$$V_a = \pi h_a R_m^2 \left[1 - \frac{1}{3}(h_a/b)^2\right] \qquad (2-234)$$

圆柱段的体积 V_{cy} 和长度 L_{cy} 分别为

$$V_{cy} = V_c - V_b - V_a \qquad (2-235)$$

$$L_{cy} = \frac{V_{cy}}{\pi R_m^2} \qquad (2-236)$$

燃烧室的总长度为

$$L_{tc} = L_{cy} + h_b + h_a \qquad (2-237)$$

6)药柱平均燃烧面的估算。通常可采用下式估算药柱的平均燃面：

$$\overline{A}_b = \frac{V_p}{\omega}$$

$(2-238)$

(4)药柱设计计算方法。药柱设计工作的重点,就是要设计计算出随着药柱燃烧过程的进行,药柱燃面的变化规律。与此同时,还要算出药柱的体积、质心和转动惯量等参数。药柱设计的计算方法有以下两种:

1)燃面解析计算方法。这种方法是用数学表达式写出药柱燃烧过程某一肉厚下药柱周边长 S 的几何表达式,解出相应的周边长度,再乘以药柱长度,可算出相应的燃烧面积和药柱体积等参数。这一方法首先在自由装填式的内外表面同时燃烧的管型药柱设计中得到应用。随着贴壁浇铸内孔燃烧药柱的出现,这种方法又在星型和车轮型等药柱的圆柱段得到成功的应用。时至今日,这种方法仍有一定的使用价值。

2)作图计算法。该方法按照平行层燃烧规律,给出药柱某一肉厚下的几何图形,根据具体情况采用算术或积分方法,算出相应肉厚所对应的燃烧面等参数。这种方法实际上是贴壁浇铸内孔燃烧药柱出现以后,根据需要所采用的一种辅助方法。

2.6 固体火箭发动机中的燃烧

2.6.1 概述

1.对燃烧过程的要求

推进剂的燃烧是固体火箭发动机工作过程中的一个重要环节。氧化剂组元和燃料组元经过燃烧反应生成高温高压的燃烧产物,将蕴藏的化学能转换为燃烧产物的热能,实现发动机中第一次能量转换。同时,燃烧产物又是整个能量转换过程的工质。不仅是热能的载体,也是随后在喷管中膨胀加速、将热能转换为动能的膨胀过程的工质,而推力就是依靠一定质量的燃烧产物高速向后喷射而产生的。因此,燃烧过程既释放能量、影响燃烧产物的喷射速度,又生成工质、决定喷射质量。两个作用合在一起,直接影响发动机的推力,对发动机的主要性能起决定性作用。

为了保持发动机工作稳定可靠、达到尽可能高的性能,对燃烧过程有以下主要要求:①要求燃烧稳定。这是使发动机工作正常的一个最基本的要求。推进剂一经点燃,随后就要求燃烧过程稳定地发展下去,直到燃烧结束,中间不允许有任何熄火间断或不正常的波动。②要求有尽可能高的燃烧效率,使推进剂的化学能得到尽可能充分的转换,燃烧产物得到更多的热能,以便进一步提高发动机的实际比冲。③要求燃烧过程按照设计的要求,以预定的速度生成燃烧产物。在稳态工作条件下,单位时间燃烧产物的生成量就是喷射出去的质量,在比冲一定的条件下,它决定了推力的大小。这是保证发动机性能的一项主要要求。

要实现这些要求,除了所用的推进剂必须具备必要的性能以外,还要在燃烧室中创造适当的条件。这就需要对燃烧过程进行研究。例如,对固体推进剂来说,主要条件之一就是要使燃烧室的压强保持在一定范围以内,这样才能实现上述要求。此外,燃烧所需要的空间、燃烧产物在燃烧室中的逗留时间、燃气的流动条件等等,也都同实现上述要求有关系。因此,我们必须对发动机中的燃烧过程有一个基本的了解,才能进一步明确需要创造哪些条件来组织燃烧过程。

2. 燃烧现象的分类

燃烧现象大致可分为动力燃烧、扩散燃烧和预混燃烧三种基本类型。

(1)动力燃烧。若燃烧剂、氧化剂和燃烧产物都是气相的,且在燃烧区内是均匀分布的,燃烧区的温度也是均匀的,则该混合物的反应速度(燃烧速度)就与在燃烧区内的位置无关。这种预先完全混合好的均相燃烧,是受化学动力学控制的,称为动力燃烧。显然动力燃烧的化学反应速度一定比热量传递和质量扩散的速度慢得多。这样就能使物质浓度和温度有足够的时间达到均匀化。动力燃烧是在整个燃烧区内进行的,燃烧速度取决于化学反应速度。

(2)扩散燃烧。若化学反应速度很快而扩散速度很慢,则在整个燃烧区的空间上存在着物质浓度和温度的梯度,造成热量传递和物质扩散。反应物(燃烧剂和氧化剂)向火焰区(气相反应区)扩散,燃烧产物和热量从火焰区向外扩散和传递。这种预先混合程度很差的燃烧由物质和热量的扩散速度所控制,称为扩散燃烧。扩散燃烧的火焰位于空间的某个特定的位置。气体燃料射流、液体燃料喷流、液滴的燃烧,以及碳粒和蜡烛的燃烧都属于扩散燃烧。

(3)预混燃烧。对于在燃烧前已经混合好的可燃气体中的燃烧,化学动力学和物理扩散过程起着差不多同等重要的作用。它是由这两种过程共同控制的,称为预混燃烧。可以设想,预混燃烧的火焰是由无数个紧靠在一起的无限小的某种扩散火焰所组成的。随着可燃气体供给到反应区的条件不同,预混火焰可以是静止的,也可以是在传播中的。家用煤气炉的燃烧就是这种类型的代表。

固体推进剂的燃烧也可用上述基本类型来概括。一般来说,双基推进剂的燃烧属于预混燃烧,而复合推进剂则需同时考虑扩散燃烧和预混燃烧及其相互的作用。

3. 几何燃烧定律

在装药的燃烧过程中,燃烧表面的变化,除受到装药几何形状的影响外,还要看装药燃烧表面是如何推进的。早在 19 世纪,皮奥波特(Piobert)和维也(Vieille)里就提出了著名的"几何燃烧定律",其中包括三个基本假定:

(1)整个装药的燃烧表面同时点燃;

(2)装药成分均匀,燃烧表面各点的条件相同;

(3)燃烧表面上各点都以相同的燃速向装药里面推移。

根据这些假定,在燃烧过程中,装药的燃烧表面始终与起始燃烧表面平行,形成以装药初始几何形状平行推移的规律,即所谓"平行层燃烧规律"。装药表面燃烧的规律如图 2－18 所示。

"几何燃烧规律"把整个装药的复杂燃烧过程概括为两点:①装药的燃烧表面上各点的燃速相等。②燃烧面向装药内部推进的方向,处处都是沿着燃烧表面的法线方向。

图 2－19 表示不同形状的装药燃烧时,其燃烧表面随时间的增长而推移的情况。

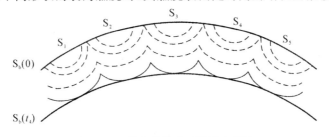

图 2－18　装药燃烧表面的演变规律

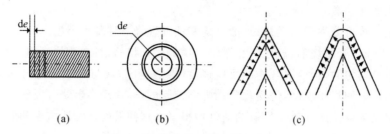

图 2-19 燃烧表面推移情况示意图
(a)端面燃烧； (b)侧面燃烧； (c)尖点燃烧

4.燃速

固体推进剂的燃烧速度(简称燃速)是一项重要的燃烧特性。在燃烧过程中,推进剂燃烧表面沿其法线方向向推进剂里面连续推移的速度称为燃速 r,其定义式为

$$r = \frac{e}{t} \quad \text{或} \quad r = \frac{\mathrm{d}e}{\mathrm{d}t} \tag{2-239}$$

式中 t—— 燃烧时间；

  e—— 沿燃面法线方向向里推移的直线距离,称为燃层厚,故 r 又称为线燃速。

如果用单位时间内在单位燃烧面上生成燃烧产物的质量来表征推进剂的燃速,则称为质量燃速 r_m,并有

$$r_m = r\rho_p \tag{2-240}$$

式中 ρ_p 为推进剂的密度。

推进剂燃速的大小,主要取决于推进剂本身的性质,另外与推进剂燃烧时的工作环境密切相关,如燃烧室的压强、装药的初温、平行于燃面的气流速度和加速度等对燃速都有很大的影响。

2.6.2 稳态燃烧过程

1.双基推进剂的燃烧过程

双基推进剂是以硝化棉(硝化纤维)和硝化甘油为基本组元的多组元均质推进剂。而且各组元均匀结合,形成均匀的胶体结构。双基推进剂的燃烧是氧化剂和燃料预先混合均匀的预混燃烧,不再需要掺混过程。燃烧在整个燃面上均匀进行,符合平行层燃烧的条件。此过程可以看作是一个一维(与燃面垂直的方向上)的燃烧过程。

双基推进剂的燃烧是一个多阶段的过程。燃烧过程从固相受热、分解开始。固相分解气化以后,分解产物离开燃烧表面,在气相中继续进行反应,释放热量,使产物温度升高,直到形成火焰。高温燃烧产物通过热传导,反过来向固相传热,称之为"热反馈"。依靠热反馈,固相不断获得热量,得以继续分解气化,燃烧表面向里推进,形成自持燃烧。如果燃烧条件不随时间变化,燃烧过程稳定进行,这就是稳态燃烧。在稳态燃烧的条件下,多阶段的燃烧过程可以表示为在空间作一维分布的各个燃烧反应区。其模型如图 2-20 所示。

双基推进剂的燃烧依次可以分成固相中的表面层反应区、气相中的嘶嘶区、暗区和发光火焰区。经过各阶段的反应,随着反应放热,温度逐步升高。如果没有散热损失,最后就要达到绝热燃烧温度 T_f。由于各阶段的热效应不同,温度升高的程度和快慢也不相同,这就形成了

图 2-20 中所示的温度分布。由于温度梯度的存在,所以才能产生高温区对固相低温区的热反馈。

(1) 表面层反应区。从燃烧表面向里的一层是固相表面层。这一层受到来自气相的传热而使温度升高。但是,双基推进剂导热性能较差,在离表面稍远一些的固相中便不会受气相传热的影响,而保持推进剂的初始温度 T_i,只有到邻近表面的地方,温度才开始升高。在初期,由于温升还比较小,还不足以引起各个组元产生显著的化学变化,只是单纯加热,随后逐渐变软,这就是固相加热层。随着温度进一步升高,在更加靠近表面的地方,推进剂中最容易分解的组元便开始分解气化(温度为 220℃ 左右)。越靠近表面,温度越高,分解反应越强烈,直到燃烧表面,可以看作完全气化,这就是表面层反应区。

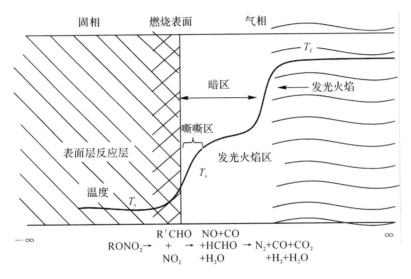

图 2-20　双基推进剂燃烧过程示意图

在表面层反应区中,由于推进剂各组元的物理化学性质不同,除了分解、气化以外,还有融化、分馏、蒸发等过程。表面层中的化学反应主要是各组元的热分解。像硝化棉这类高分子聚合物则是从解聚开始,然后分解的。硝酸酯类分子的分解有一个共同点,都是其中的 RO—NO_2 的键最容易断开,分解的最初步骤便是产生 NO_2 和醛类物质。例如,硝化甘油的分解为

$$C_3H_5(ONO_2)_3 \longrightarrow xRCHO + 3NO_2$$

这些初期的分解反应都是吸热的。分解产物中的 NO_2 是气态的,其他如醛类化合物也有液态的。这些初期分解的产物并不是立即全部进入气相反应,而是要在固相反应层中滞留一定的时间,这就使表面层反应区中产生了另一类反应——分解产物之间的反应。这类反应主要是 NO_2 使醛类物质氧化的反应。经过这类反应,NO_2 被还原为 NO,反应是放热的。虽然初期分解反应是吸热的,但依靠这类反应的放热,固相反应层总的热效应可以是放热的,使固相加热层中依靠固相本身的反应放热而得到一定的温升,促使固相的热分解。因此,这第二类反应从数量上讲虽不是固相反应层中的主要反应,但它对维持固相持续分解是相当重要的,特别是 NO_2 的存在对硝酸酯类化合物的分解有催化作用,NO_2 在固相层中的逗留可以促进固相分解。如果燃烧室压强过低(例如低于 1 atm),最初分解产物 NO_2 等在固相层中逗留时间甚短,使固相中的放热反应减小,固相获得的热量不足。极端情况下,甚至因此而不能维持固

相的继续分解,导致燃烧停止。只有气相压强升高,使 NO_2 一类初期产物在固相反应层中逗留时间增加,一方面利用 NO_2 的催化作用,另一方面增加固相中的放热反应,以便得到更多的热量,维持继续分解。这就是说,在低压范围内,提高压强可以稳定固相分解,起稳定燃烧的作用。

总之,在表面反应层中,温度逐渐升高,分解反应强度越来越大,分解形成的气化产物也越来越多,到一定程度,总是要离开固相表面进入邻近的空间,继续进行气相反应的。这里的固相表面,从微观上看,不是一个很规则的稳定的边界,而是一个起伏不平、动荡不定的表面。只能说大体上存在这样一个边界。这个边界上的平均温度就是燃烧表面的温度,它可以表征固相反应层中的温度(固相反应层中的最高温度)。这个温度直接影响固相的分解速度,从而影响燃速的快慢。T_s 的高低与推进剂的组成、各组元的物理化学特性有关,也与燃烧所处的条件有关(如燃烧室压强、推进剂初温等),是燃烧过程的一个很有代表性的参数。对一般双基推进剂来说,燃烧表面温度在300℃左右。

固相表面层包括加热层和反应层。其中反应层很薄,通常在0.1 mm的量级,主要是加热层的厚度。它同推进剂的燃速的大小和热传导性能有关。

(2)嘶嘶区。固相分解产物进入气相,首先就形成了嘶嘶区。它紧靠燃烧表面,反应十分剧烈,甚至嘶嘶发声,故得此名。从固相分解而来的产物并非全是气体,还夹带着一些液体微粒,甚至还有小块的固体颗粒(没有来得及分解的推进剂)。因此这一区的结构并非单纯气相,而是以气相为主的有凝相微粒的弥散分布。这里的主要反应是分解产物之间的反应,特别是 NO_2 与各醛类物质的反应。在这类反应中,NO_2 还原为NO,释放出氧,将燃料组元氧化,因而释放较多的热量。在通常条件下,这里释放的热量约占整个推进剂可释放热量的一半,从而使这一阶段结束时可以达至1 200~1 400℃的温度。由于反应速度很大,这一区的厚度甚薄,其量级为百分之几毫米,因此形成了很大的温度梯度,造成对固相的热反馈。

在这阶段反应结束以后,生成了大量的NO。而NO的进一步还原,只有在较高的温度和压强下才能进行。如果压强太低,反应可能就此停止,成为所谓嘶嘶燃烧。这是能量释放很不完全的燃烧。

(3)暗区。在压强较高的条件下,嘶嘶区生成的NO可以继续还原,释放其中的氧,由于NO的还原反应的活化能比较大,只有在较高温度和压强(压强表征气相反应物的浓度)下才有一定的反应速度。某些催化物质(如 H_2O)的存在也可以加速NO的还原反应。因此,需要有一个积聚热量和催化物质的准备过程(感应期),这就是暗区。通常暗区中反应速度较慢,温度升高只有200~300℃左右,还达不到发光的程度。整个暗区中温度变化比较平缓。

暗区的厚度受压强的影响很强烈。压强增加,暗区迅速减薄。当压强增加10 MPa左右时,暗区就缩小到难以分辨的程度,压强对暗区的影响非常大。这是因为压强增加,反应物浓度增加,从而NO的还原速度增加,使压强成为影响暗区厚度的决定性因素。

(4)发光火焰区。经过暗区的准备过程,积累足够的能量(温度升高了)和催化物质以后,NO的进一步还原反应就十分迅速,这就形成了发光火焰区,这里的反应是NO的还原和燃料组元的氧化。这都是放热反应,因而使燃气温度升高到可以发光的程度(约1 800 K以上)。但这类反应能进行到什么程度,对一定配方的推进剂来说,仍要取决于压强的大小。如果压强不够高,NO还原仍不完全,热量不能充分释放,燃烧反应就不完全。只有在压强提高到一定程度以后,NO的还原才能进行完全,热量释放才比较充分,燃烧反应才算是完成了。使固体推进剂燃烧过程中热量得到充分释放的最低压强叫作推进剂的临界压强,又叫作正常燃烧的压强下限。临界压强的高低取决于推进剂配方,是推进剂的一个重要的燃烧特性。为了使推进剂燃烧完全,热量释放充分,达到较高的燃烧效率,必须使燃烧室的压强经常高于推进剂的临界压强,这是在发动机设计中必须满足的一个必要条件。双基推进剂的临界压强为 3～6 MPa。

双基推进剂燃烧过程的各个阶段是以其主要的反应进程来划分的。从固相分解、产生 NO_2 开始,进入气相以后,NO_2 的逐步还原,燃料组元的逐步氧化,直到燃烧结束。但是,同时还要看到,所分燃烧阶段的次序及其在空间的分布不是永远不变的。根据具体的条件,其中某些燃烧阶段(或相应的燃烧区)能够相互重叠,相互融合在一起或者根本不存在。

2. 复合推进剂的燃烧过程

目前在复合推进剂中用得最广泛的氧化剂是过氯酸铵(以后统称 AP),对这类推进剂的燃烧也研究得最多。我们就以过氯酸铵复合推进剂的燃烧过程为典型来介绍复合推进剂的燃烧。

复合推进剂中所用的氧化剂晶体颗粒一般都比较细,它同燃料-黏合剂的混合也都比较均匀。有的推进剂还加入铝粉作为提高能量的金属燃料组元,铝粉的尺寸也是比较细的。因此,从宏观上看,复合推进剂的燃烧过程大体上仍然可以看作是平行层燃烧。整个燃烧过程也是从固相受热分解、气化开始,到气相中继续反应放热,通过气相对固相的热反馈,使固相继续分解,形成自持燃烧,按平行层规律向里推进的。

但是,从微观上看,推进剂本身的组成是不均匀的,燃烧区的火焰结构也是不均匀的。根据初步估算,当 AP 推进剂的燃速为 1 cm/s 时,其固相表面层的厚度约为 15 μm,气相反应层的厚度约为 50 μm。与此相对比,AP 颗粒的尺寸为 5～400 μm,铝粉的尺寸为 5～50 μm(平均为 15 μm)。而且颗粒尺寸一般不是单一的,是在一定尺寸范围内分布的。由于颗粒尺寸所形成的不均匀度同燃烧区的厚度相比,量级相当,不能略而不计,不能看作是均质的。确切地说,复合推进剂燃烧的火焰结构是一个三维的复杂现象。在燃烧区中所进行的物理化学过程,不仅沿垂直于燃烧表面的方向在变化,而且在同一表面上也有多种燃烧过程在分散进行。在一般情况下,进入气相中的氧化剂气体和燃料气体并不是预混的,而是在过程中又混合又反应,形成扩散火焰的。只有在离开燃烧表面比较远的气相中,才由于质量扩散而逐渐趋向均匀。

图 2-21 是加铝的 AP 复合推进剂燃烧区结构的示意图,大体上表示了相对的尺寸和不均匀的程度。从图中可以看到,固相燃烧表面是一个高低不平、不规则、不稳定的界面。通常所说的燃烧表面温度也只能是一个平均值,对 AP 复合推进剂来说,在 600℃左右。

在整个燃烧区中包含有下列各种反应过程:

(1)AP 在固相表面层上的分解;

(2)燃料-黏合剂的热解;

(3)燃料和氧化剂在凝相中的异相反应;

(4)AP 分解产物在气相中的爆燃;

(5)氧化剂气体同燃料气体的气相反应;

(6)铝粒的燃烧。

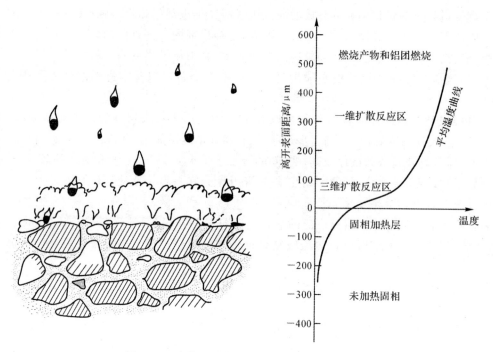

图 2-21　加铝 AP 复合推进剂燃烧过程示意图

AP 为白色结晶,常温下是稳定的,在 240℃时晶体吸热进行相变,从斜方晶体变为立方晶体。AP 在 150℃时就可以开始分解,其过程为

$$NH_4ClO_4 \longrightarrow NH_3 + HClO_4$$

AP 的热分解可以利用某些催化剂来加速。例如某些金属氧化物 MnO_2,CuO,Cr_2O_3,Fe_2O_3,Co_2O_3 及其盐类。其中以亚铬酸铜和 CuO 作用最强。

AP 本身实质上是一种单组元推进剂。在一定的压强下可以自持燃烧,称为爆燃。这是因为 AP 的分解产物继续在气相中反应。先是过氯酸气体继续分解:

$$HClO_4 \longrightarrow OH + ClO + O_2$$

此分解产物与 NH_3 继续反应生成惰性产物如 HCl,N_2,H_2O 等和氧,放出相当热量,形成气相燃烧火焰,称之为 AP 的分解焰。其燃烧温度可达 1 200℃左右。依靠此高温分解焰向固相传热,可以维持固体继续分解,自持燃烧。AP 的爆燃速度(直线燃速)随着压强和初温的增大而增大,随着 AP 颗粒尺寸的增大而减小。一些研究结果表明:当压强很高时,AP 表面上出现融化液层,在液层中进行分解反应,其中的放热也可以用来维持固相分解。

AP 的爆燃有一个压强下限,低于此限便不能自持燃烧。这是因为在低压下气相反应速度较慢,分解焰离固相表面距离较远,热反馈减少,再加上散热损失等因素,使固相分解得不到必要的热量而停止。压强下限的高低同初温和催化剂等条件有关。一般在常温下为 2 MPa 左右。有的研究还发现 AP 的爆燃存在一个压强上限(20～30 MPa)。

燃料-黏合剂大都是高分子聚合物。除硝化棉以外,都不能单独爆燃,只是受热温度升高以后进行热解。在燃烧过程中,燃料-黏合剂从固相深处逐渐接近表面,其温度从推进剂的初温逐渐升高。起初是变软,然后分解气化。如果受热强度很高,在分解前先变成融化液层。由于各黏合剂的液化温度不同,液层形成的条件也不同。表面温度越高,黏合剂的分解速度也越高。在分解气化过程中,有的黏合剂还形成一定数量的固态碳,积聚在燃烧表面。

燃料-黏合剂在燃烧过程中的主要作用是其热解气体在气相中同氧化剂气体进行燃烧反应,释放热量,提高燃烧产物的温度。同时,由于温度提高了,加强了气相对于固相的热反馈,使固相得以继续分解,维持自持燃烧。

燃料气体同氧化剂气体的气相反应有两条途径,如图 2-22 所示。一是燃料热解气体同 AP 初期分解产物中的氧化剂气体 $HClO_4$ 反应。这类反应发生在离表面不远的气相反应初期,而且位于氧化剂颗粒同燃料-黏合剂接触的界面附近的燃烧表面的上方,称之为初焰。它是氧化剂气体同燃料气体一面扩散混合、一面反应的扩散火焰。另一条途径是燃料气体同 AP 分解焰的产物发生燃烧反应。AP 爆燃以后的产物中还有过剩的氧,由它来使燃料气体氧化。这类反应离燃烧表面较远,在 AP 分解焰形成以后才能发生,是最终的扩散火焰,称之为终焰。经过了这些反应,燃烧产物的温度可以达到推进剂的绝热燃烧温度。

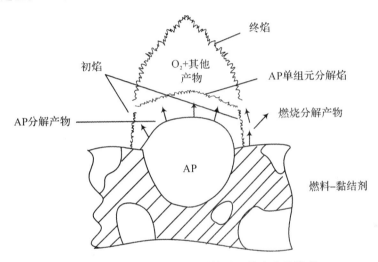

图 2-22　AP 复合推进剂燃烧过程的多火焰模型

很显然,复合推进剂的燃烧是比较复杂的。其主要过程有:各组元在固相受热后的融化、升华、蒸发和分解气化;各组元在气相中的继续反应;各组元之间在气相中的相互扩散和反应。这样,在燃烧区形成多种火焰。它们之间通过传质与传热又互相影响。而且每种火焰都对固相产生一定的热反馈,对固相分解所需的热量作出各自的贡献,从而影响推进剂的燃速。而随着推进剂的组成和燃烧条件的变化,它们的影响和相互作用也会有所改变。

AP 颗粒的尺寸对整个燃烧过程有重要的影响。关于燃烧条件的影响,压强是最重要的。

3. 改性双基推进剂燃烧过程

改性双基推进剂是以双基推进剂为基体加入氧化剂和金属燃料组成的。其比冲较高,已日益受到重视。这类推进剂介于双基推进剂和复合推进剂之间,其燃烧过程也具有此两种推进剂燃烧过程的某些特点。但对于改性双基推进剂燃烧过程的研究却远不如对此两种推进剂燃烧过程的研究多。

久保田(Kubota)曾经在 20 世纪 70 年代对改性双基推进剂的燃烧做过一些实验研究和观察。他的研究表明,由于所加氧化剂的不同,燃烧火焰的结构也有很大的差异。

首先,他以双基推进剂为基体,往其中加入过氯酸铵作为氧化剂。逐渐增加过氯酸铵的含量,他们发现,双基基体的燃烧仍如前面所述,其气相反应区由嘶嘶区、暗区和发光火焰区组成,各区的厚度随压强的增大而减薄。在加入 18 μm 的过氯酸铵颗粒后,发现暗区内有许多从燃烧表面出来的发光火焰束。随着过氯酸铵含量的增加,火焰束的数量也增加。当过氯酸铵的含量增加到 30% 时,暗区就完全充满了发光火焰束而消失。过氯酸铵-改性双基推进剂燃烧的火焰结构如图 2-23 所示,由双基预混焰、过氯酸铵分解焰和过氯酸铵-双基扩散火焰组成。

与过氯酸铵不同,将 HMX(奥克托金)加入双基基体中以后,并没有改变双基基体的火焰结构。其暗区厚度也不受 HMX 颗粒的影响,并且 HMX 的加入不会引起燃速的太大变化。

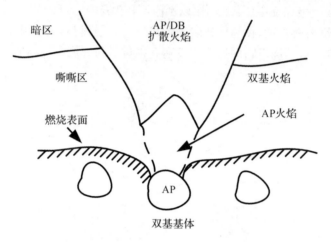

图 2-23 AP-CMDB 火焰结构示意图

2.6.3 固体推进剂的燃速特性

1.燃速的计算

推进剂的燃速随工作条件变化的规律叫作燃速特性。它是固体推进剂的一个重要性能,是在发动机设计、计算以前就必须知道的一项原始数据。

固体推进剂的燃速是推进剂燃烧的重要特性,目前,主要用实验方法测定,在大量实验的基础上,经数据处理总结出各种推进剂燃速与压强的经验公式,但这些公式仅在一定范围内适用。

(1)摩拉奥(Moaraour)燃速关系式

$$\left.\begin{array}{l} r=a+bp^n \\ r=bp \end{array}\right\} \quad \text{(适用于压强大于 100 MPa 的范围)} \tag{2-241}$$

式中 a,b——根据实验结果确定的经验常数;

    n——压强指数;

    p——燃烧室压强。

(2)维也里(Vieille)燃速关系式

$$r=ap^n \quad \text{(适用于 5~10 MPa 的压强范围的双基推进剂)} \tag{2-242}$$

式中 a——根据实验结果确定的经验常数,又称燃速系数,除受推进剂组元控制外,还受推进剂初温影响;

n——压强指数。

（3）低压燃速关系式

$$r = a + bp^n \quad （适用于压强大于 5 \sim 6\ \text{MPa} 的范围） \qquad (2-243)$$

式中　a, b——根据实验结果确定的经验常数；

　　　　n——压强指数。

（4）萨摩菲尔德（Summerfield）燃速关系式

$$\frac{1}{r} = \frac{a}{p} + \frac{b}{p^{\frac{1}{3}}} \quad （适用于 0.5 \sim 10\ \text{MPa} 的压强范围的复合推进剂） \qquad (2-244)$$

式中　a, b 为根据实验结果确定的经验常数。

2. 影响燃速的因素

燃速的大小取决于两方面的因素。首先是推进剂本身的性质，即由推进剂的组元所决定。组元不同，其燃速特性的差别很大。其次是推进剂燃烧时的环境，即发动机中的工作条件，如燃烧室的压强、推进剂的初温、燃气平行于燃烧表面的流动速度等。

（1）推进剂性质对燃速的影响。推进剂的性质主要取决于推进剂的组元、组元含量、氧化剂的颗粒度和推进剂的密度等。双基推进剂中，用硝化甘油的含量来调节燃速，即硝化甘油增加时，燃烧热增加，使燃速也相应增大，加入燃速催化剂可以大大地提高燃速，特别是低压强时的燃速。但是，催化剂对燃烧热的影响却很小。常用的催化剂有氧化镁、氧化铝、二氧化二钴、二氧化钛、碳酸铅等。在推进剂中嵌入金属丝或金属纤维，依靠金属的优良导热作用，在燃烧过程中可加速固相分解而使燃速提高。

此外，氧化剂的颗粒尺寸在不同程度上也影响燃速。图 2 - 24 中表示不同的复合推进剂（A，B）中细氧化剂颗粒与粗氧化剂颗粒百分数比值对燃速的影响（燃速单位是 cm/s）。在图中可以看出粗氧化物越多时其燃速越低，但减小氧化剂的颗粒会使推进剂黏度增大，从而使工艺性降低。

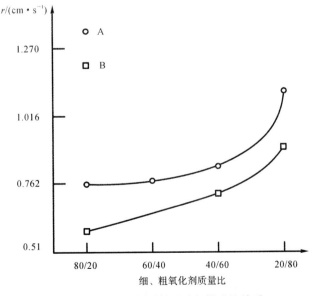

图 2 - 24　氧化剂颗粒尺寸与燃速的关系

推进剂的密度也会影响燃速。一般情况下密度越大燃速越小。此外,推进剂的结构对燃速也有影响。如双基推进剂经过压伸后,造成各向异性的结构,燃烧实验表明,平行于压伸方向的燃速比垂直于压伸方向的燃速高一些。因此,成型工艺条件对燃速有一定影响,同一种推进剂不同的生产批号其燃速也会存在一定的差异。

(2)压强对燃速的影响。固体推进剂的燃速除了取决于推进剂本身的性质以外,还要受压强、初温、气流速度等工作条件的影响,这就是推进剂的燃速特性。其中以压强的影响最重要。一方面是因为压强对燃速的影响比较显著;另一方面,燃速与压强的关系直接影响发动机的内弹道特性。对大多数推进剂来说,燃速随压强的增大而显著增大。有的推进剂则随压强增大而增大较少,或者保持不变。少数推进剂在一定范围内,燃速甚至随压强增大而减小,如图2-25所示。推进剂的组成不同,影响的规律也不同。这是因为推进剂组元的改变,使燃烧的物理化学过程改变,控制燃速的因素有差别。在不同条件下压强对燃速影响的机理不同,影响的程度也不同。

从双基推进剂的燃烧过程可以看到,在低压下,一定的压强是为了使推进剂初期分解的NO_2能在固相表面层中继续进行放热反应,维持固相分解所需的热量,起稳定燃烧的作用,保持一定的燃速。这是压强对固相过程的"间接"影响。压强对燃烧过程的直接影响是加速气相反应。压强增大,气相中反应物浓度成比例增加,反应速度增大,反应区的厚度减薄,其中的温度梯度增大,加速了气相对固相的热反馈,增大燃速。这一影响对暗区最明显,应该看到,嘶嘶区和发光火焰区也同样受压强的影响。

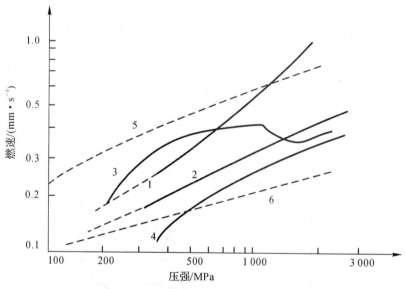

图2-25 几种推进剂的燃速与压强的关系

1—JPN双基推进剂; 2—缓燃双基推进剂; 3—麦撒双基推进剂;

4—纯过氯酸铵; 5—细颗粒 AP+聚酯推进剂; 6—粗颗粒 AP+聚酯推进剂

对复合推进剂来说,压强主要影响气相过程。压强的增大,除了加速化学反应过程以外,也加速扩散混合过程,但是对化学反应过程加速更显著。因此,随着压强增大,气相燃烧过程(包括化学反应和扩散混合)加速,燃烧区厚度减小,高温火焰离开固相表面的平均距离减小,温度梯度增大,同样使气相对固相的热反馈增大,燃速增大。但是,在不同的压强范围内这个影响的程度是不同的。在低压范围内,扩散过程相对较快,化学反应是决定过程速度的主要因素。压强对燃速的影响比较大。在高压下,化学反应相对较快,扩散过程成了影响燃速的主要因素,压强的影响相对较小。

燃烧理论就是从数学上定量地求解燃速的关系。对双基推进剂的燃烧来说,早期有过各种多阶段燃烧理论,后来将燃烧过程逐步简化,甚至用气相中的一步反应来代替多阶段燃烧过程,以寻求各种简化解。对 AP 复合推进剂,最早提出来的是萨默菲尔德(Summerfield)的粒状扩散火焰(GDF)模型。后来有赫孟斯(Hermance)强调凝相中异相反应的模型。比较全面的是考虑多种火焰的 BDP 模型。近年来又有从统计观点提出来的 PEM 模型。所有这些关于燃烧模型的理论研究,可以帮助我们比较深入地认识燃烧过程的基本规律,提出改进的方向。但是,由于燃烧理论研究的种种困难和局限性,具体的定量关系的确定还只能依靠实验。

(3)燃速与推进剂初温的关系。推进剂的初温是指其燃烧前的温度。在一般情况下,如果没有经过恒温处置,推进剂的初温由其环境气温所决定,推进剂的燃速受初温的影响比较显著。随着初温升高,燃速增大。

初温的变化范围,应该包括发动机在使用中可能遇到的各种环境气候温度。从南方夏季的高温到北方冬季的低温,根据使用地区的要求不同,规定不同的温度范围。我国南北温差较大,一般取 +50℃ 和 -50℃ 作为发动机工作的高低温极限,推进剂的燃速特性应该在这个温度范围内进行试验。对于某些在特殊温度条件下使用的发动机还要专门考虑特殊温度的影响。例如空-空导弹用的发动机,还要考虑气动加热的影响,在更高的初温下进行试验。一般取 +20℃ 作为常温。常温下推进剂的燃速特性和发动机性能是一个常用的标准初温特性。

初温变化对燃速的影响会直接影响发动机的工作特性,影响导弹的飞行。随着初温降低,推进剂燃速减小,对一定的装药发动机来说,其推力减小,工作时间增加。当初温升高时,燃速增大,发动机推力也增大,工作时间却减少。这是固体火箭发动机在性能上的一个特点。图 2-26 和图 2-27 就显示出初温变化对发动机推力和工作时间的影响。

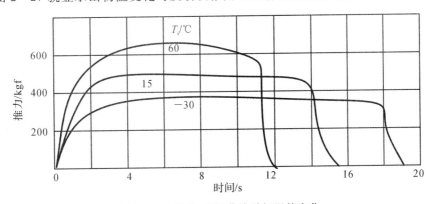

图 2-26 推力-时间曲线随初温的变化

从推进剂的燃烧过程来看,初温升高,固相中原有的热量增加,加速了固相的分解速度,燃速随之增大。初温对燃速的影响也可以从理论上通过燃烧模型进行预测和分析,但真正可靠的数据在工程上仍要通过试验获得。从燃速指数公式 $r = ap^n$ 来看,在不同初温下压强指数 n 都一致,只有燃速系数 a 则受初温的影响而不同。

为了进行定量的计算和比较,通常用燃速的温度敏感系数 σ_p 来表示初温变化对燃速的影响。其定义是,在压强不变的条件下,初温变化 1℃ 所引起的燃速相对变化量。用数学关系表示为

$$\sigma_p = \left[\frac{1}{r}\frac{\partial r}{\partial T_i}\right]_p \qquad (2-245)$$

或

$$\sigma_p = \left[\frac{\partial \ln r}{\partial T_i}\right]_p \qquad (2-246)$$

其单位为(%/℃)。用有限差量表示为

$$\sigma_p = \left[\frac{1}{r}\frac{\Delta r}{\Delta T_i}\right]_p = \left[\frac{\ln r_2 - \ln r_1}{T_2 - T_1}\right]_p \qquad (2-247)$$

式中 r_1 和 r_2 是在相同的压强 p 下,初温为 T_1 和 T_2 时的推进剂燃速。

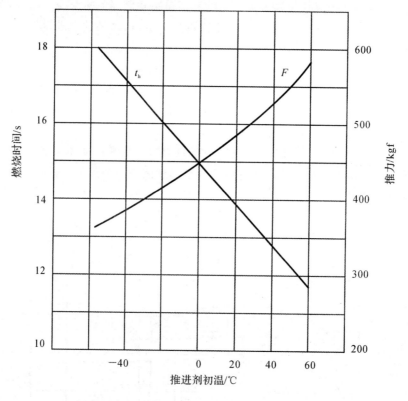

图 2-27 推力和燃烧时间随初温的变化

这就可以利用燃速试验的结果来计算燃速的温度敏感系数 σ_p。

(4)侵蚀燃烧。

1)现象。固体推进剂的燃速受平行于燃烧表面的横向气流影响的现象称为侵蚀燃烧。横向流速愈大,燃速亦愈大,从而影响发动机的性能。

产生侵蚀燃烧这种特殊现象的主要原因在于流经燃面的燃气流,加速了火焰区对推进剂燃面的传热作用。横向流速愈大,燃速亦愈大,从而影响发动机的性能。在侧面燃烧装药的发动机中,为了提高装填密度,尽量减小燃气通道的横截面积,或者延长装药的长度来增加推进

剂的装填量,结果使通道中的燃气流速增大,增大了侵蚀燃烧的影响。燃气是沿通道依次加入燃气流中的,通道中的燃气流速也依次增大,如图 2 - 28(b)所示,到出口处达到最大,这就使推进剂的燃速也沿通道增大,在出口处增大最显著。虽然通道中的加质量流动使燃气压强沿通道有所下降,也使燃速有所减小,但总的效应仍然是侵蚀燃烧为主,燃速沿通道增大。这一情况可以在试验中得到证明。例如,将一圆柱形通道装药发动机,在开始燃烧后不久就突然打开燃烧室头部,使其中压强急剧降低,可以使燃烧中止。观察中止燃烧后的装药通道,会发现只有通道前段是平行层燃烧,大体上能保持圆柱形,通道后段却会形成渐扩的锥形出口,如图 2 - 28(c)所示,这就是流速愈大、燃速亦愈大的侵蚀燃烧特征。

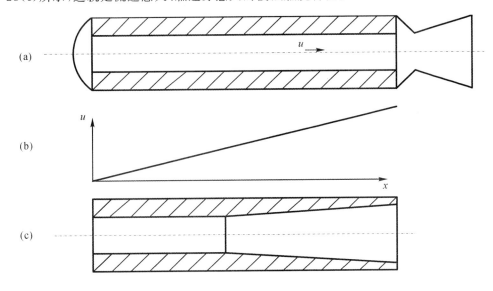

图 2 - 28　内孔燃烧装药侵蚀燃烧示意图
(a)点火前发动机装药;　(b)装药通道内燃气流速沿 x 轴向的变化;　(c)终止燃烧后的装药

由于燃速增大,整个发动机的燃气生成率也增大,燃烧室的压强要比不受侵蚀燃烧影响的情况增大。不过这种增大只出现在发动机工作的初期,此时通道截面积最小,相应的流速也最大。随着装药燃烧,通道截面积愈烧愈大,通道中的流速却随时间减小,侵蚀燃烧的影响也随之减小而很快消失,推进剂燃速又恢复到无侵蚀燃速,燃烧室压强也下降到无侵蚀压强。这种发动机工作初期的压强急升而又下降,形成了初始压强峰,如图 2 - 29 所示。在侵蚀燃烧的影响比较显著的情况下,这个压强峰比无侵蚀的稳态平衡压强要高得多,这是对发动机性能的直接影响。它不仅使发动机工作参数改变,而且要求燃烧室结构有更大的承压能力,不得不增加结构质量。另外,由于侵蚀燃烧的影响沿通道是不均匀的,后段出口附近燃速最大,比前段提前尽,结果不仅使压强-时间曲线有较长的拖尾段,而且使后段燃烧室壳体提早暴露于高温燃气之下,又需采取热防护措施,增加结构质量。总之,侵蚀燃烧的影响不利于发动机性能的提高。因此,需要弄清楚侵蚀燃烧的规律,以便在发动机设计中消除或预计侵蚀燃烧的影响,尽可能提高发动机性能。同时也需要研究侵蚀燃烧机理,探索改善燃烧特性的途径。

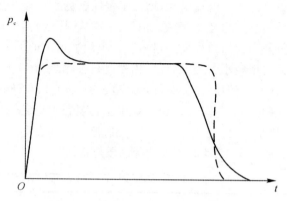

图 2-29　侵蚀燃烧形成的初始压强峰

2)侵蚀燃烧的基本规律。侵蚀燃烧对燃速的影响用侵蚀比 ε 表示,即

$$\varepsilon = \frac{r}{r_0} \tag{2-248}$$

式中　r——气流影响下的燃速;

　　r_0——同样压强、初温下无侵蚀影响的基本燃速。

温普雷斯(Wimpress)提出以气流速度 u 表示的侵蚀函数公式:

$$\left. \begin{array}{l} 当\ u = u_{th}\ 时,\quad \varepsilon = 1 \\ 当\ u > u_{th}\ 时,\quad \varepsilon = 1 + k_u(u - u_{th}) \end{array} \right\} \tag{2-249}$$

式中　u_{th}——发生侵蚀的界限流速;

　　k_u——侵蚀系数。

u_{th},k_u 均为由试验所得的经验数据。对于美国的 JPN 推进剂,$k_u = 0.002\ 2\ s/m$, $u_{th} = 180\ m/s$。

朱克洛(Zucrow)提出将侵蚀函数表示为密流 $G(G = \rho_g u)$ 的函数。

$$\left. \begin{array}{l} 当\ G < G_{th}\ 时,\quad \varepsilon = 1 \\ 当\ G > G_{th}\ 时,\quad \varepsilon = 1 + k_G(G - G_{th}) \end{array} \right\} \tag{2-250}$$

式中　G_{th}——发生侵蚀的界限密流;

　　k_G——侵蚀系数;

k_G,G_{th} 均为由试验所得的经验数据。

勒努瓦-罗比拉特(Lenoir - Robillard)根据气流对平板的传热关系提出了一个表示侵蚀燃速的半经验关系式:

$$r = r_0 + \alpha G^{0.8} L^{-0.2} e^{-\beta \rho_p r / G} \tag{2-251}$$

式中　　　$r_0 = ap^n$——无侵蚀作用下的基本燃速;

$\alpha G^{0.8} L^{-0.2} e^{-\beta \rho_p r / G}$——侵蚀作用下的燃速增量,其中,$\alpha$ 为一比例常数,$G = \rho u$ 为气流的密流,L 为平板的特征尺寸,建议取为离装药头端的距离;

　　　$\rho_p r / G$——垂直于燃面的燃气密流相对于平行于燃面的密流之比;

　　　$e^{-\beta \rho_p r / G}$——表示燃气离开燃面的流动对传热系数的影响(阻碍传热的折扣),β 为另一个常数。这里,通过参数 G 同时反映了流速和压强的影响,L 则表示了侵蚀燃烧的尺寸效应。

对每一种推进剂的侵蚀燃烧特性，$L-R$ 公式有 α 和 β 两个由试验确定的常数。因此，它能同各种推进剂的试验特性取得较好的拟合，是多年来应用比较广泛的关系式之一。

在苏联的火箭技术中，习惯于将侵蚀比 ε 表示为 æ 值的函数，而

$$æ = \frac{A_b}{A_p} \qquad (2-252)$$

式中　æ——装药通道截面的一个几何参数，称为燃通比；

　　　A_b——该截面上游的燃烧表面积，代表着流经该截面的质量流率；

　　　A_p——该截面上燃气通道的横截面积。

因此 æ 也表征该截面的气流速度，称之为波别多诺斯采夫准则。苏联的夏皮罗教授总结了燃烧热值为 $800\sim900$ kcal/kg 的"H"型双基推进剂的试验数据，提出这类推进剂的侵蚀函数为

$$\varepsilon = 1 + 3.2 \times 10^{-3}(æ - 100) \qquad (2-253)$$

这里的界限值为 æ$_{th}$ = 100。

(5)其他因素对燃速的影响。影响燃速的还有其他一些因素。例如，导弹在起飞或变速飞行时，或者是依靠旋转作为控制导弹飞行稳定时，都存在着纵向加速度和离心加速度。试验证明，垂直于燃烧表面并指向推进剂的加速度作用使燃速增大。燃速增大的百分比随加速度的增大而增大。其大致趋势为，加速度在 $100g$ 以下时，燃速增加很快；在 $100g$ 以上时，燃速便增加缓慢。同时，随着燃烧室压强的增大，加速度作用对燃速的影响也增大。另外，从试验还可看到，复合推进剂比双基推进剂有更显著的加速度效应，其中加铝粒的复合推进剂尤为显著。

推进剂燃速还受燃烧室中的压强变化率的影响。当燃烧室快速增压时，其燃速要比相应压强下的静态燃速有所增大。当燃烧室快速降压时，其燃速则低于相应压强下的静态燃速。这种影响，目前只有通过试验才能确定。

除此之外，推进剂的应变也对燃速有影响。这是因为，在发动机贮存和工作过程中，由于压强分布、温度变化以及飞行过载而引起药柱的复杂应力状态，致使燃速有所改变。

由上述内容可见，推进剂燃速在具体的装填条件和使用条件下存在着不同数值。因此，在设计发动机过程中，将燃速仪中或标准发动机中测得的燃速值作为原始数据，最后，还需要用小型全尺寸模拟发动机试验来修正。

2.6.4　不稳定燃烧

1. 不稳定燃烧的现象与危害

不稳定燃烧是固体火箭发动机的一种不正常工作状态。早在 20 世纪 40 年代，在固体火箭发动机的试验中就发现过不规则的压强变化，最先是出现在发动机工作后期的压强急升，称之为"二次压强峰"，引起了燃烧室的爆炸。这种不规则压强峰不能用燃面的变化或侵蚀燃烧的影响来解释。人们继续研究，后来发现，在装药燃烧的其他阶段也出现过这种压强变化。几种不同装药的发动机所出现的不规则压强变化如图 2-30 所示，统称为不规则燃烧。

进一步的研究表明，在不规则燃烧的同时，燃烧室中存在着一定频率的压强振荡。人们便将不规则的压强变化同压强振荡联系起来，称之为振荡燃烧，或谐振燃烧。已经证明，不规则燃烧的发生，首先要在燃烧室内有一定的压强振荡，如图 2-31 所示。而一定的压强振荡又是

从某种随机的微弱扰动发展起来的。燃烧中振荡不断发展的过程就是不稳定燃烧，又称为燃烧的不稳定性。

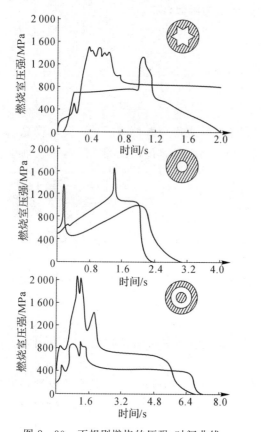

图 2-30　不规则燃烧的压强-时间曲线

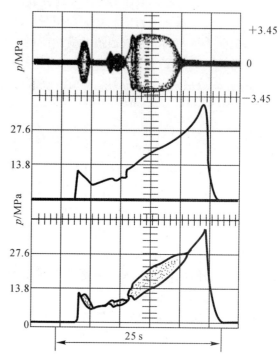

图 2-31　不规则燃烧与压强振荡

不稳定燃烧可以使燃烧室中的压强振荡发展到相当的水平，其振幅可以达到相当于平均压强的很大一部分，使发动机产生强烈的振动，在装药的燃烧表面上形成振荡的波纹或凹坑。发动机工作的声响和气味变得异常，壳体受热更加严重。发动机还可能产生意外的旋转。发动机的平均压强和推力发生不规则变化。由于这些原因，不稳定燃烧可以带来下列严重后果：

1）平均压强的不规则增加或剧烈的振动使燃烧室壳体或推进剂装药受到破坏，引起爆炸。

2）发动机性能参数改变，不能实现预定的推力方案。

3）传热加剧，受热部件过热，不能正常工作。

4）强烈的压强振荡影响导弹、飞行器的其他部件失灵或毁坏，使发射任务失败。

5）降低燃烧效率，发动机性能降低。

因此，不稳定燃烧曾经在相当长的时期中影响了发动机的研制，不得不用相当多的人力和物力来开展这方面的研究。在早期，人们找到了一系列抑制压强振荡、防止不稳定燃烧的经验的或半经验的方法。后来，通过试验和理论方面的研究，逐步弄清了一些不稳定燃烧的机理。近年来，甚至提出对整个发动机的稳定性进行理论分析和预测，说明对这一问题的了解已经能解决工程应用中的很多实际问题。但是，由于这个问题比较复杂，理论上牵涉的面很广，试验的困难也较大，有很多情况并未彻底弄清，现有的理论分析和预测技术仍有很大的局限性，需要进一步进行研究。

2. 不稳定燃烧的分类

按照产生的机理不同,不稳定燃烧可以分为两大类:声不稳定和非声不稳定。声不稳定是燃烧过程同发动机室内腔燃气的声振过程互相作用的结果。压强振荡的频率同内腔声振的固有频率一致。发动机室是一个自激的声振系统。非声不稳定则与声振无关,可以是燃烧过程本身的周期变化,属于固有的不稳定性,也有燃烧过程与排气过程的相互作用,等等,其频率不同于内腔声振的频率。

无论是声不稳定或非声不稳定,都可以是线性的或非线性的。线性不稳定的压强振幅很小,是微弱扰动发展起来的。振荡的波形是正弦波,即简谐振荡。振幅按指数规律增长,其相对增长率为常数。这类振荡可以使燃烧室压强和发动机的推力产生较大的振动,但对于平均压强和平均推力影响不大。

非线性不稳定是由有限振幅的振荡发展起来的。一开始就不是微弱扰动,而是有一定强度的扰动。这类振荡的理论分析要复杂得多,要用非线性微分方程组来描述。振幅的增长不是按指数规律,而是呈非线性关系的。振荡的波形畸变,不是简谐振荡的正弦波。这种振荡发展到一定程度,不仅使压强和推力振荡,而且使平均压强和平均推力改变。

非线性不稳定往往是线性不稳定发展的结果。但是线性稳定的系统也可以是非线性不稳定的。虽然微弱扰动不会引起不稳定,但在受到具有一定强度的扰动时可以产生不稳定,以致发展到大幅度的压强振荡。这类非线性不稳定又叫脉冲触发不稳定。

按照压强振荡的频率不同,不稳定燃烧可以分为高频、中频和低频三个范围。高频是指振荡频率在 1 000 Hz 或以上,中频是指 100 Hz 至 1 000 Hz 的频率范围,100 Hz 以下则属于低频。通常高频和中频不稳定都是声不稳定,低频不稳定则可能是声不稳定,也可能是非声不稳定。

3. 声不稳定燃烧的机理

古典的声腔是指一个刚性封闭的空腔,其中充满着静止均匀的弹性介质,微弱的压强扰动可在其中传播,产生声振。在一般情况下,声振在介质中传播会因受到黏性摩擦等阻尼作用而逐渐衰减。另外,如果有某种能源不断向振荡着的介质输入能量,也可使声振获得增益而逐渐被放大。但是要使声振获得增益,能量的输入必须按振荡的相位,在适当的时间、适当的位置上向振荡着的介质加入适量的能量,著名的瑞利准则最典型地说明了热能交换和声波振荡的这种相互作用。对于一个声振系统,如果有一个热源能周期性地向系统输入或抽出能量,则就有可能使声振发生变化。如图 2-32 所示,图中 Q' 为声压振荡量,当声压最大时,向系统输入热能,当声压最小时,从系统中抽出热能,则声振就会放大;反之,如果在声压最大时,从系统内抽出热能,而在声压最小时,向系统输入热能,则声振就会衰减。如果声腔中介质处于平衡状态,则热能的交换对声振不会产生影响。这就是著名的瑞利准则。由此可知,要使声振放大,热能的交换过程必须与声振的相位相匹配。另外,整个声腔一般不是均匀的,声腔各处声压的振幅和相位各不相同,因此热能交换的效果与其交换的部位有关。只有在声压的波腹上进行热交换才可能发生有效的声能增益作用。如果在声压的波节上发生热交换,则对声振振幅不会产生明显的影响。这就是热能交换对声振产生影响必须满足的一般条件。

进一步研究还发现,在有质量源的系统中,质量对系统的周期性交换,也会影响声振的发展。与热能交换相似,在声压最大时,向系统加入质量;在声压最小时,从系统中抽出质量,也可使声振放大。因此,如果在一定条件下,热源或质量源对系统做周期性的交换作用是由声腔的振荡激发的,这种热交换和质量交换使声振得到放大,这就形成了自激的声振系统。也就是说,依靠声振系统内部的相互作用,可使声振得到放大。

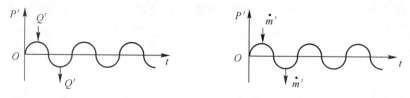

图 2-32 瑞利原理示意图

火箭发动机的燃烧室可以看作是一个声腔,它虽然有一个喷管同外界连通,但超声速喷管中喉部下游的扰动不会影响上游压强的传播。如果将喷管的这一特性当作一个边界条件,则燃烧室可看作一个封闭的声腔,压强的振荡可在其中传播和发展。在燃烧室中有推进剂在燃烧,释放大量热量,同时生成大量燃气。因此,在燃烧室这一声腔中,具有足够大的热源和质量源。只需将其中很小一部分热能适当地转换为声振能量,加入到声振系统中去,就可使声振得到增益而被放大,从而形成声不稳定燃烧。

由此可见,声不稳定燃烧是由燃烧室在工作过程中,依靠自身的热源与质量源维持的一个自激的声振系统形成的。

当然,在燃烧室工作时,还有其他能源也可影响声振特性。例如在气相中进行的某些燃烧的放热化学反应,燃烧室中燃气流动的平均速度等也可转化为声振能量,使声振得到增益而放大。

另外,在发动机中也存在一些使声振衰减的阻尼因素,它们将消耗声能,有抑制声不稳定的作用。其中主要的阻尼因素有药柱的黏弹性、气相中的黏性、热传导、质量扩散和化学松弛过程,燃烧产物中惰性凝相微粒的速度和温度响应,流经喷管的声能的对流和辐射,通过发动机壳体的声能辐射等。

上述这些增益和衰减因素对声振的影响都与振型和振频有关。每一种增益只能对某一种振型、振频的压强振荡起作用。因此,整个燃烧室声腔的压强振荡能否维持与发展,就要分析每一个振型所能获得的声能增益和阻尼的消长关系,一旦它的增益大于其阻尼,则这一振型的压强振荡就会得到增强,从而形成不稳定燃烧。反之,若阻尼大于增益,则振荡就会逐渐减弱或消失,最后使压强趋于稳定。

4. 拟制和防止高频不稳定燃烧的措施

根据不稳定燃烧的理论和经验,曾经采取过下述各种方法来抑制和防止高频不稳定燃烧。

(1)改变推进剂配方。这是一个主要的方法。任何类型的不稳定燃烧都与推进剂特性有关。因此,改变推进剂特性能直接改善发动机的稳定性。其具体措施如下:

1)改变推进剂中铝粉的含量及其颗粒尺寸。铝粉含量增加,对高频不稳定的阻尼作用也增加。凝相 Al_2O_3 的颗粒尺寸愈小,其阻尼的频率愈高。

2)降低推进剂的能量。试验证明,声能增益是与推进剂的能量成正比的。适当降低推进剂的能量,有利于提高发动机的稳定性。

3)改变氧化剂颗粒尺寸或加以适当的添加剂。这主要是减小燃速,降低推进剂的能量释放率,减小燃烧的不稳定性。

4)减小推进剂燃速的压强指数 n,有利于减小燃烧不稳定性。

(2)改变发动机室和装药的几何形状和尺寸。发动机室内腔头部和尾部结构及装药内孔的形状对燃烧不稳定都有一定影响,头部和尾部的形状决定纵向声振反射的强弱。圆弧形头部要比平面头部好。收敛角小的尾部,对声振反射弱。装药内孔形状对横向振荡影响较大。采用非对称截面或将台阶形通道改为锥形通道都有利于克服不稳定燃烧。对管形药柱沿轴向螺旋线式地布置一系列径向孔是抑制不稳定燃烧的一个经典方法。

(3)改变发动机工作参数。提高燃烧室压强有利于克服不稳定燃烧。

(4)增加抑制不稳定燃烧装置。其主要类型如下:

1)声腔阻尼器。在发动机内腔头部、尾部和点火装置中布置一些开小口的空腔,可以阻尼纵向声振。

2)在壳体上布置盲孔。在一些战术火箭上,为了克服不稳定燃烧,常在内腔头部布置很多盲孔,以阻尼声振。

3)安装隔板。将叶片式的纵向隔板嵌在装药通道内,其长度与内孔长度相等,有利于抑制横向不稳定燃烧。有的发动机在装药内孔的全长或半长上有多片纵向隔板,效果很好。

4)采用谐振棒。在装药内孔中安装谐振棒,其长度为装药全长或半长。棒的截面形状有圆形、方形、矩形、十字形和 Z 形等,都有较好的效果。

5. 低频不稳定燃烧

经验表明,在低压范围内工作的发动机容易出现低频不稳定燃烧。燃烧室压强振荡的频率为 100 Hz 或 100 Hz 以下。这种情况下,发动机达不到预定的推力特性,而且由于压强振荡的频率与火箭系统及其某些结构的固有频率相近或一致,容易激发它们的振动,妨碍整个火箭系统的工作。从改进发动机的总体性能来说,人们希望降低压强,以便减轻结构质量。而某些在高层空间工作的发动机,其工作压强将逐渐降低。因此,对低压下容易出现的这类不稳定燃烧,需要进行研究,以便采取适当的预防措施。

过去,人们将低频不稳定燃烧都看作是非声不稳定。近年来的研究已经证明,有的低频不稳定也可以是声不稳定,它是高频压强振荡往低频发展的结果。当频率低到一定限度时,振荡周期相对较长,而压强扰动在燃烧室内传播的时间则相对很短,因而可以将整个燃烧室内的压强看作是均匀一致的,只是随时间在振荡,不必考虑其在空间的分布。这是研究低频振荡需要注意的一个特点。

低频不稳定燃烧有两类。一类是反常燃烧,另一类是 L^* 不稳定。

(1)反常燃烧。反常燃烧又叫断续燃烧,是在早期使用双基推进剂的发动机中就出现过的一种不稳定燃烧,在复合推进剂发动机中也可能出现。其特点如图 2-33 所示,经过点火过程将装药点燃,但装药燃烧很短一段时间以后就熄火,燃烧室压强降到与外界大气压强相等。再经过一段时间,压强又上升到一定水平,继续燃烧很短时间以后又熄火。这样燃烧—熄火—燃烧,断断续续进行下去,可以延续到整个装药烧尽,其频率为每秒数周或每秒不到一周。在每次从燃烧到熄火的过程中,发动机排气的声音犹如喘气声,因此人们又将这种燃烧称为喘气(chuffing),如图 2-33(a)所示。有时也可以在一次短暂燃烧之后就不再复燃,完全停止燃烧,如图 2-33(b)所示。也有的是在点燃后一次连续燃烧到装药烧尽,但其压强比预计的正常压强更低,发动机的比冲下降,仍然是反常燃烧,如图 2-33(c)所示。

在反常燃烧的情况下,可以观察到一些燃烧不完全的现象。例如在排气中有燃烧不完全的异样气味。在双基推进剂的排气中可能观察到有棕色的烟,这反映在燃烧产物中还有未完全燃烧的氧化氮。因此,反常燃烧又与不完全燃烧有关。

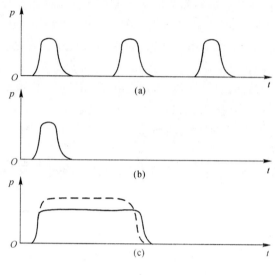

图 2 - 33　反常燃烧

关于反常燃烧的原因分析,曾经有过种种不同的假说。最早提出来的是所谓吹熄假说,它认为燃烧熄灭是因为发动机中气流速度太大,气相中的燃烧化学反应来不及完成,燃气就流出发动机之外,因此气相反应放热减少,其热反馈不能维持固相分解的需要,导致燃烧中止。其后又有吹旺假说,它与吹熄假说相反,认为高速气流的作用不是吹熄,而是吹旺,使燃烧维持正常。只是由于后来流速减小了,气相对于固相的热反馈减小,因此燃烧中止。

后来的研究表明,吹熄假说和吹旺假说都不能完全解释反常燃烧的有关现象。试验已经证实,燃烧室中气流速度大并不一定导致反常燃烧。反常燃烧的主要原因是燃烧室压强太低。由于压强低,气相反应不完全,所以推进剂的热量释放不充分。特别是双基推进剂,NO 的还原受压强影响较大,低压下 NO 还原不完全,影响放热。由于放热不充分,轻则使燃烧室压强降低,发动机比冲也减小,严重的可以大量减少气相对固相的热反馈,使固相不能继续维持热分解,停止燃烧,压强下降。不过,在"停止"燃烧的时候,发动机中还在进行某些过程。发动机室中的灼热零件仍将对推进剂表面进行加热,在推进剂的表面层中仍在较慢地进行一定的凝相反应。这些过程都为推进剂表面层聚集热量,使表面层温度逐渐升高。到一定程度,反应加速,又开始一个短时间的持续燃烧。随后又因为压强太低,热反馈太小,不足以形成持续燃烧所需要的稳定的固相加热层。燃烧再次中止,随后又逐渐聚集热量,开始下一个循环,这就形成了断续燃烧。如果聚集热量作用太弱,热量聚集不起来,不能再次燃烧,燃烧便一次中止后就永远熄灭了。

实践已经证明,反常燃烧的原因是燃烧室压强太低。为了防止发生反常燃烧,必须提高燃烧室的工作压强。通常把不出现反常燃烧的最低压强叫作临界压强,又叫正常燃烧的压强下限。为了避免反常燃烧,必须使燃烧室的工作压强大于临界压强。

临界压强可以看作是推进剂正常燃烧所需要的必要条件,其高低主要取决于推进剂配方组成。双基推进剂的临界压强较高,在 3.5～6.0 MPa 的范围内。复合推进剂的临界压强相对较低,有的可低至 1.5～2.0 MPa。除了推进剂的组成以外,工作条件对临界压强也有一定的影响。一般地说,凡是有利于固相表面层聚集热量的条件,都有利于促成正常燃烧,使临界压强有所降低。例如,提高装药初温和加强点火作用,都有助于促成正常燃烧,降低临界压强。

在发动机设计中,必须在各种工作条件下,使燃烧室中的工作压强高于推进剂的临界压强。

(2)L^* 不稳定。L^* 是燃烧室的一个特征长度,它定义为燃烧室容积 V_c 与喷管喉部截面积 A_t 之比,即

$$L^* = \frac{V_c}{A_t} \tag{2-254}$$

所谓 L^* 不稳定是一种低频压强振荡,其频率从几十至 100 Hz。如图 2-34 所示,其压强-时间曲线是连续的,最低压强仍比外界大气压强高出相当水平。因为这种不稳定经常发生在 L^* 较小的发动机中,故以名之。此外,它也容易在工作压强较低的发动机中发生。

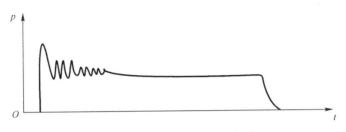

图 2-34　L^* 不稳定的低频振荡

从已有的研究来看,L^* 不稳定是由于推进剂燃速对燃烧室压强扰动的响应时间滞后与燃烧室排气过程的时间滞后两者之间相互作用耦合的结果。可以从理论上对这一耦合系统进行简化的稳定性分析,确定其稳定边界。当 L^* 减小时,排气过程的时滞减小,容易发生低频不稳定。另外,燃烧室工作压强的变化影响燃速响应的时滞改变,影响低频不稳定性。例如,压强升高,燃速响应时滞减小,系统更不易发生低频不稳定。按照简化的理论分析,发动机工作的稳定边界为

$$L^* = K p_c^{-2n} \tag{2-255}$$

式中　　p_c——工作压强;

　　　　n——燃速的压强指数;

　　　　K——与推进剂性能有关的综合参数。

为了防止 L^* 不稳定,或者增大 L^*,或者提高工作压强,都可以使发动机在稳定工作区内工作。

2.7　固体火箭发动机内弹道计算

2.7.1　概述

1.内弹道计算的任务

内弹道学在枪炮技术中的原意是研究发射过程中弹丸在膛内的运动和膛内压强的变化规律,在固体火箭发动机的研究中,也将发动机内部工作过程作为内弹道问题来研究。它的核心

是研究发动机燃烧室内燃气压强随时间变化的规律。

随着发动机的发展,由于燃气流动速度增大,燃烧室内的压强不仅随时间变化,而且沿轴向在变化,还应考虑压强在燃烧室流场中的空间分布。因此,燃烧室的压强计算必须涉及其中的流动过程,实际上已经逐渐发展成为燃烧室内的压强和气动流场计算。

固体火箭发动机内弹道,即燃烧室压强-时间曲线的计算,是固体火箭发动机设计中的一个重要环节。由推力公式

$$F = C_F p_c A_t$$

可以看出:首先,燃烧室压强的变化规律直接决定火箭发动机的推力方案;其次,对一定的装药来说,燃烧层的厚度是一定的,推进剂燃速是压强控制,燃烧室压强愈大,推进剂燃速愈高,装药燃尽时间越短,因此燃烧室压强又是决定发动机工作时间的重要因素;此外,为保障发动机正常、稳定地工作,推进剂的化学能充分地转化为热能,必须要求燃烧室压强高于推进剂完全燃烧的临界压强。从结构设计方面来看,燃烧室是一个主要承受内压的部件,在进行各组件和药柱的压强计算前,必须先确定燃烧室内可能出现的最大压强,其值的大小直接影响燃烧室的强度要求和结构质量。

在发动机设计过程中,首先确定推进剂的成分、装药几何尺寸和喷管喉径,计算出燃烧室压强随时间变化的曲线;然后求得发动机的推力随时间的变化规律和有关发动机的其他性能参数,并进行发动机壳体结构设计和强度计算;最后确定发动机设计性能。

总之,内弹道计算的任务是在给定推进剂成分、装药几何尺寸、工作环境温度、喷管喉径等条件下,计算燃烧室压强随时间的变化规律。

2. 固体火箭发动机燃烧室压强的变化

在发动机工作中,一方面推进剂装药燃烧,不断生成燃气,充填燃烧室自由容积;另一方面,燃气经过喷管不断流出。燃气生成的速率按每秒生成多少质量来计量,称之为燃气的质量生成率。燃气从喷管排出的速率以每秒流出多少质量来计量,称之为喷管的质量流量。如果燃气生成率超过喷管的质量流量,燃烧室自由容积内的燃气质量不断积累而使压强上升。反之,如果燃气生成率下降,低于喷管的质量流量,则燃烧室压强就会下降。只有在一定的条件下,燃气生成率与喷管质量流量达到相对平衡时,压强才达到相对稳定值。

根据发动机试验所测得的燃烧室压强-时间曲线可见,燃烧室压强的变化有三个阶段,如图 2-35 所示。

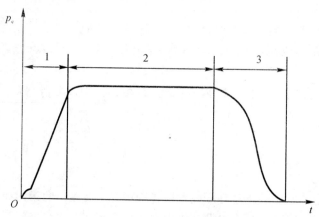

图 2-35　固体火箭发动机燃烧室压强变化图

（1）发动机启动阶段。它包括点火和压强建立过程。首先依靠点火装置中点火药点燃并燃烧生成的高温燃烧产物充满燃烧室,一方面使燃烧室压强迅速上升到点火压强;另一方面加热推进剂表面,点燃主装药,此即点火过程。在主装药全面点燃后,燃气质量生成率迅速增大,并在瞬时超过喷管的质量流量,使燃烧室内压强迅速增加,同时又促使喷管流量的增加,与燃气生成率趋于相对平衡。最后,燃烧室压强达到其相对稳定值,这个相对稳定的压强称为工作压强。这个压强建立过程,即称为发动机启动阶段。对一般发动机来说,这个过程约在几十毫秒内完成。

（2）发动机工作阶段。当燃烧室内已充满高压燃气时,燃气的生成率和喷管流量达到相对平衡,因而压强的变化比较平缓。在这个阶段中,燃气生成率的变化主要取决于装药燃烧表面积的变化。对于增面燃烧的装药,燃气生成率随燃面的增大而逐渐增加,燃烧室压强也逐渐增加。与此同时,喷管流量的增大使燃烧室压强不断地处于相对稳定值。对于减面燃烧装药,燃气生成率不断减小,燃烧室压强也逐渐减小。同样,喷管流量的不断下降使燃烧室压强时刻处于相对稳定值。对于恒面燃烧装药,从燃气生成率与流量达到平衡以后,由于燃烧表面积不变,燃气生成率与喷管流量可以一直维持平衡,压强也因而不变,直到整个装药燃烧结束。

（3）拖尾阶段。此时装药燃烧已基本结束,燃气生成率近似为零,只有燃气的排出。在此阶段,燃烧室内的燃气质量迅速减少,因而压强也迅速下降,直到与外界环境压强相等,

排气停止,拖尾阶段结束。这个压强下降过程又称为"后效"过程,是发动机工作的尾声。

在以上三个阶段中,发动机工作阶段是火箭/导弹作为运载器产生推进动力的主要阶段。在大多数情况下,要求发动机性能相对稳定,燃面变化尽可能小一些,尽量采用恒面燃烧。在发动机工作阶段,燃烧室压强随时间的变化比较小,可以作为定常或准定常问题来处理。与此相反,在压强上升段或拖尾段中压强随时间的变化很大,离准定常的条件较远,问题便复杂一些。

在分析时,燃烧室被看作是一个充满高压燃烧气体的封闭容器,不考虑燃气的流动和燃烧室内的压强分布,认为室内各点压强都相等。这样整个燃烧室压强都一齐随时间变化,与该点的位置坐标 x 无关,这就是所谓"零维"的压强变化。对于燃气流速很小的燃烧室来说,压强计算可以看作是一个零维问题来处理。但是,对装填密度较大的侧面燃烧装药,燃气在通道中的流动沿轴向产生很大的速度,因此压强沿轴向有显著的变化。这种情况下,必须考虑压强在燃烧室中的分布,应作为"一维"或"多维"问题来进行压强计算。

2.7.2　零维内弹道学

1. 零维内弹道学基本方程

（1）基本假设。

1）燃烧室内压强均匀一致,不计因燃气流动而造成的压强下降。即燃烧室中燃气流速很小,压强分布可以看作是均匀的,室内各点处的压强相等,是"零维"的压强计算。

2）装药燃面上各点的燃速均匀一致,因为是"零维"计算,所以没有侵蚀燃烧的影响,燃速可以用不计侵蚀燃烧的燃速关系,例如,$r = ap_c^n$。

3）燃烧产物是具有平均性质的单一成分气体,服从完全气体状态方程。

4）喷管流动是准定常的,喷管流率可用 $\dot{m}_d = \dfrac{\Gamma}{\sqrt{RT_c}} A_t p_c$ 表示。

5) 燃烧室内无热损失。

（2）基本方程。根据这些条件，"零维"内弹道计算所根据的基本关系是质量守恒和气体的状态方程。按照质量守恒原则，燃气的质量生产率 $\dot{m}_b$ 分成两部分：一部分经过喷管排出去，即喷管流率 $\dot{m}_d$；另一部分用来增加燃烧室中的燃气贮量，其增长率为 $\mathrm{d}(\rho_c V_c)/\mathrm{d}t$。因此有

$$\dot{m}_b = \dot{m}_d + \frac{\mathrm{d}(\rho_c V_c)}{\mathrm{d}t} \qquad (2-256)$$

$$\dot{m}_b = \rho_p A_b r \qquad (2-257)$$

$$\dot{m}_d = C_D p_c A_t = \frac{\Gamma p_c A_t}{\sqrt{RT_c}} = \frac{p_c A_t}{c^*} \qquad (2-258)$$

式中　ρ_c——燃气密度；

　　　V_c——燃烧室充气容积；

　　　t——时间；

　　　ρ_p——推进剂密度；

　　　A_b——燃面面积；

　　　r——燃速；

　　　C_D——流率系数；

　　　p_c——燃烧室压强；

　　　A_t——喷管喉部截面积；

　　　Γ——比热比 k 的函数；

　　　R——燃气的气体常数；

　　　T_c——燃气温度；

　　　c^*——推进剂的特征速度。

而

$$\frac{\mathrm{d}(\rho_c V_c)}{\mathrm{d}t} = V_c \frac{\mathrm{d}\rho_c}{\mathrm{d}t} + \rho_c \frac{\mathrm{d}V_c}{\mathrm{d}t} \qquad (2-259)$$

燃烧室内燃气的质量增值率由两部分组成，一是由于燃气密度的增加，一是由于燃烧室空腔充气容积的增加，后者应等于推进剂燃烧使装药体积减小而空出来的体积，即

$$\frac{\mathrm{d}V_c}{\mathrm{d}t} = A_b r \qquad (2-260)$$

综合以上各式，质量守恒关系可以写为

$$\rho_p A_b r = \frac{p_c A_t}{c^*} + \rho_c A_b r + V_c \frac{\mathrm{d}\rho_c}{\mathrm{d}t}$$

整理后得

$$V_c \frac{\mathrm{d}\rho_c}{\mathrm{d}t} = \left(1 - \frac{\rho_c}{\rho_p}\right) \rho_p A_b r - \frac{p_c A_t}{c^*} \qquad (2-261)$$

为了计算 $\dfrac{\mathrm{d}\rho_c}{\mathrm{d}t}$，将状态方程

$$\rho_c = \frac{p_c}{RT_c} \qquad (2-262)$$

对时间求导，考虑到燃气的温度和成分都不变，RT_c 为常值，不计燃烧室的散热损失，可以将燃

气温度取为推进剂的燃烧温度 T_f.得

$$\frac{\mathrm{d}\rho_c}{\mathrm{d}t} = \frac{1}{RT_f}\frac{\mathrm{d}p_c}{\mathrm{d}t} \tag{2-263}$$

引入燃速公式

$$r = ap_c^n \tag{2-264}$$

得

$$\frac{V_c}{RT_f}\frac{\mathrm{d}p_c}{\mathrm{d}t} = \left(1 - \frac{\rho_c}{\rho_p}\right)\rho_p A_b a p_c^n - \frac{p_c A_t}{c^*} \tag{2-265}$$

在一般发动机的工作条件下,燃气密度 ρ_c 比推进剂密度 ρ_p 小得多,ρ_c/ρ_p 的量级约为 0.01,与 1 相比,可以看作是微量,令

$$\varepsilon = \frac{\rho_c}{\rho_p} = \frac{p_c}{RT_f\rho_p} \tag{2-266}$$

并引入关系

$$c^* = \frac{\sqrt{RT_f}}{\Gamma}$$

最后可得

$$\frac{V_c}{\Gamma^2 c^{*2}}\frac{\mathrm{d}p_c}{\mathrm{d}t} = (1-\varepsilon)\rho_p A_b a p_c^n - \frac{p_c A_t}{c^*} \tag{2-267}$$

如果略去微量 ε,得

$$\frac{V_c}{\Gamma^2 c^{*2}}\frac{\mathrm{d}p_c}{\mathrm{d}t} = \rho_p A_b a p_c^n - \frac{p_c A_t}{c^*} \tag{2-268}$$

式(2-267)和式(2-268)便是燃烧室压强随时间变化的微分方程。如能积分求解,便可得到压强随时间变化的关系。在求解之前,先引入关于平衡压强的概念。

2.等燃面装药发动机工作压强计算

端面燃烧装药发动机(见图2-36)的内弹道计算是压强计算的最基本、最简单的情况。其工作压强计算如下所述。

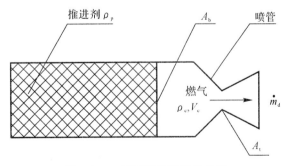

图 2-36　端面燃烧装药发动机

(1)平衡压强。当燃烧室压强已经建立,开始进入工作段时,压强上升到最大值而相对稳定,这时可以认为 $\mathrm{d}p_c/\mathrm{d}t = 0$,式(2-267)化为

$$(1-\varepsilon)\rho_p A_b a p_c^n - \frac{p_c A_t}{c^*} = 0 \tag{2-269}$$

解之得

$$p_c = \left(\rho_p c^* a \frac{A_b}{A_t}\right)^{\frac{1}{1-n}} (1-\varepsilon)^{\frac{1}{1-n}} \qquad (2-270)$$

定义燃面面积 A_b 对喷管喉部面积 A_t 之比为燃喉比，用 K 表示为

$$\frac{A_b}{A_t} = K \qquad (2-271)$$

式(2-270)化为

$$p_c = (\rho_p c^* aK)^{\frac{1}{1-n}} (1-\varepsilon)^{\frac{1}{1-n}} \qquad (2-272)$$

而

$$(1-\varepsilon)^{\frac{1}{1-n}} = 1 - \frac{1}{1-n}\varepsilon + \cdots$$

由于 $\varepsilon \ll 1$，略去其高次项，可得

$$p_c = (\rho_p c^* aK)^{\frac{1}{1-n}} \left(1 - \frac{1}{1-n}\varepsilon\right) \qquad (2-273)$$

如果略去微量 ε 不计，则得

$$p_c = p_{c,eq} = (\rho_p c^* aK)^{\frac{1}{1-n}} \qquad (2-274)$$

这时的燃烧室压强定义为平衡压强 $p_{c,eq}$。从 $p_{c,eq}$ 的导出可以看到，它是在 $\mathrm{d}p_c/\mathrm{d}t = 0$ 且不计 ρ_c/ρ_p 的条件下得到的燃烧室压强。将这两个条件入式(2-268)，可得

$$\rho_p A_b a p_{c,eq}^n = \frac{p_{c,eq} A_t}{c^*} \qquad (2-275)$$

这就是 $\dot{m}_b = \dot{m}_d$。燃烧室中的生成率与流率达到平衡，相应的压强就是平衡压强，在这个压强下工作，可以保持压强的相对稳定，这就是发动机的稳定工作段。因此平衡压强是发动机工作中最有代表性的特征压强。

实际上平衡压强的理论计算值常常与实测值不相符。产生偏差的主要原因是，没有考虑燃烧室热损失，热力计算得到的 c^* 总是大于实际值；燃速仪测定的燃速总是小于发动机的实际燃速；含金属推进剂凝相产物的影响等。

平衡压强的公式形式与所用的燃速公式有直接关系。在前面的推导中，采用了 $r = ap^n$ 的燃速式，得到了式(2-275)的平衡压强，如果采用其他的燃速关系，便得出另外的平衡压强公式，例如，采用燃速关系

$$r = a + bp$$

使得平衡压强的关系式为

$$p_{c,eq} = \frac{a}{\dfrac{1}{\rho_p c^* K} - b} \qquad (2-276)$$

如果采用燃速关系

$$\frac{1}{r} = \frac{a}{p} + \frac{b}{p^{\frac{1}{3}}}$$

平衡压强为

$$p_{c,eq} = \left(\frac{\rho_p c^* K - a}{b}\right)^{\frac{3}{2}} \qquad (2-277)$$

这些公式都可以根据燃气生成率与流率平衡（$\dot{m}_b = \dot{m}_d$）的条件，参照前面的步骤导出。

在推导平衡压强公式时,假设压强不高时,将 $\varepsilon = \rho_c / \rho_p$ 当作微量忽略不计,这不致引起太大的误差。但是如果压强较高,对于比较精确的计算,就必须考虑 ε 的影响。如果压强更高一些,不但要考虑 ε 的影响,同时还要考虑对所用的气体状态方程进行修正,采用实际气体状态方程。

(2)影响平衡压强的因素。

1)推进剂的性质对平衡压强的影响。由平衡压强公式可以看出,反映推进剂性能的参量有 c^*, ρ_b, a, n。推进剂改变,c^*, ρ_b, a, n 的值将会改变。

特征速度 c^* 主要反映推进剂的能量特性;推进剂密度 ρ_b 反映燃烧同样体积的装药产生燃烧产物的多少;燃速系数 b 和压强指数 n 都反映燃烧的快慢,因而反映燃烧产物的秒生成量。

因此,这些量愈大,平衡压强愈高。正因如此,在推进剂生产过程中要严格控制推进剂的成分和质量,以免发动机的弹道性能偏离设计允许的范围。

2)燃喉比对平衡压强的影响。燃面 A_b 和喉面 A_t 对平衡压强有相反的影响。这是因为前者影响燃气秒生成量,后者影响燃气秒流量。当 A_t 减小时,平衡压强 $p_{c,eq}$ 将增大。当燃喉比不变时,则平衡压强不变,因此,当采用相同的推进剂时,燃喉比的数值可以反映平衡压强的大小。在设计中选定推进剂后,燃烧室压强的大小正是靠选择适当的燃喉比来保证的。因此在制造装药和喷管时要严格控制尺寸公差。

3)装药初温对平衡压强的影响。发动机在实际工作中的压强还会随着初温的变化而变化。初温高时,压强高,工作时间短;初温低时,压强低,工作时间长。压强的这种变化必然引起推力产生相应的变化。随着季节环境温度不同,变化的幅度相当大,甚至可以达到额定值的 100%,这种变化对整个导弹的性能和发动机本身的工作量都有很大的影响。

燃烧室压强随初温变化的主要原因是推进剂燃速随初温变化,其他的推进剂特性如 c^* 和 ρ_p 等也或多或少受初温的影响,使压强有所变化。

发动机工作压强随初温的变化用压强的温度敏感系数 π_K 来表示,它代表在一定的燃喉比下,初温变化 1℃ 时,燃烧室压强变化的相对值。即

$$\pi_K = \frac{1}{p}\left(\frac{\partial p}{\partial T_i}\right)_K = \left(\frac{\partial \ln p}{\partial T_i}\right)_K \qquad (2-278)$$

式中　下角标 K 表示燃喉比为常数。这里的 p 值就取平衡压强,可由 $p = (\rho_p c^* a K)^{1/(1-n)}$ 得

$$\pi_K = \left(\frac{\partial \ln p}{\partial T_i}\right)_K = \frac{1}{1-n}\left[\left(\frac{\partial \ln \rho_p}{\partial T_i}\right)_K + \left(\frac{\partial \ln c^*}{\partial T_i}\right)_K + \left(\frac{\partial \ln a}{\partial T_i}\right)_K\right] \qquad (2-279)$$

在式(2-279)中,π_K 不仅反映了燃速系数 a 的变化,也包括了推进剂密度和特征速度随温度的变化。

由于初温升高,推进剂体积膨胀,其密度 ρ_p 会有所减小,可以按照推进剂的线膨胀系数来计算。在一般情况下,初温影响 ρ_p 的变化很小,除非进行某些精确计算,通常是可以不考虑的。

特征速度 c^* 随初温的变化而略有变化。初温升高,相当于推进剂进入燃烧前所含的热量有所增加,也就是总焓有所增加,从而提高燃烧温度 T_f 使 c^* 增大。通常,T_f 的数值是比较大的,在 2 500 ~ 3 500 K 之间,但初温的变化幅度却相对较小,最大幅度在 100 K 以内,且 c^* 又是只随 $\sqrt{T_f}$ 而增大,因此 c^* 随初温变化的相对值也不大。

对压强影响最大的是燃速的变化,前面已经定义了在一定压强下燃速的温度敏感系数

σ_p 为

$$\sigma_p = \left(\frac{\partial \ln r}{\partial T_i}\right)_p = \frac{\partial \ln a}{\partial T_i}$$

如果不计密度 ρ_p 受初温的影响，可将式（2－279）写为

$$\pi_K = \frac{1}{1-n}\left[\sigma_p + \frac{1}{T_2-T_1}\left(\frac{c_2^*}{c_1^*}\right)\right] \tag{2-280}$$

式中　c_1^* 和 c_2^* 分别为初温下 T_1，T_2 的特征速度。由于 $n < 1$，π_K 值比 σ_p 值有所放大，其放大的程度取决于 n 值的大小。当 n 较大，接近于 1 时，放大倍数可以很大，即压强受初温的影响比燃速受初温的影响放大很多倍。当然，推力也受同样的影响而放大，这对发动机的性能来说是不利的。只有 n 值较小时，放大的程度也小，当 n 趋近于 0 时，π_K 值比 σ_p 值才相差不大，压强的变化与燃速的变化相当，放大倍数很小，是可以接受的。因此，为了减小发动机性能受初温变化的影响，不仅要尽量降低推进剂燃速的温度敏感系数，而且要尽量减小燃速的压强指数 n，这就是为什么要发展压强指数接近于零的平台推进剂的原因。

除了 σ_p 和 π_K 以外，还用到另外两个温度敏感系数 $\pi_{p/r}$ 和 σ_K。σ_K 定义为

$$\sigma_K = \left[\frac{\partial \ln r}{\partial T_i}\right]_K \tag{2-281}$$

它表示在发动机中一定的燃喉比下推进剂燃速的温度敏感度，也就是对一台已经做好的发动机，当初温升高 1℃ 时，其推进剂燃速增加的相对值。引用燃速关系式 $r = ap^n$，得

$$\sigma_K = \left[\frac{\partial \ln a}{\partial T_i}\right] + n\left[\frac{\partial \ln p}{\partial T_i}\right]_K = \sigma_p + n\pi_K \tag{2-282}$$

由此可见，在一定的发动机中，燃速的温度敏感系数 σ_K 比其在一定压强下的温度敏感系数 σ_p 要大得多，因为在发动机中除了初温变化直接引起燃速变化以外，还因初温变化使压强变化，也引起燃速变化，而压强对燃速的影响是比较显著的。

$\pi_{p/r}$ 定义为

$$\pi_{p/r} = \left(\frac{\partial \ln p}{\partial T_i}\right)_{p/r} \tag{2-283}$$

它表示在一定的 p/r 值下发动机压强的温度敏感度。也就是保持发动机中 p/r 值不变，当初温变化 1℃ 时发动机压强变化的相对值。如何保持发动机的 p/r 值不变？由平衡压强关系，有

$$\rho_p A_b r = \frac{pA_t}{c^*}$$

故得

$$\frac{p}{r} = \rho_p c^* K \tag{2-284}$$

p/r 为定值，即 $\rho_p c^* K$ 为定值。$\pi_{p/r}$ 就是当 $\rho_p c^* K$ 为定值时发动机压强的温度敏感系数，因此

$$\pi_{p/r} = \left(\frac{\partial \ln p}{\partial T_i}\right)_{p/r} = \left(\frac{\partial \ln\left(\rho_p c^* aK\right)^{\frac{1}{1-n}}}{\partial T_i}\right)_{\rho_p c^* K} = \frac{1}{1-n}\frac{\partial \ln a}{\partial T_i} = \frac{\sigma_p}{1-n} \tag{2-285}$$

可见 $\pi_{p/r}$ 只是反映了初温对燃速的影响而引起的压强变化，没有考虑 ρ_p，c^* 和 K 等参数受初温影响而引起的变化。因此，$\pi_{p/r}$ 和 σ_p 都只是推进剂的燃速特性，与其他参数无关，而 π_K 和

σ_K 则不仅反映了燃速的温度敏感度,同时也反映了其他参数如 c^* 等随初温变化的影响,是在一定的发动机中压强和燃速的温度敏感系数。

除了初温的影响以外,发动机生产制造过程中的各种偏差,也是影响燃烧室压强偏离的一个因素。各种偏差对燃烧室压强的影响也可从平衡压强的关系式得到。对式(2-274)两边取对数并进行微分,可得

$$\frac{\mathrm{d}p}{p} = \frac{1}{1-n}\left(\frac{\mathrm{d}\rho_{\mathrm p}}{\rho_{\mathrm p}} + \frac{\mathrm{d}c^*}{c^*} + \frac{\mathrm{d}a}{a} + \frac{\mathrm{d}K}{K}\right) \tag{2-286}$$

而

$$\frac{\mathrm{d}K}{K} = \frac{\mathrm{d}A_{\mathrm b}}{A_{\mathrm b}} - \frac{\mathrm{d}A_{\mathrm t}}{A_{\mathrm t}} \tag{2-287}$$

由此可见,$\rho_{\mathrm p}$,c^*,a,$A_{\mathrm b}$ 和 $A_{\mathrm t}$ 的偏差都要引起燃烧室压强的波动。这些偏差可以分成两类:一类是制造中的尺寸公差。无论是装药尺寸或是发动机零件的尺寸,都必须允许有一定的加工公差。尺寸在公差范围内波动,引起 $A_{\mathrm b}$,$A_{\mathrm t}$ 和 K 值的波动,最后导致压强波动,需要根据各项尺寸公差的数值预计燃烧室压强的波动。另一类是推进剂性能的偏差。同一牌号的推进剂,由于生产批次不同,各批次的配方成分、原材料性质、工艺参数等等不可能完全一样,也会在小范围内变动,从而使各批推进剂的性能也有所变动。$\rho_{\mathrm p}$,c^* 和燃速特性的波动都会使压强波动,波动的幅度都需要进行预计。

(3)燃烧室压强的稳定性。燃烧室压强的稳定性包含两个方面的含义。一是指在某一个平衡状态下,由于某些偶然因素的干扰,如推进剂物化性质的不均匀、装药中的气泡或微小裂纹、喷管的局部烧蚀和沉积等,使燃气压强偏离平衡压强时,燃气压强能够自动地向平衡压强趋近而回到原来的平衡状态;二是指当平衡状态改变时,燃气压强总能自动地趋近新的平衡状态下的平衡压强。

因此,所谓燃气压强的稳定性,就是在火箭发动机的工作过程中,燃烧室的压强具有自动保持在平衡压强或趋于平衡压强的能力。

如图 2-37 所示为燃气生成率 $\dot m_{\mathrm b}$ 和流率 $\dot m_{\mathrm d}$ 随燃烧室压强 $p_{\mathrm c}$ 变化的曲线。其中流率 $\dot m_{\mathrm d} = p_{\mathrm c} A_{\mathrm t}/c^*$,它与 $p_{\mathrm c}$ 的关系是直线关系。生成率 $\dot m_{\mathrm b} = \rho_{\mathrm p} A_{\mathrm b} a p_{\mathrm c}^n$,它同 $p_{\mathrm c}$ 的关系随压强指数 n 的数值不同,可以有各种不同的情况,可以弯曲向下,也可以弯曲向上。在 $\dot m_{\mathrm b} = \dot m_{\mathrm d}$ 的交点上,对应于平衡压强 $p_{\mathrm{c,eq}}$,这就是燃烧室的工作压强。

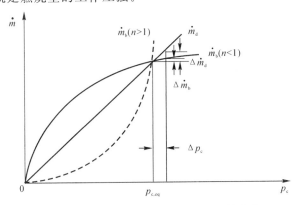

图 2-37　燃气生成率和流率随压强的变化

如果发动机工作受到某些偶然因素的暂时扰动，使燃烧室压强偏离平衡压强，产生增量 Δp_c。对应于压强的微量变化，燃气的生成率和流率都会有相应的微量变化。生产率的增量为 $\Delta \dot{m}_b$，流量的增量为 $\Delta \dot{m}_d$，它们与压强增量的关系为

$$\Delta \dot{m}_b = \left(\frac{\mathrm{d}\dot{m}_b}{\mathrm{d}p_c}\right)_{eq} \Delta p_c \tag{2-288}$$

$$\Delta \dot{m}_d = \left(\frac{\mathrm{d}\dot{m}_d}{\mathrm{d}p_c}\right)_{eq} \Delta p_c \tag{2-289}$$

为了使燃烧室压强稳定，压强增加 Δp_c 的结果必须使

$$\Delta \dot{m}_b < \Delta \dot{m}_d \tag{2-290}$$

即流率的增量应大于生成率增量，这样才能使燃烧室中燃气质量减少，压强下降，促使燃烧室压强恢复到原来的平衡压强。为了满足式（2-290）的稳定条件，要求

$$\left(\frac{\mathrm{d}\dot{m}_b}{\mathrm{d}p_c}\right)_{eq} < \left(\frac{\mathrm{d}\dot{m}_d}{\mathrm{d}p_c}\right)_{eq} \tag{2-291}$$

图 2-36 中实线所代表的 $\dot{m}_b$ 弯曲向下，正好满足这一条件。与此相反，如图中的虚线所代表的 $\dot{m}_b$ 那样弯曲向上，有 $(\mathrm{d}\dot{m}_b/\mathrm{d}p_c)_{eq} > (\mathrm{d}\dot{m}_d/\mathrm{d}p_c)_{eq}$，则由于压强增量 Δp_c 而引起的燃气生成率增量大于流率增量，使生成率流率、燃烧室压强继续增加，破坏了发动机的稳定工作。

同样，如果最初的压强扰动是微量减少，即 Δp_c 是负的，按照相同的分析也可以得到式（2-290）的稳定条件。现在根据这一稳定工作的条件分析稳定工作所需要的燃速特性。由 $\dot{m}_b = \rho_p A_b r$ 和 $\dot{m}_d = p_c A_t / c^*$ 得

$$\frac{\mathrm{d}\dot{m}_b}{\mathrm{d}p_c} = \rho_p A_b \frac{\mathrm{d}r}{\mathrm{d}p_c} = \dot{m}_b \frac{\mathrm{d}\ln r}{\mathrm{d}p_c} \tag{2-292}$$

$$\frac{\mathrm{d}\dot{m}_d}{\mathrm{d}p_c} = \frac{A_t}{c^*} \frac{\mathrm{d}p_c}{\mathrm{d}p_c} = \dot{m}_d \frac{\mathrm{d}\ln p_c}{\mathrm{d}p_c} \tag{2-293}$$

在平衡时，$\dot{m}_b = \dot{m}_d$，因此，式（2-291）的稳定工作条件可以写为

$$\frac{\mathrm{d}\ln r}{\mathrm{d}p_c} < \frac{\mathrm{d}\ln p_c}{\mathrm{d}p_c} \tag{2-294}$$

或

$$\frac{\mathrm{d}\ln r}{\mathrm{d}\ln p_c} < 1 \tag{2-295}$$

这就是稳定工作对推进剂燃速特性的要求。如果燃速用指数式 $r = ap_c^n$ 表示，有

$$\frac{\mathrm{d}\ln r}{\mathrm{d}\ln p_c} = n \tag{2-296}$$

燃烧室压强稳定的条件便是

$$n < 1 \tag{2-297}$$

事实上，火箭中应用的推进剂都能满足这个要求。

3. 零维变燃面装药发动机的内弹道学

（1）瞬时平衡压强的概念。燃烧室处于平衡状态并不表示压强绝对不变。实际上，一切真实过程都是原有平衡被破坏的结果，系统有了力、能量或质量的不平衡才促使系统向新的状态变化。如果系统平衡被破坏后能自动恢复到平衡状态，且所需时间很短，而实际过程变化很慢，则在该过程中系统有足够的时间来恢复到新的平衡，随时都不致远离原来的平衡状态，这样的过程就叫作准稳态平衡或平衡过程。

由于实际燃气压强与同一瞬时间隔的平衡压强相差甚微,故可近似认为该状态下的平衡压强就是此瞬间的实际燃气压强。这种对应于各瞬时燃烧室工作条件下的平衡压强称为瞬时平衡压强,仍记为 $p_{c,eq}$,它在燃烧室压强-时间曲线的计算中将起重要作用。以后凡提及平衡压强都是指瞬时平衡压强。

当采用变燃面装药时,燃喉比也随着燃面的变化而变化,此时发动机工作段的压强不再恒定不变,而是随着燃面的变化而变化。工作段压强的计算也是从基本方程式(2-268)出发的,但必须考虑 $\mathrm{d}p_c/\mathrm{d}t$ 的影响。因为

$$\frac{\mathrm{d}p_c}{\mathrm{d}t} = \frac{\mathrm{d}p_c}{\mathrm{d}e}\frac{\mathrm{d}e}{\mathrm{d}t} = \frac{\mathrm{d}p_c}{\mathrm{d}e}r = \frac{\mathrm{d}p_c}{\mathrm{d}e}ap_c^n \tag{2-298}$$

代入燃烧室压强的基本关系式(2-268),便得

$$\frac{V_c}{\Gamma^2 c^{*2}}\frac{\mathrm{d}p_c}{\mathrm{d}e}ap_c^n = \rho_p A_b ap_c^n - \frac{A_t p_c}{c^*} \tag{2-299}$$

由此可以化成

$$\frac{V_c a}{c^* \Gamma^2 A_t}\frac{\mathrm{d}p_c}{\mathrm{d}e} = \frac{c^* \rho_p A_b a}{A_t} - p_c^{1-n} \tag{2-300}$$

此式右边第一项又可以用平衡压强来表示,即

$$\frac{c^* \rho_p A_b a}{A_t} = p_{c,eq}^{1-n} \tag{2-301}$$

于是

$$\frac{V_c a}{c^* \Gamma^2 A_t}\frac{\mathrm{d}p_c}{\mathrm{d}e} = p_{c,eq}^{1-n} - p_c^{1-n} \tag{2-302}$$

最后得

$$p_c^{1-n} = p_{c,eq}^{1-n} - \frac{V_c a}{c^* \Gamma^2 A_t}\frac{\mathrm{d}p_c}{\mathrm{d}e} \tag{2-303}$$

式中　$p_{c,eq}$ 为瞬时平衡压强,其表达式为

$$p_{c,eq} = \left(\frac{\rho_p A_b c^* a}{A_t}\right)^{\frac{1}{1-n}} = (\rho_p c^* aK)^{\frac{1}{1-n}} \tag{2-304}$$

式(2-304)形式上与等燃面装药发动机的平衡压强计算式(2-274)完全相同。但是式(2-304)中燃面 A_b 是随时间而变化的,所以 $p_{c,eq}$ 也是一个瞬变量,因此称为瞬时平衡压强。

(2)零维变燃面装药发动机工作段压强的计算。一般的变燃面装药发动机的燃面变化并不会使燃烧室的瞬时工作压强和瞬时平衡压强有很大的差别,所以两者的变化率 $\mathrm{d}p_c/\mathrm{d}e$ 和 $\mathrm{d}p_{c,eq}/\mathrm{d}e$ 也相差不大,大多数情况下只差一个高阶微量。因此在用式(2-303)计算时,常用 $\mathrm{d}p_{c,eq}/\mathrm{d}e$ 代替 $\mathrm{d}p_c/\mathrm{d}e$,从而大大简化了计算。

对式(2-304)两边取对数,然后对燃烧距离 e 微分,在只有燃面变化的条件下,得

$$\frac{\mathrm{d}p_{c,eq}}{p_{c,eq}\mathrm{d}e} = \frac{1}{1-n}\frac{\mathrm{d}K}{K\mathrm{d}e} \tag{2-305}$$

于是

$$\frac{\mathrm{d}p_{c,eq}}{\mathrm{d}e} = \frac{p_{c,eq}}{K(1-n)}\frac{\mathrm{d}K}{\mathrm{d}e}$$

或

$$\frac{\Delta p_{c,eq}}{\Delta e} = \frac{p_{c,eq}}{K(1-n)}\frac{\Delta K}{\Delta e} \tag{2-306}$$

这里 $K = A_b / A_t$ 为燃喉比，因为 A_t 为常数，所以又可写为

$$\frac{\mathrm{d}p_{c,eq}}{\mathrm{d}e} = \frac{p_{c,eq}}{A_b(1-n)} \frac{\mathrm{d}A_b}{\mathrm{d}e}$$

或

$$\frac{\Delta p_{c,eq}}{\Delta e} = \frac{p_{c,eq}}{A_b(1-n)} \frac{\Delta A_b}{\Delta e} \tag{2-307}$$

在瞬时平衡压强法中，可以计算出瞬时平衡压强 $p_{c,eq}$ 与燃去肉厚 e 的关系，以及对应于一定的燃烧肉厚，有其相应的 $p_{c,eq}$，K 和 $\Delta K/\Delta e$（也可以是 $p_{c,eq}$，A_b 和 $\Delta A_b / \Delta e$），这样就可以由式（2-306）或式（2-307）计算出相应的 $\Delta p_{c,eq}/\Delta e$ 值，将 $\Delta p_{c,eq}/\Delta e$ 当作 $\Delta p_c/\Delta e$ 值，用公式

$$p_c^{1-n} = p_{c,eq}^{1-n} - \frac{V_c a}{c^* \Gamma^2 A_t} \frac{\Delta p_{c,eq}}{\Delta e} \tag{2-308}$$

对相应的平衡压强进行修正，求得更精确的 $p_c - e$ 的关系。再与 $e - t$ 的关系联立，就可以确定更精确的 $p_c - t$ 关系了。

应该说，式（2-308）用 $\Delta p_{c,eq}/\Delta e$ 代替 $\Delta p_c/\Delta e$ 来修正 p_c，原则上是有一定误差的。为消除此误差，可以进行迭代计算，即由式（2-308）求得 p_c，再按照 $p_c - e$ 关系确定每一相应 e 上的 $\Delta p_c/\Delta e$，以此作为 $\mathrm{d}p_c/\mathrm{d}e$ 代入式（2-303），再修正 p_c，这样反复迭代，直至达到必要的精度。实际上，在一般情况下由于 $p_{c,eq}$ 与 p_c 已很接近，用 $\Delta p_{c,eq}/\Delta e$ 代替 $\Delta p_c/\Delta e$ 的式（2-303）进行一次修正即已能满足一般的计算要求。

在燃烧面变化不大的情况下，对平衡压强的修正项 $\dfrac{V_c a}{c^* \Gamma^2 A_t} \dfrac{\mathrm{d}p_c}{\mathrm{d}e}$ 的数值相对很小，应用瞬时平衡压强法，就能得到比较满意的结果，所以在发动机设计中，常常应用瞬时平衡压强法对 $p_c - t$ 曲线进行初步计算。具体计算步骤如下：

1）先将装药的整个燃烧肉厚分成相当多（例如 m 个）个微元燃烧距离 Δe。

2）计算当燃烧距离 $e = 0, \Delta e, 2\Delta e, \cdots, m\Delta e$ 时相应的燃烧面积 $A_{bj}(j = 0, 1, 2, \cdots, m)$。

3）计算出相应的燃烧室压强（平衡压强）$p_j(j = 0, 1, 2, \cdots, m)$，画出 $p_c - e$ 关系曲线。

4）根据 $p_c - e$ 曲线确定每个微元燃烧距离区间内的相应的平均压强 $\overline{p}_{cj}$。

5）由 $\Delta t_j = \dfrac{\Delta e_j}{a \overline{p}_{cj}^n}$，计算出与每个 Δe_j 相对应的时间间隔 $\Delta t_j(j = 0, 1, 2, \cdots, m)$。

6）根据 p_{cj} 与 Δt_j 的对应关系，可以逐点依次画出 $p_c - t$ 的曲线。

2.7.3　一维内弹道学

零维内弹道学所介绍的压强计算方法适用于装填密度比较小的侧面燃烧装药发动机或端面燃烧装药发动机。这些发动机的特点是燃烧室中平行于装药燃烧表面的燃气流速很小或没有平行于装药燃烧表面的燃气流动，燃气参数沿装药通道长度方向无显著变化，可以不计燃气流动和侵蚀燃烧的影响，因而可按零维问题处理。但是随着发动机性能的日益提高，发动机的体积装填密度越来越大，而使装药通道横截面积越来越小，燃气在通道中被强烈加速，所有燃气参数沿装药通道长度方向都要发生明显的变化。其中燃气静压下降和高速燃气流的侵蚀效应将引起装药燃速的变化，滞止参数的下降则要改变喷管的流量，等等，这一切当然都要影响到发动机的内弹道特性，因此此类发动机的压强计算必须考虑装药通道中的燃气流场分布。严格来说，发动机燃烧室自由容积中的燃气流场都是三维的，但在工程计算中一般都将其简化

为一维问题处理。

1. 侧面燃烧装药发动机内弹道学

（1）侧面燃烧装药通道中燃气流动与燃烧的特点。由于沿着装药通道不断地有燃烧生成的燃气加入，从通道的头部到喷管一端的出口截面，气流速度不断增大，成为加质量的管内流动。随着气流速度的增加，不仅燃气的静压要相应地下降，总压也有所下降，相应的气流参数都在沿通道变化。这就不再是零维问题，通常都作为一维问题来研究。如图 2－38 所示就是气流速度和压强沿装药通道变化的情况。

在侧面燃烧过程中，由于平行于燃烧表面的气流速度的影响，侵蚀燃烧的作用比较明显，气流速度成为影响燃速增加的一个重要因素。

由于燃气流速和压强沿通道变化，整个燃烧表面上燃速的变化就显得比较复杂。就以燃速沿通道的变化来说，由于气流速度沿通道逐渐增大，影响燃速也沿通道增大；而由于压强沿通道逐渐下降，又影响燃速沿通道减小，压强的影响与侵蚀燃烧的影响正好相反。燃气总的变化就要看这两个因素共同影响的结果。实际情况表明，在大多数情况下，燃速受侵蚀燃烧影响而增大是主要的，压强下降对燃速的影响并不显著。为了确定燃速总的变化，就必须对气流参数的分布规律作出定量的分析。这就是燃气流动对燃烧的影响。另外，燃速变化，也就是加入的燃气质量变化，它直接影响通道中的燃气流动，首先是影响燃烧室内的压强及其分布。因此，一般地讲，装药通道中的流动和燃烧是相互影响的。在燃烧室压强计算中必须综合考虑流动引起的整个燃烧表面上的燃速变化。

装药燃烧使通道截面积随时间不断扩大，气流速度则随时间减小，气流速度对压强分布的影响和侵蚀燃烧效应都因之而随时间变化。在初始燃烧阶段，通道最小，气流速度较大，侵蚀燃烧的影响在这时比较突出。它使起始阶段燃速加大，压强升高，形成初始压强峰。随着装药的燃烧，通道不断加大，气流速度相对减小，侵蚀燃烧的影响也逐渐减小，以致消失，燃烧室压强便从初始压强峰下降到没有侵蚀燃烧影响的平衡压强上来。如图 2－39 所示为一个等燃面侧面燃烧装药的发动机由于侵蚀燃烧而形成的典型的 $p_c - t$ 曲线。

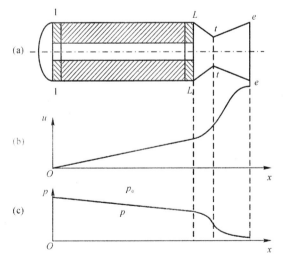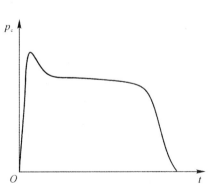

图 2－38　气流速度、压强沿装药通道的分布　　　　图 2－39　具有初始压强峰的 $p-t$ 曲线

（2）一维非定常控制方程。综上所述，侧面燃烧装药燃烧室中的气流参数，既是空间的函数，又随时间变化。关于气流参数在空间的分布，在大多数情况下，最显著的变化是燃气流动沿轴向加速和燃速沿长度的变化，因而常把它当作一维问题来处理。这里也可以考虑通道截面积沿长度的变化。气流参数随时间的变化，首先是由于燃烧使通道截面积随时间而增大，也可以考虑装药燃面在燃烧中随时间的变化，或者还有其他随时间变化的因素。总之，大多数侧面燃烧装药的内弹道计算都可以按一维非定常过程来处理。现在根据质量、动量和能量守恒的基本原理来推导表征气流参数关系的控制方程。

在装药通道上截取一段微元体，如图 2-40 所示。并假设：

1）装药通道同一横截面上的气流参数是均匀的，气流在装药通道中是一维流动，当通道曲率不大时，这样假设是允许的；

2）燃气遵循完全气体定律；

3）推进剂的燃烧限于燃烧表面附近很薄的气相层内，作用是加入焓为 H_p 的燃气质量；

4）忽略加入质量的轴向动量分量。

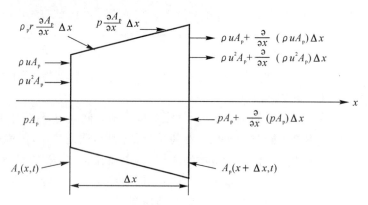

图 2-40　推进剂装药通道微元体

设气流的压强、密度、温度和速度分别用 p,ρ,T 和 u 表示，通道截面积用 A_p 表示，气体内能用 E 表示，则在所取的微元体内，经过时间间隔 Δt，质量、动量和能量的变化分别为

$$\frac{\partial}{\partial t}(\rho A_p \Delta x)\Delta t$$

$$\frac{\partial}{\partial t}(\rho u A_p \Delta x)\Delta t$$

和

$$\frac{\partial}{\partial t}\left[\rho A_p\left(\frac{u^2}{2}+E\right)\Delta x\right]\Delta t$$

导致微元体中质量、动量和能量变化的原因，首先是由于进入微元体的燃气与流出微元体的燃气在质量、动量和能量上的差额。就动量来说，如果不计摩擦，还包括作用在微元体各边界面上轴向压强冲量的代数和。就能量来说，还包括微元体各边界面上压力功的代数和，以及由于燃烧而加入燃气的能量。现分别分析产生这些变化的因素。

1）在 Δt 时间内，进入微元体左边界的气体质量、动量和能量分别为

$$\rho u A_p \Delta t$$

$$\rho u^2 A_p \Delta t$$

和

$$\rho u A_{\mathrm{p}} \left(\frac{u^2}{2} + E \right) \Delta t$$

在此界面上压强 p 的冲量为 $p A_{\mathrm{p}} \Delta t$，上游燃气对微元体所做的流动功为 $p u A_{\mathrm{p}} \Delta t$。

2）在 Δt 时间内，从微元体右边界而流出的气体质量、动量和能量分别为

$$\rho u A_{\mathrm{p}} \Delta t + \frac{\partial}{\partial x} (\rho u A_{\mathrm{p}}) \Delta x \Delta t$$

$$\rho u^2 A_{\mathrm{p}} \Delta t + \frac{\partial}{\partial x} (\rho u^2 A_{\mathrm{p}}) \Delta x \Delta t$$

和

$$\rho u A_{\mathrm{p}} \left(\frac{u^2}{2} + E \right) \Delta t + \frac{\partial}{\partial x} \left[\rho u A_{\mathrm{p}} \left(\frac{u^2}{2} + E \right) \Delta x \right] \Delta t$$

在微元体右边界截面上压强 p 的冲量为 $- \left[p A_{\mathrm{p}} \Delta t + \frac{\partial}{\partial x} (p A_{\mathrm{p}}) \Delta x \Delta t \right]$，所做的流动功为

$- \left[p u A_{\mathrm{p}} \Delta t + \frac{\partial}{\partial x} (p u A_{\mathrm{p}}) \Delta x \Delta t \right]$。

3）设推进剂装药的密度、燃速、焓和燃烧表面积分别以 ρ_{p}，r，H_{p} 和 A_{b} 表示，则在 Δt 时间内，由装药通道表面进入微元体的燃气质量和能量分别为

$$\rho_{\mathrm{p}} r \frac{\partial A_{\mathrm{b}}}{\partial x} \Delta x \Delta t$$

和

$$\rho_{\mathrm{p}} r \frac{\partial A_{\mathrm{b}}}{\partial x} H_{\mathrm{p}} \Delta x \Delta t$$

沿着通道表面分布的压强 p 在 x 轴方向上的冲量为 $p \frac{\partial A_{\mathrm{p}}}{\partial x} \Delta x \Delta t$。

综上所述，可写出微元体内燃气质量、动量和能量的守恒方程如下：

$$\frac{\partial}{\partial t} (\rho A_{\mathrm{p}} \Delta x) \Delta t = - \frac{\partial}{\partial x} (\rho u A_{\mathrm{p}}) \Delta x \Delta t + \rho_{\mathrm{p}} r \frac{\partial A_{\mathrm{b}}}{\partial x} \Delta x \Delta t$$

$$\frac{\partial}{\partial t} (\rho u A_{\mathrm{p}} \Delta x) \Delta t = - \frac{\partial}{\partial x} (\rho u^2 A_{\mathrm{p}}) \Delta x \Delta t - \frac{\partial}{\partial x} (p A_{\mathrm{p}}) \Delta x \Delta t + p \frac{\partial A_{\mathrm{p}}}{\partial x} \Delta x \Delta t$$

和

$$\frac{\partial}{\partial t} \left[\rho A_{\mathrm{p}} \left(\frac{u^2}{2} + E \right) \Delta x \right] \Delta t = - \frac{\partial}{\partial x} \left[\rho u A_{\mathrm{p}} \left(\frac{u^2}{2} + E \right) \Delta x \right] \Delta t -$$

$$\frac{\partial}{\partial x} (p u A_{\mathrm{p}}) \Delta x \Delta t + \rho_{\mathrm{p}} r \frac{\partial A_{\mathrm{b}}}{\partial x} H_{\mathrm{p}} \Delta x \Delta t$$

整理以上三式得

质量方程

$$\frac{\partial}{\partial t} (\rho A_{\mathrm{p}}) + \frac{\partial}{\partial x} (\rho u A_{\mathrm{p}}) = \rho_{\mathrm{p}} r \frac{\partial A_{\mathrm{b}}}{\partial x} \tag{2-309}$$

动量方程

$$\frac{\partial}{\partial t} (\rho u A_{\mathrm{p}}) + \frac{\partial}{\partial x} (\rho u^2 A_{\mathrm{p}} + p A_{\mathrm{p}}) = p \frac{\partial A_{\mathrm{p}}}{\partial x} \tag{2-310}$$

能量方程

$$\frac{\partial}{\partial t} \left[\rho A_{\mathrm{p}} \left(\frac{u^2}{2} + E \right) \right] + \frac{\partial}{\partial x} \left[\rho u A_{\mathrm{p}} \left(\frac{u^2}{2} + H \right) \right] = \rho_{\mathrm{p}} r \frac{\partial A_{\mathrm{b}}}{\partial x} H_{\mathrm{p}} \tag{2-311}$$

式中　$H = E + \dfrac{p}{\rho} = c_{\mathrm{p}} T = \dfrac{k}{k-1} R T$，是燃烧产物的焓。

除了上面三个方程以外，还应增加气体的状态方程

$$p = \rho R T \tag{2-312}$$

方程式（2-309）～式（2-311）中，出现的燃速 r 由推进剂燃速特性给定：

$$r = f(p, u)$$

A_b 和 A_p 则由装药几何结构和已燃去的肉厚 $e\left(e = \int_0^t r \mathrm{d}t\right)$ 来确定，而且 A_p 和 A_b 的变化保持一定的几何关系。在 Δt 时间内，推进剂装药已燃去的肉厚为 $r\Delta t$，设燃烧周界长度为 Π，则 Δt 时间内通道横截面积扩大：

$$\frac{\partial A_b}{\partial t} \Delta t = \Pi r \Delta t$$

因燃烧周界长度为

$$\Pi = \frac{\partial A_b}{\partial x}$$

故得

$$\frac{\partial A_p}{\partial t} = r \frac{\partial A_b}{\partial x} = r \Pi \tag{2-313}$$

此外，ρ_p, k, c_p 等为给定的推进剂常数。式（2-309）～式（2-312）等四个方程就组成了一维侧面燃烧装药发动机内弹道计算的基本方程，未知量为 p, u, ρ 和 T，自变量为 x 和 t。方程式的数量与未知量的数量相等，方程组是封闭的，只要给出适当的边界条件和初始条件，原则上就可以解出各未知量随 x 和 t 的变化。因此，这个方程组描述了燃气在燃烧室装药通道中的一维非定常流动。

（3）非定常方程组简化为准定常方程组。上述的一维非定常控制方程组是一组偏微分方程组，计算过程很繁复。在固体火箭发动机某些特定的工作情况下，如满足 $u \ll a, \rho \ll \rho_p$ 及 $\Delta A_p \ll A_p$ 等条件时，燃气的流动参数随时间变化很小，这时可认为燃气在通道中的运动是准定常的流动，即如果忽略控制方程组中对时间的偏导数各项，不致产生较大的误差。非定常控制方程组可简化为准定常方程组。

$$\frac{\mathrm{d}}{\mathrm{d}x}(\rho u A_p) = \rho_p r \frac{\mathrm{d}A_b}{\mathrm{d}x} \tag{2-314}$$

$$\frac{\mathrm{d}}{\mathrm{d}x}\left[(\rho u^2 + p) A_p\right] = p \frac{\mathrm{d}A_p}{\mathrm{d}x} \tag{2-315}$$

$$\frac{\mathrm{d}}{\mathrm{d}x}\left[\rho u A_p\left(\frac{u^2}{2} + H\right)\right] = \rho_p r \frac{\mathrm{d}A_b}{\mathrm{d}x} H_p \tag{2-316}$$

$$p = \rho R T \tag{2-317}$$

上述方程组中，未知量为 p, u, ρ 和 T，自变量为 x。

如果忽略燃气向燃烧室壁的散热损失和摩擦损失，一维准定常流动就可以看作绝能流动，此时得到一维准定常绝能流动的控制方程组。

$$\frac{\mathrm{d}}{\mathrm{d}x}(\rho u A_p) = \rho_p r \frac{\mathrm{d}A_b}{\mathrm{d}x} \tag{2-318}$$

$$\frac{\mathrm{d}}{\mathrm{d}x}\left[(\rho u^2 + p) A_p\right] = p \frac{\mathrm{d}A_p}{\mathrm{d}x} \tag{2-319}$$

$$c_p T + \frac{u^2}{2} = c_p T_f \tag{2-320}$$

$$p = \rho R T \tag{2-321}$$

（4）一维侧面燃烧装药发动机内弹道的数值求解。火箭发动机的工作段一般都能满足 $u \ll a, \rho \ll \rho_\mathrm{p}$ 及 $\Delta A_\mathrm{p} \ll A_\mathrm{p}$ 的条件，可以利用一维准定常方程组计算沿燃烧室轴线方向的压强、密度、速度和温度等流动参数。

1）控制方程组的整理。控制方程组内包含微分方程，一般要用数值方法求解，为了便于计算机计算，需将微分方程组进行整理。用状态方程消去微分方程中的 $\mathrm{d}\rho/\mathrm{d}x$，整理成如下形式：

$$\frac{\mathrm{d}p}{\mathrm{d}x} = \frac{\rho u^2}{A_\mathrm{p}} \frac{a^2}{a^2 - u^2} \frac{\mathrm{d}A_\mathrm{p}}{\mathrm{d}x} - \frac{\rho_\mathrm{p} r \Pi u}{A_\mathrm{p}} \left[\frac{2a^2 + (k-1) u^2}{a^2 - u^2} \right] \tag{2-322}$$

$$\frac{\mathrm{d}u}{\mathrm{d}x} = \frac{\rho_\mathrm{p} r \Pi}{\rho A_\mathrm{p}} \frac{a^2 + k u^2}{a^2 - u^2} - \frac{a^2 u}{A_\mathrm{p}(a^2 - u^2)} \frac{\mathrm{d}A_\mathrm{p}}{\mathrm{d}x} \tag{2-323}$$

$$c_\mathrm{p} T + \frac{u^2}{2} = c_\mathrm{p} T_\mathrm{f} \tag{2-324}$$

$$p = \rho R T \tag{2-325}$$

2）边界条件。控制方程简化以后，描述通道中燃气流动的是一组一维准定常的常微分方程，各点气流参数似乎只是距离 x 的函数，而与时间 t 无关。但是，应该看到，方程组中所包含的 $A_\mathrm{p}, A_\mathrm{b}$ 和 Π 都是随着燃烧的时间在变化的，只是在解上述方程时，对应于一定的时间，把它看作一定值，不计其对时间的变化，而在另一时刻，它们却是另一个定值，由此可以得出另一时刻下的相应的气流参数沿轴向的分布。因此，通道中各点的气流参数，仍然是 x 和 t 的函数，通常用 $p(x,t), u(x,t), A_\mathrm{p}(x,t)$ 等来表示。

一般先从 $t=0$ 开始计算，此时的 $A_\mathrm{p}, A_\mathrm{b}, \Pi$ 都是根据装药几何给定的。然后随着 t 的增加，在不同时刻，根据燃烧的进程，按照装药几何确定其不同的 $A_\mathrm{p}, A_\mathrm{b}$ 和 Π。

主要问题是在解准定常方程组所需要的边界条件。不同类型的发动机，装药形式不同，因此边界条件也不相同，现分析如图 2-41 所示的贴壁浇注内孔燃烧装药发动机的边界条件。

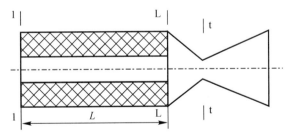

图 2-41　具有内孔燃烧装药的发动机

在装药通道起始截面（1—1），即 $x=0$ 处，一般有

$$u(0,t) = 0$$

$$p(0,t) = p_1$$

$$T(0,t) = T_\mathrm{f}$$

$$\rho(0,t) = \rho_1 = \frac{p_1}{R T_\mathrm{f}}$$

在装药出口截面 L—L，即 $x=L$ 处，假设从 L—L 截面到喷管进口截面之间燃气为等熵流动，并假定装药后部端面包覆阻燃，无燃气加入流动，可以认为 L—L 截面燃气质量流率等于

喉部截面 t—t 的质量流率,因此

$$\rho_L u_L A_{pL} = \frac{\Gamma}{\sqrt{RT_f}} A_t p_{0L} \qquad (2-326)$$

式中 p_{0L} 是 L—L 截面处燃气的滞止压强。

这就是在上述条件下装药通道出口截面的边界条件。

$$p_{0L} = \frac{p_L}{\pi(\lambda_L)}$$

而

$$\pi(\lambda_L) = \left(1 - \frac{k-1}{k+1}\lambda_L^2\right)^{\frac{k}{k-1}}$$

$$\lambda_L = \frac{u_L}{\sqrt{\dfrac{2}{k+1}RT_f}}$$

$$\Gamma = \sqrt{k}\left(\frac{2}{k+1}\right)^{\frac{k+1}{2(k-1)}}$$

式(2-326)可用于迭代计算中检验头部压强的假设值是否正确。

3) 迭代计算。在求解微分方程之前,必须先选定燃烧室头部压强 p_1,作为一个边界条件。由于 p_1 本身也是一个未知数,需求解内弹道方程才能求出,所以只能先选定一个假设值。现用考虑侵蚀燃烧的平衡压强公式来估算 $t=0$ 时的 p_1:

$$p_1 = \left[\rho_p c^* a \frac{A_{b0}}{A_t} f(\lambda_L) \frac{\bar{r}}{r_0}\right]^{\frac{1}{1-n}} \qquad (2-327)$$

式中 $f(\lambda_L) = p_1/p_{0L}$——装药通道进口与出口处滞止压强之比,它的求法是:由 $J_0 = A_t/A_{p0}$ $= q(\lambda_L)$ 查气动函数表求出 λ_L,再根据 λ_L 查出 $f(\lambda_L)$。

$\bar{r}/r_0$——根据试验结果得到的侵蚀系数的经验平均值;

如果发动机经过了静止点火试验,也可根据静止点火试验结果来选定头部压强的假设值。

对于以后的各个瞬时,由于 p_1 是时间的连续函数,所以总是把瞬时 t 的头部压强,作为后一瞬时 $(t+\Delta t)$ 的头部压强的初次假设值,直到燃烧结束为止。

为了检验所假设的头部压强 p_1 是否正确,在对微分方程进行数值求解的过程中,必须对流率、压强和燃速进行迭代,来求得某一瞬时的喷管流率和某一瞬时、某一位置的压强和燃速。

选定 p_1 的假设值以后,就可以求解微分方程组,求出 p,u,ρ 和 T 沿通道长度的分布。解微分方程时,必须满足装药通道出口截面 L—L 上的燃气流率等于喉部截面 t—t 的流率的边界条件。

根据总压与静压的关系,装药通道出口燃气的总压为

$$p_{0L} = \frac{p_L}{\pi(\lambda_L)} = \frac{p_L}{\left(1 - \dfrac{k-1}{k+1}\lambda_L^2\right)^{\frac{k}{k-1}}} \qquad (2-328)$$

对于内孔燃烧装药,喷管流率等于装药通道出口的燃气流率,也就是通道燃烧表面上的燃气质量生成率,即

$$m_{\mathrm{t}} = \frac{p_{\mathrm{c}} A_{\mathrm{t}}}{c^{*}} = \rho_{\mathrm{p}} \int_{0}^{L} r \Pi \,\mathrm{d}x \qquad (2-329)$$

若不计喷管出口以后的流动损失,可近似认为喷管进口总压 p_{c} 等于装药通道出口截面总压 p_{0L},故

$$p_{0L}' = \frac{c^{*} \rho_{\mathrm{p}}}{A_{\mathrm{t}}} = \int_{0}^{L} r \Pi \,\mathrm{d}x \qquad (2-330)$$

如果头部压强 p_1 的假设值等于真值,则计算得到的装药通道出口总压 p_{0L} 应等于根据喷管流率关系得到的装药通道出口总压 p_{0L}'。实际上 p_1 的假设值一般不等于真值,因此 $p_{0L} \neq p_{0L}'$,这时需要修正 p_1 值,重新计算,使之满足质量流率关系式(2-329),也就是使 $p_{0L} = p_{0L}'$。因此,必须连续地迭代下去,直到满足一定的精度为止。一般要求的精度为 $\varepsilon = 0.005$,即到 $\varepsilon = |\ p_{0L}'/p_{0L} - 1\ | \leqslant 0.005$ 时,迭代才结束。

在流率迭代过程中,燃烧室头部压强和沿燃烧室长度方向各点的压强、流速也随着接近真实值。

4) 计算步骤。

a. 空间划分。为了计算某一瞬时沿装药长度不同位置上的气流参数,可将装药长度分成若干段(例如分为 m 段),并计算每段的长度。从装药头部截面开始,依次计算各个截面,直到装药末端截面为止。算完这一瞬时,再转入下一瞬时。

b. 时间划分。时间的划分根据肉厚来定,将装药前端处的初始肉厚分为若干等分(例如分为 n 等分),计算每份肉厚。计算时就取各份肉厚之间所对应的瞬时。由于燃速是随时间变化的,所以按等分划分的肉厚,所对应的时间一般并不是等分的。

c. 假设一个头部压强 p_1。假设值的选定是否接近实际值将影响计算反复次数和计算时间。

d. 计算装药几何参数。根据装药形式和尺寸计算燃烧周边长度 Π、燃烧表面积 A_{b} 和通气截面积 A_{p}。如果装药形状复杂,可列出装药几何计算子程序。

e. 计算发动机几何参数。根据给定的发动机尺寸计算喉部截面积 A_{t} 和燃喉比 K。

f. 计算燃气特性。根据给定的燃烧产物热力性能计算 Γ 函数、气体常数 R、临界声速 a^{*} 和组合参数 R_{c} 等参数。

g. 计算燃速。根据给定的推进剂特性,计算装药各计算截面上的燃速 r。

h. 计算各燃烧瞬时各截面上的气流参数。用龙格-库塔法求解微分方程组,算出各截面上压强 p、密度 ρ、温度 T、速度 u 和燃速 r 的值。

$$\begin{cases} \dfrac{\mathrm{d}p}{\mathrm{d}x} = \dfrac{\rho u^{2}}{A_{\mathrm{p}}} \dfrac{a^{2}}{a^{2}-u^{2}} \dfrac{\mathrm{d}A_{\mathrm{p}}}{\mathrm{d}x} - \dfrac{\rho_{\mathrm{p}} r \Pi u}{A_{\mathrm{p}}} \left[\dfrac{2a^{2}+(k-1)u^{2}}{a^{2}-u^{2}} \right] = f_{1}(x,p,\rho,T,u) \\[3mm] \dfrac{\mathrm{d}u}{\mathrm{d}x} = \dfrac{\rho_{\mathrm{p}} r \Pi}{\rho A_{\mathrm{p}}} \dfrac{a^{2}+ku^{2}}{a^{2}-u^{2}} - \dfrac{a^{2}u}{A_{\mathrm{p}}(a^{2}-u^{2})} \dfrac{\mathrm{d}A_{\mathrm{p}}}{\mathrm{d}x} = f_{2}(x,p,\rho,T,u) \\[3mm] c_{\mathrm{p}} T + \dfrac{u^{2}}{2} = c_{\mathrm{p}} T_{\mathrm{f}} \\[2mm] p = \rho R T \\[2mm] r = \varepsilon a p^{n} \end{cases}$$

气流参数的计算也单独编制一个子程序。

i. 流率迭代。根据燃气生成率应与喷管流率相等的原则,检验头部压强假设值 p_{01} 的准确

性。由气动函数公式计算 L—L 截面上的燃气总压 p_{0L1}。由燃气生成率公式计算 L—L 截面上的燃气总压 p_{0L2}。如果 $|p_{0L2}/p_{0L1}-1|>\varepsilon$，则重新假设一个头部压强 $p'_{01}=p_{01}\times(p_{0L2}/p_{0L1})$，返回本步骤第 c 步，重新计算，直到相邻两次计算结果都满足 $|p_{0L2}/p_{0L1}-1|<\varepsilon$。

计算主程序框图如图 2-42 所示。

2. 等截面通道装药发动机内弹道学

侧面燃烧装药发动机的药柱通道一般分为等截面通道和变截面通道两大类。那么，为了简化内弹道计算，最常采用的处理方法是，当侧面燃烧装药发动机药柱通道的横截面积沿药柱长度方向变化不大或就是等截面通道时，则采用等截面通道装药发动机内弹道计算的基本控制方程组，从而简化计算过程。实际上很多侧面燃烧装药的药柱通道沿长度方向变化不大，可以近似地认为通道的横截面积沿长度不变而不致引起太大的误差。当然，整个药柱通道由于推进剂燃烧而随发动机工作时间增大，但大多数发动机中都能符合前文所述的准定常条件，仍可按准定常过程来处理。在这种情况下，一维准定常方程组式(2-314)～式(2-317)可以作相应的简化而得到等截面通道装药发动机内弹道计算的基本控制方程组。

(1) 基本假设。

1) 燃烧产物是具有平均性质的单一成分气体，服从理想气体状态方程；

2) 燃气在燃烧室和喷管中的流动均为准定常流动；

3) 装药通道横截面积沿轴向(即药柱长度方向)不变(但通道横截面积随发动机工作时间而变化)；

4) 不计摩擦和热损失；

5) 单位质量燃气的总能量等于气流的滞止焓，即燃气的滞止温度等于推进剂的绝热燃烧温度。

(2) 基本方程。根据以上基本假设，可以将一维准定常方程组式(2-314)～式(2-317)简化为如下方程组：

1) 质量守恒方程

$$A_{p}\frac{\mathrm{d}}{\mathrm{d}x}(\rho u)=\rho_{p}r\Pi \qquad (2-331)$$

或

$$\frac{\mathrm{d}(\rho u)}{\mathrm{d}x}=\frac{\Pi}{A_{p}}\rho_{p}r \qquad (2-331)'$$

2) 动量守恒方程

$$\mathrm{d}(\rho u^{2}A_{p})=-A_{p}\mathrm{d}p \qquad (2-332)$$

或

$$\mathrm{d}(\rho u^{2})=-\mathrm{d}p \qquad (2-332)'$$

3) 能量方程

$$\frac{\mathrm{d}}{\mathrm{d}x}\left[\rho uA_{p}\left(\frac{u^{2}}{2}+H\right)\right]=\rho_{p}r\Pi H_{p} \qquad (2-333)$$

或

$$\frac{\mathrm{d}}{\mathrm{d}x}\left[\rho uA_{p}\left(\frac{u^{2}}{2}+H-H_{p}\right)\right]=0 \qquad (2-333)'$$

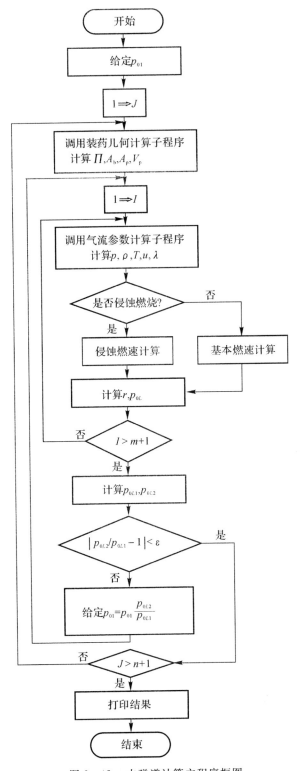

图 2-42　内弹道计算主程序框图

4）状态方程

$$p = \rho R T \qquad (2-334)$$

对于图 2-38 所示的等截面通道情况，截面 1—1 表示装药通道的最前端（即燃烧室头部），气流参数用 p_1,T_1,ρ_1,u_1 等表示；截面 L—L 表示装药通道的末端，此截面的参数用 p_L,T_L,ρ_L,u_L 等表示；通道中间任一截面 x 处的气流参数用 p,T,ρ,u 等表示。由于 1—1 截面的气流速度 $u_1=0$，所以 1—1 截面的气流参数就是滞止参数。因此方程组的边界条件为

$$\left.\begin{array}{c} x=0, \quad u_1=0 \\ T_1=T_{01}=T_{\mathrm{f}} \end{array}\right\} \qquad (2-335)$$

$$\left.\begin{array}{l} p_1=\rho_1 R T_1=p_{01} \\ x=L, \quad \rho_L u_L A_{\mathrm{p}}=\dfrac{A_{\mathrm{t}} p_{0L}}{c^*} \end{array}\right\} \qquad (2-336)$$

（3）装药通道中气流参数的变化。

1）温度 T 与速度系数 λ 的关系

$$\frac{T}{T_0}=\frac{T}{T_1}=1-\frac{k-1}{k+1}\lambda^2=\tau(\lambda) \qquad (2-337)$$

由此可根据气动函数 $\tau(\lambda)$ 从 T_0 或 T_1 计算出 T 与 λ 的关系。温度随 λ 的变化趋势如图 2-43 所示。

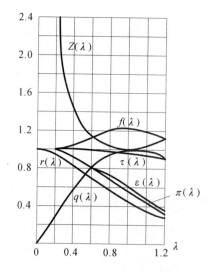

图 2-43　$k=1.15$ 时气动函数的变化特征

2）压强 p 与速度系数 λ 的关系

$$\frac{p}{p_1}=\frac{1-\dfrac{k-1}{k+1}\lambda^2}{1+\lambda^2}=r(\lambda) \qquad (2-338)$$

由此可以确定任一截面上压强 p 与速度系数 λ 的关系（见图 2-43）。

3）密度 ρ 与速度系数 λ 的关系

$$\frac{\rho}{\rho_1} = \frac{p}{p_1}\frac{T_1}{T} = \frac{r(\lambda)}{\tau(\lambda)} = \frac{\dfrac{1 - \dfrac{k-1}{k+1}\lambda^2}{1+\lambda^2}}{1 - \dfrac{k-1}{k+1}\lambda^2} = \frac{1}{1+\lambda^2} = \varepsilon(\lambda) \qquad (2-339)$$

ρ 随 λ 的变化如图 2-43 所示。

4）总压 p_0 与速度系数 λ 的关系

$$\frac{p_0}{p_1} = \frac{p_0}{p}\frac{p}{p_1} = \frac{r(\lambda)}{\pi(\lambda)} = \frac{\dfrac{1 - \dfrac{k-1}{k+1}\lambda^2}{1+\lambda^2}}{\left(1 - \dfrac{k-1}{k+1}\right)^{\frac{k}{k-1}}} = \frac{1}{(1+\lambda^2)\left(1 - \dfrac{k-1}{k+1}\lambda^2\right)^{\frac{1}{k-1}}} = \frac{1}{f(\lambda)} \qquad (2-340)$$

$f(\lambda)$ 的倒数又定义为 $\sigma(\lambda)$，即

$$\frac{p_0}{p_1} = \sigma(\lambda) = \frac{1}{(1+\lambda^2)\left(1 - \dfrac{k-1}{k+1}\lambda^2\right)^{\frac{1}{k-1}}} \qquad (2-341)$$

由以上所述，在已经知道了 1—1 截面的气流参数的条件下，利用上述关系式和气动函数表可以比较方便地确定任一截面上的气流参数 p, p_0, T 和 ρ 等与速度系数 λ 的关系。

5）速度系数 λ 与 x 的关系

$$\frac{x}{L} = \frac{\displaystyle\int_0^\lambda \frac{\dfrac{1}{\lambda^2}-1}{Z^2(\lambda)r^n(\lambda)\varepsilon}\mathrm{d}\lambda}{\displaystyle\int_0^{\lambda_L} \frac{\dfrac{1}{\lambda^2}-1}{Z^2(\lambda)r^n(\lambda)\varepsilon}\mathrm{d}\lambda} \qquad (2-342)$$

在计算中常用的气动函数关系式列在表 2-3。气动函数的数值可查阅相关资料。

表 2-3　气动函数公式表

函数名称	定　义	表达式
$\tau(\lambda)$	$\dfrac{T}{T_0}$	$1 - \dfrac{k-1}{k+1}\lambda^2$
$\pi(\lambda)$	$\dfrac{p}{p_0}$	$\left(1 - \dfrac{k-1}{k+1}\lambda^2\right)^{\frac{k}{k-1}}$
$\varepsilon(\lambda)$	$\dfrac{\rho}{\rho_0}$	$\left(1 - \dfrac{k-1}{k+1}\lambda^2\right)^{\frac{1}{k-1}}$
$q(\lambda)$	$\dfrac{\rho u}{\rho^* a^*}$	$\left(\dfrac{k+1}{2}\right)^{\frac{1}{k-1}}\lambda\left(1 - \dfrac{k-1}{k+1}\lambda^2\right)^{\frac{1}{k-1}}$
$f(\lambda)$	$\dfrac{p+\rho u^2}{p_0}$	$(1+\lambda^2)\left(1 - \dfrac{k-1}{k+1}\lambda^2\right)^{\frac{1}{k-1}}$
$r(\lambda)$	$\dfrac{p}{p+\rho u^2}$	$(1+\lambda^2)^{-1}\left(1 - \dfrac{k-1}{k+1}\lambda^2\right)$
$Z(\lambda)$	$\dfrac{(p+\rho u^2)A_p}{(p_1+\rho^* a^{*2})A_p}$	$\dfrac{1}{2}\left(\lambda + \dfrac{1}{\lambda}\right)$

（4）喉通比 J。喉通比 J 是固体火箭发动机的一个重要设计参数。它定义为喷管喉部截面积 A_t 与装药通道出口截面积 A_p 之比，即

$$J = \frac{A_t}{A_p} \tag{2-343}$$

它表征了装药通道出口气流速度的大小，λ_L 的数值主要取决于它。

由气动函数 $q(\lambda)$ 的定义可知，

$$J = \frac{A_t}{A_p} = q(\lambda_L) = \frac{\rho u}{\rho^* a^*} = \left(\frac{k+1}{2}\right)^{\frac{1}{k-1}} \lambda_L \left(1 - \frac{k-1}{k+1}\lambda_L^2\right)^{\frac{1}{k-1}} \tag{2-344}$$

由此可知，喉通比 J 是装药通道出口处速度系数 λ_L 的函数。在 J 值确定以后，就可以由 $q(\lambda) = J$ 来求得 λ_L，即由 J 值直接从气动函数表中查出 λ_L。按照式（2-342）可以用数值积分法计算出 λ 随 x/L 的变化关系。由此可以进一步计算出其他气流参数随 x/L 的变化。

（5）考虑装药通道中燃气流动情况下燃烧室头部压强的计算。由于装药通道中燃气的流动，所以燃烧室内的燃气压强沿装药通道长度方向有所下降。而燃烧室头部的压强 p_1（也就是装药通道入口处的压强）是整个装药通道中的最大压强，在发动机试验时可以用传感器在燃烧室头部直接测得。为了将理论计算结果与试验结果相比较，计算燃烧室头部压强 p_1 随工作时间的变化规律是一维内弹道计算（即考虑装药通道中燃气流动情况下的内弹道计算）核心内容之一。

1）燃气流动情况下装药表面平均燃速的计算。由于装药通道内燃气流动的影响，装药燃面不同部分的燃速也不相同。为了使问题简化，定义一个平均燃速和燃速比。

$$\bar{r} = \frac{\sum \Delta A_b r \rho_p}{\rho_p A_b} = \frac{\sum \Delta A_b r}{A_b} \tag{2-345}$$

平均燃速是一个等效燃速。一旦确定了平均燃速，就可以应用"平衡压强"的概念来计算考虑装药通道中燃气流动情况下燃烧室头部压强随时间变化的过程。

$$\frac{\bar{r}}{r_1} = 2 \times \left[Z(\lambda_L) \int_0^{\lambda_L} \frac{\frac{1}{\lambda^2} - 1}{Z^2(\lambda) r^n(\lambda) \varepsilon} d\lambda \right]^{-1} \tag{2-346}$$

在推进剂选定之后，燃速比只是喉通比的函数。燃速比既要受静压的影响，也要受侵蚀燃烧的影响。

2）燃气流动情况下燃烧室头部压强的计算。

$$p_1 = \left[\rho_p c^* a K f(\lambda_L) \frac{\bar{r}}{r_1} \right]^{\frac{1}{1-n}} = p_{c,eq} \left[f(\lambda_L) \frac{\bar{r}}{r_1} \right]^{\frac{1}{1-n}} \tag{2-347}$$

式中　　$p_{c,eq}$——不考虑气体流动影响时的平衡压强；

　　　　$f(\lambda)$——燃气流动使总压下降对燃烧室头部的影响；

　　　　$\bar{r}/r_1$——同时含有静压下降和侵蚀的影响。

3）峰值比。在侧面燃烧装药的发动机中，由于装药通道内燃气流速增大、侵蚀燃烧效应比较显著，所以在燃烧室压强随时间变化的曲线上出现初始压强峰，在大多数情况下，这一初始压强峰往往就是发动机整个工作过程中的最高压强。在发动机结构设计中，就是根据这一压强峰值来要求发动机的承载能力的。因此，初始压强峰值是一个比较重要的设计参数。为了判断燃气流动，特别是侵蚀燃烧对燃烧室压强的影响，定义一个无因次参数：

$$p_r = \frac{p_{1,max}}{p_{c,eq}}$$

(2-348)

在苏联的资料中,比较习惯于用波别多诺士采夫准则(即通气参量 æ)来表示装药通道内气体流动对压强的影响。实际上,æ 与 J 之间存在着如下的简单关系:

$$æ = KJ$$

(2-349)

因此,对于单通道发动机,æ 和 J 没有实质性区别。但是对多通道发动机来说,应用 æ 值作为判断侵蚀影响的判据特别方便,这是因为各个通道都有自己的 æ 值。

2.7.4　固体火箭发动机点火和熄火过程

1. 固体火箭发动机点火

固体火箭发动机根据操作指挥人员或某种自动控制系统发出的指令开始工作。指令信号先使发动机点火器的发火系统启动工作,发火系统再点燃能量释放系统,形成两级点火,能量输出逐级放大,产生足以保证点燃主推进剂装药所需的高温燃烧产物。它们通过热传导、对流、辐射以及其中灼热质点对表面的撞击等方式将热量传递给推进剂,使推进剂表面温度升高到着火点,产生燃烧火焰。如果点火正常,则燃烧将能自动延续下去。点火是发动机开始工作的第一步,点火过程的完善程度对发动机工作有重要影响。

下面将就点火器、点火机理和点火过程计算三个问题进行讨论。

(1)点火器。点火器的形式与结构随发动机和推进剂装药不同而有很大的差异,一般可以分为发火系统和能量释放系统两个基本部分。

1)发火系统。发火系统含有发火药,发火药产生的热量,用来点燃能量释放系统的点火药。发火药的成分,视激发发火系统工作的外加能源种类而不同,目前普遍使用的激发能源是电能。当按下发射按钮时,电流便由点火电源通过埋在发火药中的有一定电阻的细金属丝,使金属丝发热,因此发火药主要成分是热敏药,如三硝基苯间二酚铅等。发火系统的激发能源也可能使用机械能(机械撞击)、化学能(两种化学物质的化学反应)、冲击波或激光束等,这时发火药也相应地包含对上述能量敏感的物质。

2)能量释放系统。能量释放系统的主体是点火药。点火药先靠发火药点燃,然后再用来点燃主发动机的推进剂装药。点火药的种类和型号规格繁多,大致可以分为三类:黑火药、烟火剂和复合推进剂。

早期的固体火箭发动机多采用黑火药作为点火药。现代黑火药的成分包含木炭、硫和硝酸钾,大体上仍沿袭我国古代发明黑火药时所采用的配方,对于双基推进剂来说,一般使用黑火药就可满足点火要求。含铝复合推进剂要求能量更高的点火药,因此普遍采用由金属粉(铝、镁、锆、硼等)和氧化剂(过氯酸钾、硝酸钾、聚四氟乙烯等)组成的烟火剂点火药,它们加上少量黏合剂混合后经过造粒或压成药片使用,点火药颗粒尺寸越大,则燃烧时间就越长。

烟火剂点火药在小型火箭发动机上广泛使用,现代大、中型固体火箭发动机点火器多采用专供点火用的复合推进剂作为点火药,这时点火器如同一个小型火箭发动机的燃烧室。燃烧产物经由定向喷孔喷出,用来点燃主装药。由于要求在极短的点火时间内产生大量点火药燃烧产物,所以通常采用高燃速、薄肉厚、大燃面的星形内孔或轮辐形内孔推进剂装药。这种点火器有时称为点火发动机,它的性能可用燃烧产物流率、总流量、工作时间、燃烧产物温度、凝相微粒含量以及热流密度的空间分布等参数来表示。

(2)点火过程的机理。点火信号的能量输出经过发火系统和能量释放系统的传递及放大后,点火器产生高温的燃烧产物,喷射到推进剂装药表面和装药通道中。随后,经历了一系列物理化学过程(见图2-44),才完成点火。

实际点火过程中,推进剂表面上各处温度不是均匀升高的,在某些分散的点上表面温度首先达到发火点,产生燃烧火焰。推进剂的其他部位,或是由于点火器燃烧产物的继续加热,或是由于推进剂已燃表面上的火焰向未燃表面的传播,相继达到发火温度。

成功的点火应保证在撤去点火源后,即点火器工作完毕后,推进剂能继续自持燃烧。为此点火时施加到推进剂上的点火能量应保证有一定的加热深度,即有一定厚度的加热层,这样可使推进剂表面层贮存足够的热量,保证只依靠燃烧区反馈热流就可继续点燃推进剂。

点火器燃烧产物所形成的压强一般较低,随着推进剂表面被点燃以及火焰的传播,燃气生成量迅速增加,压强很快上升,点火阶段的压强上升率是很高的,可达 $10^2 \sim 10^4$ MPa/s。

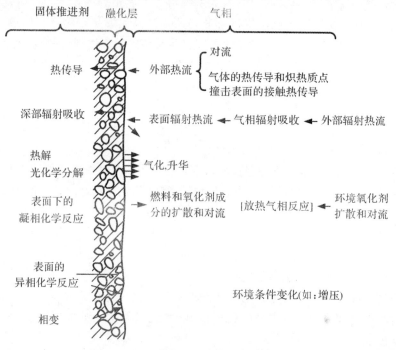

图2-44 固体推进剂点火的物理化学过程

发动机喷管中通常装有密封堵盖,保护发动机在贮存和运输中不受外界环境(如尘土、盐雾、潮气等)的影响。同时在点火阶段使燃烧室内暂时保持一个封闭空间,有利于迅速点火升压。在高空或宇宙空间点火的发动机,例如第二级或第三级火箭发动机,都采用气密堵盖,在燃烧室内充填一定压强的气体(如氮气或氦气),保证安全贮存和可靠点火。当燃烧室压强达到一定值时,便将喷管堵盖吹脱。

点火的成败和好坏通常用点火延迟时间 t_{ID} 来衡量。点火延迟时间的基本定义是,从施加外部激励开始到确认装药表面已点燃的瞬时所经历的时间。由于实际应用中判断点燃的标准不同,所以点火延迟时间可以有很多不同的定义,例如可以规定为从向点火器通电到燃烧室内达到一定压强所需要的时间。除了在特殊场合下采用延时机构控制点火时间外,所有火箭都要求点火延迟时间要短。对战术火箭来说，t_{ID}加长会贻误战机，对采用发动机束的大型运载火箭来说，t_{ID}加长使点火同步性变坏。当 t_{ID} 超过一定数值时，往往伴随着压强峰过高或断续燃烧，这时应认为点火失败。

点火延迟时间由以下几部分组成：发火系统延迟时间、能量释放系统延迟时间和主装药点火延迟时间。前两部分时间很短，主要是主装药点火延迟时间，它与推进剂物理化学性质、环境条件（初温、压强、环境气体成分等）、燃烧室空腔自由容积及点火能量有关。近年来在这方面已做过大量试验和理论研究。从外加热量施加于推进剂表面到开始点燃的这段时间中，存在着前面提到的多种物理化学过程，其中有的过程对于促进固相持续分解和气相反应的自持燃烧起着核心和关键的作用，可称为控制过程。根据对控制过程理解的不同，提出了不同的点火理论如固相点火理论、气相点火理论和异相点火理论。

固相点火理论认为，由外热流传到推进剂表面的热量，以及固体推进剂表面层内的固相放热化学反应产生的热量，使推进剂表面温度升高，在考虑到固相热传导和推进剂表面层对能量的吸收等因素的情况下，可以求得推进剂表面层以下的温度场，经过一定时间后，当表面温度达到推进剂点火温度时，推进剂即点燃，主要依靠固相的反应，形成自持燃烧。从外加热流开始向推进剂施加能量，到推进剂表面达到点火温度所需要的时间，即为点火延迟时间。双基推进剂在高温下存在放热的固相分解过程，它的分解速率对点火有显著的影响，所以固相点火理论对解释双基推进剂的点火过程是有效的，由于复合推进剂在固相中也可能发生点火前反应，所以固相点火理论也能说明复合推进剂在点火中的某些现象。固相点火理论的根本缺点是它未能包括环境条件对点火的影响。

气相点火理论假定：环境的热氧化性气体引起燃料吸热分解，燃料气体扩散到氧化性气体中，发生放热反应，放热反应速度取决于燃料气体和氧化剂气体的浓度和温度。气相点火理论考虑了环境气体的组成及压强对推进剂点火特性的影响。试验说明在复合推进剂点火中，气相反应所占的地位，比在双基推进剂点火中更为重要，因为在复合推进剂中发生大量持续放热之前，必须使燃料同氧化剂组元形成分子接触。

异相点火理论的提出基于如下事实：某些氧化性气体或液体（如三氟化氯 ClF_3）与固体推进剂接触时，能发生放热反应而自燃点火。异相点火理论假定在氧化性气体与固体推进剂之间的表面的反应产生热量，热量向固体及气体中传递，当推进剂表面上温度的增长率达到一定程度时，便认为推进剂点燃。氧化性气体的浓度对表面反应有显著影响。

在发展点火理论的同时，进行了大量的试验研究，采用热气流、激波管、电弧映像炉和激光等作为模拟的点火能源，控制推进剂试片环境气体的压强、温度和组成等参数，向试片施加不同的点火能流率和点火能量，测定各种固体推进剂的点火特性。

通过试验和理论研究，获得了各种因素对点火过程影响的结论。例如：当外加热流密度，环境气体的压强、初温和氧化剂含量，推进剂的初温和表面粗糙度，推进剂表面的热气流流速，异相点火中的表面反应活化能，以及气相反应速率等参数增大时，都能使点火延迟时间 t_{ID} 缩短。而推进剂中氧化剂粒度增大时，或推进剂的导热系数、密度和比热增大时，都使点火延迟时间 t_{ID} 延长。

（3）燃烧室内点火药燃烧产物的压强计算。点火器开始工作后，它的燃烧产物喷入燃烧室，燃烧室压强迅速上升。压强增长过程可分为三个阶段：第一阶段从点火器开始工作到喷管堵膜破裂为止，第二阶段到主装药开始点燃为止，第三阶段到点火药烧完为止。下面分别进一步研究各阶段中燃烧室压强变化的情况。

第一阶段：从点火器开始工作到喷管堵膜破裂为止，点火药燃烧产物充填由燃烧室自由空间组成的密闭空腔。

$$p_0 = p\mathrm{e}^{\frac{\varphi_i A_{ig} a_{ig} \rho_{ig} R_{ig} T_{ig}}{V_c} t} \tag{2-350}$$

式中　φ_i——点火药燃烧产物中气体含量的质量分数；

A_{ig}——点火药燃烧表面积；

a_{ig}——点火药燃速系数；

ρ_{ig}——点火药密度；

R_{ig}——点火药燃烧产物的气体常数；

T_{ig}——点火药燃烧产物的温度；

V_c——燃烧室初始自由容积。

利用式（2-350）可以作出压强 p 随时间 t 变化的曲线，一直到燃烧室压强等于设计的喷管堵膜破裂压强为止，这时第一阶段结束，进入第二阶段。

将式（2-350）改写为

$$t = \frac{V_c}{\varphi_i A_{ig} a_{ig} \rho_{ig} R_{ig} T_{ig}} \ln \frac{p}{p_0}$$

以堵膜破裂压强 p_m 代替上式中的 p 后，可求得点火器工作的第一阶段的时间为

$$t_m = \frac{V_c}{\varphi_i A_{ig} a_{ig} \rho_{ig} R_{ig} T_{ig}} \ln \frac{p_m}{p_0} \tag{2-351}$$

第二阶段：从喷管堵膜破裂的瞬间开始，到主装药燃烧表面开始点火为止。在第二阶段中，点火器继续工作，点火药燃烧产物不断进入燃烧室，其中一部分经喷管排出，一部分留在燃烧室内，以填充由于点火药烧去后所空出的容积，以及改变燃烧室内燃烧产物的密度。这一情况与主装药开始点燃后的情况相似，所不同的只是这里的工质全部是点火药的燃烧产物。因此，与前面相仿，可以推导出第二阶段中燃烧室压强与工作时间的关系式，其中假设点火药燃烧产物以超临界状态从燃烧室向外流出，并采用 $r_{ig} = a_{ig} p_{ig}^n$ 表示点火药的燃烧规律，式中，n 为点火药燃速的压强指数。由此得到

$$t = \frac{1}{1-n} \frac{V_c}{\Gamma_{ig}^2 c_{ig}^* A_t} \ln \left[\frac{\rho_{ip} c_{ig}^* a_{ig} K_{ig} - p_m^{1-n}}{\rho_{ig} c_{ig}^* a_{ig} K_{ig} - p_{ig}^{1-n}} \right] \tag{2-352}$$

式中　Γ_{ig}——点火药燃烧产物比热比的函数，$\Gamma_{ig} = \dfrac{\sqrt{R_{ig} T_{ig}}}{c_{ig}^*}$；

c_{ig}^*——点火药特征速度；

A_t——发动机喉部截面积；

K_{ig}——点火药燃烧表面积与喉部面积之比，$K_{ig} = A_{ig}/A_i$；

p_m——喷管堵膜破裂压强；

p_{ig}——燃烧室内点火药燃烧产物的瞬时压强。

选定一个大于 p_m 的压强值 p_{ig}，就可由式（2-352）求得相应的时间 t，由此作为第二阶段中压强随时间的变化曲线。

第三阶段：从主装药开始点燃起，到点火药烧完为止，这时点火药与主装药同时燃烧。一般希望这阶段尽可能短些，因为主装药点着以后，剩下的点火药便是多余的了。计算点火药量

时,为了保证各种条件下都能可靠点火,往往使点火药与主装药的燃烧有一段重合时间。由于这时主装药的燃气生成率要比点火药的燃气生成率大得多,后者对燃烧室压强的影响一般可以忽略,因此从本阶段起可以把主装药燃气作为主体来计算燃烧室压强的变化。

以上所述,大体上是指发动机正常点火起动过程中的压强变化,如图 2-45 中曲线 *b* 所示。但在实际工作中,由于点火器的设计不正确,往往出现非正常的压强变化。例如,由于点火药量太少,点火能量不足,将使点火延迟期太长,如图 2-45 中曲线 *c* 所示,甚至不能点着主装药。另外,如果点火药量过多,点火能量过大,可以导致点火压强峰过高,如图 2-45 中曲线 *a* 所示。这些情况都是应该避免的。

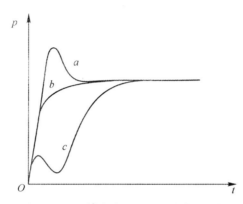

图 2-45　不同点火过程压强变化的比较

2. 发动机熄火与压强和推力拖尾段

固体火箭发动机根据应用场合的不同,有两种熄火情况。对大多数战术火箭来说,如果不是在主动段击中目标,就是在推进剂装药燃尽后自行熄火。对于弹道式战略火箭来说,为了保证弹头命中目标;对于航天用途的火箭来说,为了使有效载荷准确进入预定轨道,都要求火箭在主动段终点具有预定的速度矢量。由于火箭发动机的工作参数存在随机偏差,作用在火箭上的外力情况存在随机扰动,所以有必要在一定范围内调整发动机的工作时间。通常在火箭头部装置加速度积分仪作为测定速度的传感器,当火箭达到规定的速度向量时发出信号,停止对弹头的推力作用,这一过程叫作推力终止。

推力终止首先要使燃烧室迅速熄火,不再产生推力,同时要使弹头与火箭发动机强行分离,即使有某些剩余推力,仍不至于作用在弹头上,以免干扰弹头的预定轨道。为此,可以采用反推力装置,在发动机头部设置若干个反向喷管,发动机正常工作时,它们都被密封堵住,一到需要终止推力时,就将它们突然打开,这时,产生反向推力使发动机与弹头脱离。

打开反向喷管时,燃烧室压强突然降低,突然降压使气相密度减小,火焰与推进剂表面距离增大,减小了温度梯度,因而减小了由火焰输向表面的热流密度。另外,压强降低使气相反应速率减小,造成气相反应区增厚,也使温度梯度减小。上面两个因素结合在一起,当降压率达到一定值时,便造成熄火。

对复合推进剂来说,由于氧化剂与燃料成分的分解速率对表面热流密度变化的敏感程度不同,当突然降压时,就引来气相混合比暂时变化,一般是变成更富燃的,因此火焰温度显著下降。这反过来又使表面所接受的热流密度减少,造成恶性循环,导致迅速熄火。

另一种强迫熄火的方法是喷射阻燃剂。阻燃剂可以采用液体(如水)、固体(如碳酸氢铵粉末)或气体(如氮气)。向推进剂表面喷射阻燃剂时,阻燃剂升温或气化要吸收热量,从而降低了装药表面温度和燃气温度;阻燃剂本身以及它所产生的气体,阻挡了燃气向装药表面的热量传递,也使装药表面温度降低,因此使推进剂的分解速率及火焰温度降低,进而造成燃烧室压强急剧下降,导致推进剂熄火。

选择阻燃剂时要求它的热容要大,以便减少阻燃剂消耗量。这种方法的缺点是需要在火箭上装置阻燃剂系统,其中包括贮箱和喷注器等,增加了结构复杂性和质量。

无论是自行熄火还是强迫熄火,在熄火后都有一段燃烧室内产物向外排出的过程,这时压强和推力持续下降,形成压强-时间曲线和推力-时间曲线的拖尾段。在拖尾段中推力所产生的冲量,叫作后效冲量。后效冲量的大小及偏差影响弹道精度,也影响级的分离。级的分离(包括弹头与末级发动机的分离)通常要求推力在 $10\sim20$ ms 内终止,因此要求后效冲量应小。采用反推力喷管就是减小后效冲量的一个办法。

发动机熄火后,喷管流率大于燃气生成率,压强以一定速率下降,在压强下降的过程中,燃气与发动机壁面之间存在传热,燃气与喷管壁之间以及燃气分子之间存在摩擦,对于某些药型的装药来说,往往还有余药的燃烧甚至包覆层的燃烧,因此压强下降过程是一个复杂的膨胀过程。为了计算压强拖尾段,曾经有过两种处理方法,一种方法把压强下降过程近似看作为等温膨胀过程,另一种方法看作是绝热膨胀过程。

按等温膨胀过程处理时,认为燃烧室内燃气在膨胀过程中温度保持不变,这相当于燃烧室内有余药燃烧的情况或熄火时燃烧面是逐渐减小的情况。虽然余药的燃烧面比工作段中装药的燃烧面一般要小得多,但是余药的燃烧不断产生高温燃气,多少弥补了燃烧室内燃气在膨胀过程中温度的下降,所以近似地看作是等温膨胀。燃气温度不变,则流率系数 C_D 或特征系数 c^* 可以看作常数,将燃烧室压强基本关系式中的两个变量压强 p 和时间 t 加以分离后积分,就可以得到压强下降段中压强随时间变化的关系式。

$$t=\frac{V_c}{\Gamma^2 c^* A_t}\ln\frac{p_{c,eq}}{p_c}\qquad(2-353)$$

式(2-353)表明,压强下降段的 p_c-t 曲线是一条指数曲线。其中 $p_{c,eq}$ 为装药燃烧结束时刻对应的燃烧室压强,其数值可以从工作段的计算中得到。

对于燃烧室内没有余药或余药很少的情况,或者对于快速熄火的情况,压强降低的速率很快,膨胀过程进行时间很短,燃气与外界的热交换往往可以忽略不计,这时按绝热膨胀过程处理更接近于实际。

$$t=\frac{2V_c}{(k-1)\Gamma A_t\sqrt{RT_f}}\left[\left(\frac{p_c}{p_{c,eq}}\right)^{\frac{1-k}{2k}}-1\right]\qquad(2-354)$$

由式(2-354)解出 p_c,得

$$p_c=p_{c,eq}\left[\frac{2V_c}{2V_c+\Gamma\sqrt{RT_f}A_t(k-1)t}\right]^{\frac{2k}{k-1}}\qquad(2-355)$$

这就是燃烧结束后,按照绝热膨胀条件所得到的燃烧室压强随时间变化的关系式。

实际发动机熄火后压强拖尾段的计算,往往需要考虑另外一些因素。对于强迫熄火的情况,应考虑具体熄火方法对燃烧室内压强瞬变状态的影响,如果燃烧室上安装有反推力喷管,情况就更为复杂。对于自行熄火的情况,在推进剂装药即将燃尽时,由于药型和结构设计上的因素,可能有一定的余药,例如星孔装药在相应于每个星谷的部位,最后可能剩下某些剩余药块。装药在燃烧过程中沿整个燃烧面上实际燃速的不均匀,导致燃去肉厚不均匀,也可能造成余药。不包覆的自由装填装药(如管形装药),在即将燃尽前可能破碎。这些因素都将影响实际的压强拖尾段。

2.8　固体火箭发动机推力矢量控制

2.8.1　推力矢量控制技术概述

火箭发动机推力矢量控制系统的功用是根据飞行器控制系统指令采用机械或非机械方法改变发动机喷焰排出方向,使其与发动机轴线偏斜一定角度 θ,从而改变反作用力推力 F 的方向。这时,发动机推力 F 可以分解为两个力,一个沿飞行器轴向叫作轴向推力 F_x,一个沿飞行器径向叫作侧向控制力 F_s,如图 2-46 所示。轴向推力 F_x 用于推动飞行器飞行,侧向控制力 F_s 围绕飞行器质心产生一个控制力矩 M_s,用于飞行器姿态的控制与稳定。推力矢量控制系统按需要控制推力偏角 θ 的方向和大小。

固体火箭发动机推力矢量控制比较复杂和困难。固体火箭发动机本身是推进剂的贮存容器,体积和质量都很大。一般又都作为飞行器外形的一段,因此,固体火箭发动机通常是在喷管部分对推力矢量进行控制的。由于燃烧室内高温、高压的燃气在喷管内加速,以很高的流速排出喷管,在这样的环境下对推力矢量进行控制远比液体火箭发动机复杂和困难得多。因此,固体火箭发动机推力矢量控制作为一项专门技术需要进行大量的研究与试验。

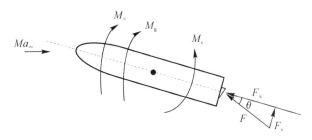

图 2-46　发动机推力矢量分解图

为适应固体火箭发动机应用范围不断扩大的需要,满足飞行器对推力矢量控制系统的各种各样的要求,世界各国研制出了种类繁多的推力矢量控制系统。

如果根据喷管是否活动可分为可动喷管和固定喷管两大类;也可根据作用原理分为可动喷管、流体干扰、机械障碍三大类。本书根据工作原理和相应的伺服或供应系统的不同,把推力矢量控制系统分为机械式和流体二次喷射两大类。

机械式推力矢量控制系统大多需要较大的液压伺服系统,采用机械动作偏转喷管排气流方向,改变推力作用方向,产生侧向控制力。但它们的作用原理又不完全相同,因此把这一大类又分为固定喷管、辅助发动机和可动喷管三小类。

机械式固定喷管类型推力矢量控制系统,一般都采用液压伺服系统带动位于喷管出口或尾流中的阻流机械动作,导致部分喷管排气流偏斜,产生侧向控制力。

辅助发动机是采用独立于主发动机的小型液体或固体火箭发动机,用伺服系统带动它们旋转,使辅助发动机推力作用方向在要求的侧向(液体火箭发动机由控制活门控制)。因此,这类系统并不改变原主发动机推力方向,而是由于辅助发动机产生的侧向控制力与主发动机推力合成为整个动力系统的推力有一个当量偏角。

机械式可动喷管类型推力矢量控制系统,一般都采用较大的液压伺服系统带动喷管或喷管的一部分摆动,造成喷管整个排气流偏斜,产生侧向控制力,实现转动的部件一般位于喉道附近。由于这类系统造成喷管全部气流偏转,比造成部分气流偏转的机械式固定喷管效率高。

流体二次喷射推力矢量控制系统的工作原理与机械式系统完全不同,它需要一套二次流体供应系统。通常是在喷管扩散段中部喷射入第二股气流,利用射流干涉原理,造成喷管部分排气流偏斜,产生侧向控制力。除活门控制外,没有大的机械动作。根据二次流体的不同又分为液体二次喷射和气体二次喷射两小类。

图 2-47 列出了一些主要的推力矢量控制系统。

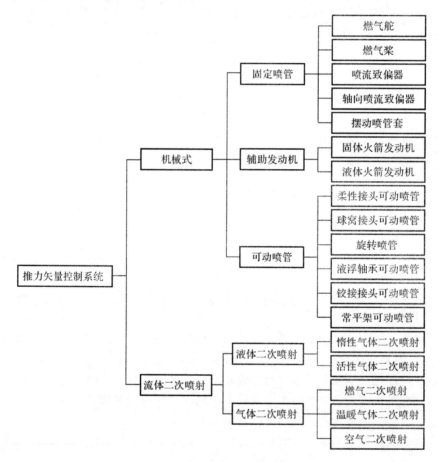

图 2-47　推力矢量控制系统分类

1. 推力矢量控制系统的基本要求

虽然不同类型飞行器对推力矢量控制系统的要求不尽相同,但是为了满足飞行器姿态稳定与控制的需要,以期得到较好的飞行性能,对推力矢量控制系统的一些基本要求却是共同的。其基本要求是：

(1)应具有足够大的控制侧向力。在飞行器的主动段，推力矢量控制系统所能提供的最大推力矢量偏角 θ_m，必须大于飞行器要求的偏角，以满足飞行器姿态稳定与控制的要求。

(2)质量轻。为得到推力矢量控制，飞行器必须付出一定的质量代价，该质量包括推力矢量控制系统本身和发动机相应增加的质量。此质量直接影响飞行性能，特别是第二级以上各级火箭，每增加 1 kg 质量会给飞行器带来不小的损失。这是衡量系统是否最佳的重要标志之一。

(3)发动机推力损失小。大多数推力矢量控制系统，都会造成用于飞行器加速的轴向推力损失，从而减小了射程。推力损失包括推力矢量偏斜造成的轴向推力损失和某些系统零位时的常值推力损失，例如燃气舵阻力造成的推力损失，普通铰接接头可喷管分离线造成的推力损失。为了保证飞行器射程，要求推力矢量控制系统造成的推力损失尽可能小。

(4)工作可靠。推力矢量控制系统应能在飞行器各种使用条件下，准确可靠地工作，以保证飞行器的正常飞行。

(5)驱动功率小。推力矢量控制系统的伺服系统功率取决于可动部件的总反抗力矩和动作的频率特性。功率的大小，除直接影响整个系统尺寸和质量外，过大的功率要求往往难以实现。故要求推力矢量控制系统需要的功率不能太大。

(6)结构紧凑，使用维护方便。

(7)便于制造，成本低。

2. 推力矢量控制系统的性能

在选择推力矢量控制系统时，首先要了解各种备选系统的性能特点。

推力矢量控制系统的性能，是指直接影响能否在设计的飞行器上使用的系统性能参数。主要是致偏能力(即侧向力)、频率响应、伺服系统的功率及尺寸、轴向推力影响等。

(1)致偏能力，是指系统在一定效率下所能达到的最大推力矢量偏角。偏角的大小，直接反映了推力矢量控制系统提供侧向控制力的大小。对于各种可动喷管而言，喷管摆角基本上就是推力矢量偏角，对于二次流体喷射和其他造成部分排气流偏转的系统，可以把侧向力与主推力之比的正弦角作为等效偏角。之所以强调是在一定效率下的致偏能力，是由于某些系统本来可以达到更大一些的推力矢量偏角，但效率太低或主推力损失过大，致使系统质量及飞行器起飞质量大大增加，使用不合理。为保证飞行器的使用要求，系统提供的最大推力矢量偏角必须大于飞行器要求的最大偏角。

(2)频率响应，是指推力矢量控制系统对控制信号响应的快慢，或者说从接到控制指令到系统提供所需要的侧向力所需时间长短。它直接影响飞行器姿态控制频率，因为它的响应频率越大，则飞行器姿态调整越快。这一点对需要快速控制的飞行器尤为重要。

(3)伺服机构的功率与尺寸，反映了推力矢量控制系统操纵力矩的大小。操纵力矩越大时，相应的功率和尺寸也就越大。伺服系统除增加飞行器质量外，它的体积可能超过发动机尾部的空间限制，甚至过大的功率要求，在有限的空间内，伺服机构无法实现。在性能分析时，用大、中、小来定性地反映某一种可能要求的伺服系统功率和尺寸。

(4)轴向推力影响，是指推力矢量控制系统工作时，使发动机轴向推力增大或减小。除流体二次喷射系统使发动机轴向推力有所增大外，其余的系统都使轴向推力减小。过大的轴向推力损失，会造成发动机总冲的降低。为此必须增加发动机装药，以弥补总冲量的降低。但这就造成了飞行器总质量增加。因此某些轴向推力损失很大的推力矢量控制系统,在一些质量要求较严的飞行器上不宜采用。

表 2-4 列举了几种主要推力矢量控制系统的性能,它们是在一定条件下的性能数据,而且也是当前技术水平的反映。随着科学技术的发展,某些性能将有所提高。

表 2-4　推力矢量控制系统性能比较

喷管类型	名称	最大推力矢量偏角 θ_m/(°)	最大频率响应 /Hz	伺服系统功率尺寸	对轴向推力的影响(单喷管)	主要关键技术
可动喷管	摆动喷管	15	2～5	较大	$-\dfrac{1}{2}F\theta_m^2$	动、定面之间隙与密封
	柔性喷管	15	2～5	大	$-\dfrac{1}{2}F\theta_m^2$	挠性件,操纵力矩大
	液浮轴承喷管	15	10	中	$-\dfrac{1}{2}F\theta_m^2$	液浮轴承
	转动喷管	10	2	较大	$-2F\sin\phi_r\sin\dfrac{\theta_m}{2}$	操纵力矩大,动密封
	球窝喷管	20	2	较大	$-\dfrac{1}{2}F\theta_m^2$	间隙与动密封
固定喷管系统	燃气舵	10	10～15	小	$\dfrac{4q_aA_{ta}}{\sqrt{m^2-1}}\left[\theta_m^2+\left(\dfrac{t_b}{B_d}\right)^2\right]$	舵面材料
	气体二次喷射	10	15	小	增加推力	燃气阀
	扰流片	18	10～15	小	较大	耐高温、抗冲刷材料
	偏流环	18		中	$R_i^2\left[\dfrac{4}{3}(p_1-p_a)-\dfrac{\pi}{2}(p_{e'}-p_a)\right]\theta_m\cos\theta_m$	环的热防护
	摆帽	30	10	中	中等	材料
	液体二次喷射	6	12	小	增加推力 $+0.3F$	阀与材料

注:ϕ_r 是转动喷管轴线与转轴的夹角;θ_m 是摆角;q_a 是喷管出口处排气流的动压;A_{ta} 是燃气舵舵面面积;t_b 是燃气舵厚度;B_d 是燃气舵弦长;p_1 是激波后压强。

2.8.2　典型推力矢量控制系统

防空导弹固体火箭发动机尺寸和质量都很有限,它所应用的推力矢量控制系统除通常的要求外,对尺寸与质量的要求是比较高的。防空导弹固体发动机一般工作时间都不太长,为几秒至几十秒,因此要求推力矢量控制系统具有较大的频率响应特性。

1. 燃气舵

燃气舵是一种很简单的固定喷管推力矢量控制装置。工作原理与空气舵完全相同,所不同的只是利用发动机排出的燃气流来产生侧向力。它的平面形状以三角形为最好,因为这种形状效率高,阻力小,同时当前缘被烧蚀后对压力中心影响小,其剖面形状多为对称的菱形。

它们通常是成对而对称地安装在喷管出口周围的燃气流中,一般是在喷管的四个象限内各装一个,燃气舵固定在舵轴上,舵轴支撑在飞行器壳体上。当飞行器需要侧向力时,控制系统将指令传给伺服系统,舵轴在伺服系统的驱动下转动时,舵面随之一起旋转并产生了控制侧向力。当飞行器不需要侧向力时,燃气舵就处于零位(中立位置),此时它相对于气流没有攻角,故不产生侧向力,只引起阻力。

由于燃气舵的工作环境恶劣,处在高流速、高温度和多腐蚀性的燃气中,因而制造燃气舵的材料应是耐烧蚀的钼钨合金。为了减小燃气舵的质量和制造成本,已发展用非金属材料制造。例如对短时间工作的燃气舵,可用石墨材料,内部用高强度金属材料支撑。对于长时间工作的燃气舵,可用酚醛尼龙材料等。

总之,由于燃气舵质量小,所需要的控制力矩就小,故可采用小功率的伺服机构。同时当一对对称的燃气舵差动(同向偏转)时,可以提供滚动控制力矩,这样就可在一个喷管上实现飞行器的俯仰、偏航和滚动三种控制。这种装置的结构如图 2-48 所示。

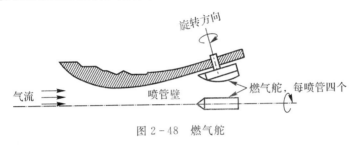

图 2-48　燃气舵

2. 燃气桨

燃气桨,又称阻流板或扰流器。这种装置是用装在发动机喷管出口平面处的四片燃气桨来提供侧向控制力的,如图 2-49 所示。当燃气桨转入发动机的排气流中时,由于超声速气流受阻,在燃气桨上游的喷管扩散段内产生了气流分离和诱导斜激波,于是,喷管扩散段内产生了局部壁面上的压力升高,形成不对称的压力分布。这种不对称压差力的合力在垂直于喷管轴线方向的投影即为侧向控制力。

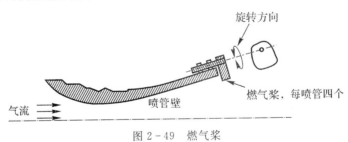

图 2-49　燃气桨

燃气桨对称地装在喷管出口处周围。在不需要侧向控制力时,它收藏在喷管外部,不伸进发动机的排气流中,以避免不必要的烧蚀和轴向推力损失。当飞行器需要侧向控制力时,伺服系统根据指令将燃气桨转到喷管的排气流中,排气受阻,就产生了侧向控制力。控制力的大小是通过改变燃气桨转入气流中的角度,即对应的喷管出口被堵塞的面积大小来决定的,一般来说,它与堵塞面积成正比。

因燃气桨工作在高温高速气流中,故必须采用耐烧蚀的钼钨合金,或用钨渗铜作包覆的石墨。燃气桨的主要动作是转入转出排气流,因它的质量小,需要控制力矩不大,故伺服系统的功率可以小一些。其主要缺点是在喷管出口的周围需要一较大的空间收藏燃气桨。

3.喷流致偏器

喷流致偏器实际上是一个内表面为球面的圆环,所以也称喷流致偏环。该环安装在喷管出口平面上的一个可以绕垂直喷管轴线转动的转轴上,当它的一部分转入喷管排气流时,排气受阻,产生激波,改变了气流方向,产生控制所需的控制力,如图 2-50 所示。

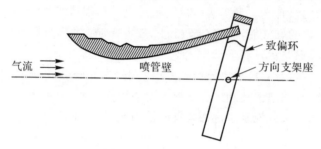

图 2-50 喷流致偏器

4.轴向喷流致偏器

它是一种与喷流致偏器工作原理相似的推力矢量控制系统,其示意结构如图 2-51 所示。

这种致偏器实际上是圆筒的一部分,和瓦相似。四块轴向喷流致偏器对称地安装在喷口周围,并在伺服机构的操纵下可在平行于喷管轴线方向往复运动。当需要侧向控制力时,直线运动的伺服作动器驱动一个或相邻两个轴向喷流致偏器进入排气中,使气流受阻,引起激波,使作用在偏流器上的压力升高,这部分压力的合力,即为需要的侧向力。致偏器进入排气的面积越大,则侧向力越大。当不需要控制力时,偏流器不插入排气流,以减少轴向推力损失。一般而言它产生的侧向力有限,只适于中、小型发动机。

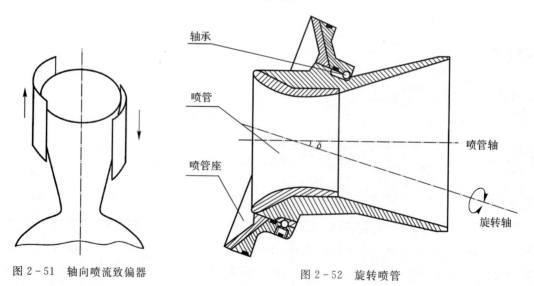

图 2-51 轴向喷流致偏器

图 2-52 旋转喷管

5.旋转喷管

这是一个可动喷管系统中的一种推力矢量控制装置。它是通过能够绕着某一轴线旋转的喷管,使推力方向与飞行器轴线产生一个夹角来提供侧向力。在旋转过程中,喷管中心线的运动为一圆锥面轨迹,其结构图如图 2-52 所示。这种喷管不是固定在发动机后封头上,而是在它与固定结构之间有一个与喷管轴线(即飞行器轴线)不垂直的分离面。喷管在此平面上绕着与喷管轴线有一定夹角的轴转动,使其喷管轴偏离飞行器轴线而产生侧向力。一般情况下,发动机必须采用成对分布的喷管(通常为四个喷管)以提供俯仰、偏航及滚动方向的控制力矩。

当飞行器不需要控制力时,旋转喷管的轴线平行于飞行器轴线,无推力损失。当需要控制力时,伺服系统根据指令驱动旋转喷管绕着预先设计好的转轴旋转,使喷管排气方向与飞行轴线之间有了夹角,这就产生了控制力。显然它所提供的侧向力不仅与喷管的转动角有关,而且还和喷管轴线与旋转轴线之间的夹角有关。

由于在分离面上采用"〇"形密封,摩擦力矩大,频率响应慢,因而所需伺服系统的功率大。同时还需要一个较大的特殊轴承,结构比较复杂。

6.柔性接头可动喷管

柔性接头就是将可动喷管用一个非刚性的压力密封连接件连接到发动机上,在操纵力的作用下,可动喷管可以进行全轴摆动的新型连接方式,如图 2-53 所示。它是由弹性材料制成的环和金属或复合材料制成的环交替组合而成的。这些环通常是一些具有相同锥度的截锥体或具有共同中心的截球体,这个共同的中心称为几何回转中心。这种接头一般由用弹性材料制成弹性环或弹性件和用金属或复合材料制成的增强环或增强件组成。

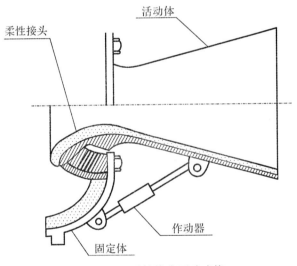

图 2-53 柔性接头可动喷管

柔性接头可动喷管的最大优点,是解决了铰接接头可动喷管由于存在分离线所带来的密封问题,而且用单喷管就可以实现全轴摆动。因此这种装置得到了越来越广泛的应用。

由于柔性接头是在发动机高温、高压的燃气中工作的,因此必须采取防热措施。防热措施有三:一是用波纹管式绝热套包在柔性接头的受热面上,使其免受燃气的作用;二是在接头的受热面直接缠绕一层绝热材料,以隔离燃气,达到保护的作用;三是具有可消融烧蚀的防护件的柔性接头,它是将柔性接头受热面一侧的增强件,在弹性件外部伸出一定的距离,使之成为燃气与弹性件之间的热障。

用作弹性件的材料有天然橡胶、聚异戊二烯橡胶等。用作增强件的材料有调质钢和不锈钢,也有用环氧树酯和酚醛树酯浸泡过的玻璃纤维材料。

7. 液浮轴承可动喷管

这种新近发展起来的全轴式推力矢量控制系统有着显著的优点:一是操纵力矩是迄今为止研究和应用的各种可动喷管推力矢量控制系统中最小的一种;二是液浮轴承本身既是可动喷管的支撑件,也是密封件,它不受燃气的直接冲刷,防热简单,密封可靠;三是结构简单,不需要高的加工精度。故这是一种很有发展前途的推控系统。

液浮轴承可动喷管结构原理如图 2-54 所示。

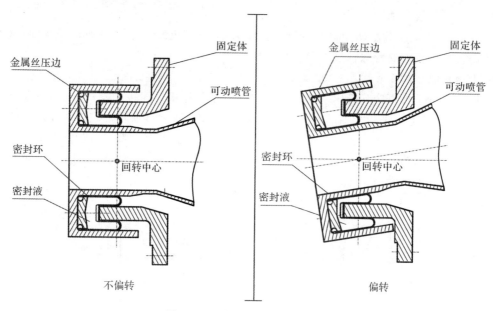

图 2-54　液浮轴承结构原理图

液浮轴承可动喷管包括可动喷管、液浮轴承密封环(内腔充满密封液,如硅油)、固定座和伺服系统四部分。有时,为了保护液浮轴承密封环,增加一个防护罩(内充满润滑脂)以防止燃气与液浮轴承密封环直接接触,使密封更为可靠。这种结构非常简单,其关键部件是液浮轴承密封环,它是一个定容并具有两个可以滚动的卷边的增强织物加强的人造橡胶皮囊,内充以硅油。可动喷管靠它连接到与发动机固接的固定座上,在伺服系统带动下,它允许可动喷管全轴摆动,提供侧向控制力。

8. 气体二次喷射系统

在喷管扩散段某一位置,向喷管中的超声速气流(主流)横向射入第二股流体(二次流),就会产生对飞行器控制所需要的侧向力。二次流可以为液体或气体,统称流体二次喷射推力矢量控制。由于流体二次喷射推力矢量控制具有频率响应快、效率高、主喷管固定和发动机比冲损失小等优点,在理论与试验研究方面进行了大量工作,取得了很大成就。当二次流为气体时,称为气体二次喷射。当二次流为液体时,称为液体二次喷射。实践证明,气体二次喷射的侧向比冲比液体二次喷射的高,尤其是从主发动机燃烧室中引出的二次流具有更高的侧向比冲。

在喷管扩散段注入第二股气流后,这股气流迅速膨胀,并转折附壁流动,对靠喷射口的一侧的超声速主气流形成障碍,相似于超声速气流绕钝头物体流动时的情况,在喷射口上游会产生一弓形激波,如图 2 - 55 所示。根据激波理论,经过弓形激波后的那部分主气流流动发生方向偏转,导致如图 2 - 55 所示的整个主喷管排气流离开喷管出口时不再通过喷管中心线,而是以一个偏斜角 θ 离开喷管,造成推力偏斜,其横向分力即为所需要的侧向控制力。在适当的方位喷射二次流,就可得到在需要方向的侧向力。调整二次流的某些参数如流量,便可以改变弓形激波强度和角度,则主气流偏斜程度随之改变,从而达到控制侧向力大小的目的。这种推控系统尽管喷管不摆动,只要在喷管横截面的四个象限内各配置一套二次气体喷射装置,即能够得到飞行器俯仰和偏航控制力,甚至还能提供滚动控制力。

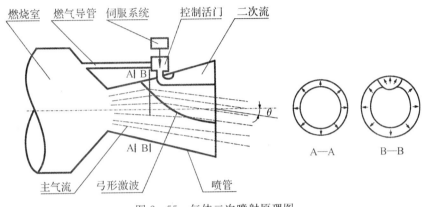

图 2 - 55　气体二次喷射原理图

气体二次喷射推力矢量控制系统根据二次流的来源和性质,可分为:

(1)灼热燃气二次喷射系统(燃气二次喷射系统)。该系统喷射的二次流气体取自主发动机中的高温燃气。其优点是部件少、质量轻、效率高。但活门制作困难,主发动机燃烧室中压力波动大。

(2)温暖燃气二次喷射系统。该系统的二次流气体来自专门设置的燃气发生器。由于发生器中的推进剂燃烧温度低,一般为 $800 \sim 1\,300$ K,均为主燃气温度的 $1/3 \sim 1/2$,且不含铝粉,这时活门的研制就容易得多。与燃气二次喷射系统相比,没有燃烧室中压力的波动,但多了燃气发生器这个部件,且因二次流温度低,往往低于喷射口主气流的当地温度,与主气流的热交换是吸热反应,故此系统的效率低一些。

(3)空气二次喷射系统。该系统的二次流气体取自飞行器周围的空气。它由装在喷管外围的倒锥形集气罩、喷射器和伺服系统组成。由于它不需要耐高温高压燃气的活门和其他装置,故具有结构简单、质量轻、成本低等优点。但是它只能用在大气中工作的发动机上,而且随着飞行器速度的增加,不能完全满足弥补因空气密度的下降而不能提供足够的侧向力的需要,目前尚处于研究阶段。

与机械式可动喷管相比,气体二次喷射系统具有以下优点:

(1)频率响应快。机械式一般每秒摆动几周,而这种系统频率响应可达 15 周/s。这是由于二次流是在高压下喷射入主喷管的,因此只要一打开控制活门,立刻就会产生侧向力。

(2)效率高。在不太大的二次流气体流量下,可获得相当大的侧向力。这可用放大系数 K 来衡量,即某一流量的二次流气体喷射到主喷管后,所产生的侧向力与相同流量的气体直接喷出飞行器外所产生的推力之比。试验证明,K 的值在 $2 \sim 5$ 之间。

（3）主喷管推力损失小。由于这种系统在产生控制侧向力时，喷管不需要摆动，同时在直径相同的条件下，因不需要摆动空间，所以可得到更大一些的膨胀比，从而提高了发动机的实际比冲。

（4）伺服系统质量小。该系统所需要的操纵力只不过是推动一个或几个活门，因此所需的伺服系统的功率小，伺服系统的尺寸小、质量轻。

9. 液体二次喷射系统

其工作原理与气体二次喷射系统完全相同，不再重述。

这种系统由喷射器、伺服系统、喷射剂贮箱及增压系统组成，其组成和工作原理如图2-56所示。

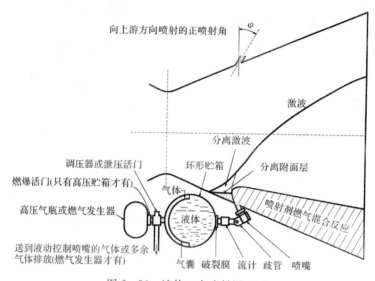

图2-56　液体二次喷射原理图

工作过程大致如下：高压气瓶或燃气发生器所产生的高压气体，通过压力调节器降压，并在进入喷射剂贮箱时等于所要求的压力，通过气囊或直接将液体挤压出贮箱，经过导管进入喷射器。当伺服系统接到指令时，喷射器的针拴在伺服系统作动筒作用下，打开喷射器的喷射口，使喷射液体通过喷射口进入喷管扩散段。喷射液体微滴碎裂、蒸发，并与主气流混合或发生反应，从而使主气流受阻，形成一个很强的弓形激波，波后压力升高，在喷射口附近的喷管壁面上形成了局部高压区。这个区域内压力的合力和喷射剂本身的反作用力，在喷射口一侧垂直于喷管轴线方向的投影即为所要求的侧向控制力，其轴向投影即为轴向推力增量。通过调节喷射剂流量可控制侧向力的大小。

液体二次喷射系统除具有气体二次喷射的优点外，还具有以下优点：

（1）由于液体喷射剂是在环境温度下贮存与使用，因而管路及喷射器等不需要承受高温燃气的烧蚀，所以对制造它们的材料要求不高，容易实现。

（2）由于液体喷射剂的密度大，便于贮存，因此这种系统已应用于中远程弹道式导弹上，如美国潜地导弹，"北极星"的第Ⅱ级，洲际导弹"民兵Ⅲ"第二、三级等均应用这种推控系统。

目前，燃气舵、燃气桨及柔性喷管等推力矢量装置已成功应用在防空导弹固体火箭发动机上，未来流体二次喷射技术也有望应用在防空导弹发动机上。

2.9　固体火箭发动机在防空导弹上的应用

2.9.1　固体火箭发动机在第一代防空导弹中的应用

第一代防空导弹武器系统的特点是中高空、中远程,作战半径一般为 $30 \sim 100$ km,这与当时的空袭装备和作战方式有关。导弹采用多种推进系统,如液体火箭发动机、固体火箭发动机、液体火箭发动机和固体火箭发动机组合以及冲压发动机和固体火箭发动机组合等。固体火箭发动机主要作为助推器来使用。

在第一代防空导弹的众多型号中,应用最广泛的是 SA-2 导弹。SA-2 导弹是第一代防空导弹的典型代表,同时也是第一代防空导弹中唯一经过大量实战检验的防空导弹武器系统,因此 SA-2 导弹被公认为是第一代防空导弹中最为成功、最具代表性的型号。下面以 SA-2 导弹为例,介绍固体火箭发动机在第一代防空导弹中的应用。

SA-2 导弹固体火箭发动机是导弹上的一级动力装置,用于导弹的起飞加速。固体助推器的推力,通过六舱传给导弹二级。当固体助推器工作结束时,导弹的一级与二级分离,固体助推器与六舱、稳定尾翼一起坠毁。

固体助推器推力较大,固体火箭发动机提供初推力约 50×10^4 N、末推力约 30×10^4 N 的巨大推力,工作时间约 3.5 s,能保证导弹迅速离开发射架,并在较短时间内获得较大的飞行速度;固体助推器工作时间短,能保证导弹一、二级较早分离,导弹二级较早起控,有利于打击近界目标。

如图 2-57 所示为 SA-2 导弹固体助推器结构图,主要由发动机室、火药装药和点火系统三大部分组成。发动机室是固体助推器的主要组成部分,它由燃烧室、顶盖、喷管等组成。燃烧室呈长圆筒形,前后各有一个椭球形的底。两底上各焊有一个螺纹安装边,前安装边上为锯齿形螺纹,用来与顶盖相连。后安装边上为细牙螺纹,用来与喷管相连接。顶盖用来密封燃烧室前接头的孔,并能在助推器工作时可靠地承受燃烧室内的压力。在其内装有点火药盒和电发火管。推进剂为能量较低的双基推进剂,装药方式为采用自由装填式,药柱为管型。喷管喉部安装有调节锥。

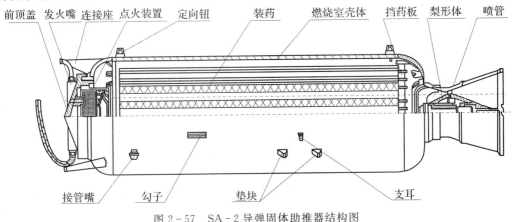

图 2-57　SA-2 导弹固体助推器结构图

2.9.2 固体火箭发动机在第二代防空导弹中的应用

进入 20 世纪 60 年代后,各种高性能飞机研制成功,防空导弹所面临的目标特性发生了较大变化。随着第一代中高空防空导弹武器系统在实战中的使用,迫使空中目标采用低空突防和电子对抗技术。新的空袭方式促进了防空导弹武器系统低空性能和抗干扰性能的提高和机动式低空近程防空导弹武器系统的发展。

这一时期的防空导弹多为低空近程型号,在推进系统方面,淘汰了战勤操作相对繁杂的液体火箭发动机,主要采用固体火箭发动机、冲压发动机和整体式固体冲压火箭发动机等推进系统。下面以"响尾蛇"导弹为例,介绍固体火箭发动机在第二代防空导弹中的应用。

"响尾蛇"导弹的发动机为单级固体火箭发动机,在导弹上,它和战斗部一起组成了弹体的一个舱段。"响尾蛇"导弹发动机由燃烧室、长尾喷管、点火装置和推进剂装药四部分组成,如图 2-58 所示。为了使导弹的布局在工作过程中合理且质心变化较小,发动机采用亚声速长尾喷管。长尾喷管采用锯齿形螺纹连接在燃烧室后连接环上。

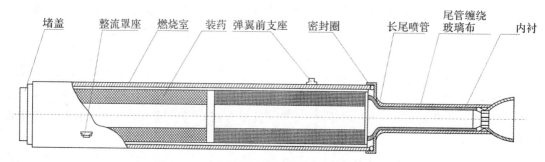

图 2-58 "响尾蛇"导弹固体火箭发动机结构图

燃烧室由前封头、筒体和后连接环焊接而成。筒体和前封头内有厚度为 1.5 mm 的绝热层,以防护金属壳体不致因过热而降低强度。燃烧室与长尾喷管之间采用梯形螺纹连接。燃烧室筒体外壁上焊有弹翼前支座和整流罩座,用以固定弹翼和整流罩。

发动机装药采用无烟双基固体推进剂。药型为内孔八角星形,外有包覆层。装药以自由装填形式安装在燃烧室内,由补偿器和喷管收敛段内衬的前端面定位并固定。

装药由药柱和包覆层组成,前后两段药柱胶接在一起,两端药柱材料相同。

药柱为硝化棉、苯二甲酸二乙酯等成分组成的双基药。该药柱燃烧的火焰满足导弹红外预制导和雷达制导的要求,即发动机喷焰中的 $1.9 \sim 2.6$ μm 波段的红外辐射为红外预制导的红外辐射源。发动机喷焰对电磁波衰减弱,能满足无线电指令信号的传输要求。因此,该发动机装药为"无烟"推进剂。

长尾喷管由喷管座焊接组件和扩张段两部分组成。喷管座焊接组件由收敛段、尾管和尾管连接环对焊而成。收敛段及尾管有内衬,尾管外部有背衬,内衬和背衬不仅保证了药柱的正常燃烧,而且也起到了良好的隔热作用,使长尾喷管的外围瞬时环境温度在 100℃ 以下。

2.9.3 固体火箭发动机在第三代防空导弹中的应用

从 20 世纪 70 年代开始,经过越南战争,第三次、第四次中东战争等较大规模的地区性冲突后,对空袭作战重要性的认识被提高到了一个新的高度,空袭与反空袭作战的形式与内容都发生了一些新的变化,这些变化主要体现在以下两个方面。第一,空袭与反空袭对抗的强度呈大幅度提高趋势;第二,空袭与反空袭对抗开始向多样化发展,防空导弹开始面临着一种异常复杂的作战环境,第一代、第二代防空导弹已很难适应这一新情况。从 20 世纪 70 年代末期开始,苏、美两国先后成功研制了新型的防空导弹武器系统,通常把这一时期及其以后发展的防空导弹武器系统称为第三代防空导弹。第三代防空导弹的典型型号有美国的"爱国者"系列和俄罗斯的"C‐300"系列。

下面以"C‐300"导弹为例,介绍固体火箭发动机在第三代防空导弹中的应用。

"C‐300"导弹的固体火箭发动机为单燃烧室单推力固体火箭发动机,其组成如图 2‐59 所示。它主要由壳体、推进剂装药、前盖、底板、喷管、点火器、电点火管、压力信号器组成。

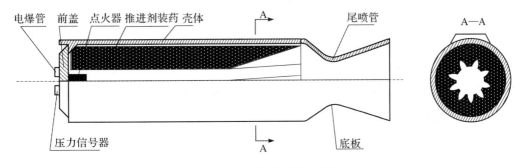

图 2‐59　"C‐300"导弹固体火箭发动机

发动机壳体是一个很薄的柱形圆筒,采用高强度的铝合金制成,它是导弹弹体的三舱壳体。采用铝合金作为发动机壳体的优点是生产加工容易并可提高自振频率。壳体内有一层隔热层,因发动机前、后端温度较高,故前、后端的隔热层较厚。

推进剂装药采用贴壁浇注,装药为复合高能丁羟推进剂,燃烧面为星形燃面,在装药中心的后部开有 9 条纵向槽,以增大初始燃烧面积,使发动机点火后可很快获得很高的运动速度。

火箭发动机的前盖受力很大,因而用钢制成。前盖外面安装有两个电爆管和两个压力信号器(СД85,СД85a),在前盖内侧的螺纹套筒上装有点火器。点火器用于点燃固体推进剂,使发动机开始工作。点火器由壳体、点火药、助燃剂组成。电爆管用来引燃点火药。

第3章 液体火箭发动机

液体火箭发动机是发展得最完善且应用广泛的一种化学能火箭发动机,是弹道导弹、运载火箭及航天飞行器的主要动力装置。

3.1 液体火箭发动机概述

液体火箭发动机是使用液体推进剂的化学能火箭发动机。液体推进剂一般由燃烧剂和氧化剂组成,由导弹(火箭)自身携带。液体推进剂在燃烧室内进行燃烧或分解反应,将推进剂的化学能转化为热能,产生高温、高压燃气,通过喷管膨胀加速,将燃气热能转变为动能,以高速从喷管向后喷出,产生推力,为导弹(火箭)或航天器提供动力。

3.1.1 液体火箭发动机的特点

液体火箭发动机除具有火箭发动机的共同特点外,还有其特有的性能特点。

1. 比冲高和推质比高

液体火箭发动机具有比冲高和推质比高等高性能指标特点。以高压液氧/烃为推进剂的液体火箭发动机比冲可达 3 300~3 500 m/s,而航天飞机使用的液氧/液氢主发动机,其比冲达到 4 460 m/s,要比固体火箭发动机比冲 2 100~2 800 m/s 范围高得多。目前,现代泵压式输送系统的液体火箭发动机,其推质比已达到 1.0~1.3 kN/kg,而普通涡轮喷气发动机和冲压发动机的推质比分别为 50 N/kg 和 70 N/kg。

由于液体火箭发动机具有比冲高、推质比高的特点,所以它具有非常高的运载能力。

2. 主要性能参数可控性和可调性强

这里是指液体火箭发动机的主要性能参数——推力的大小可在较大范围内可控和可调节。例如登月舱的降落发动机,其推力大小的调节范围为 10∶1,从而保证了登月舱的安全着陆。另外液体火箭发动机可按需要多次启动和关机,实现长时间连续工作,也可以脉冲工作,发动机推力方向调节也很方便。

3. 工作时间长

由于液体火箭发动机可用推进剂作冷却剂,对推力室进行有效的冷却,大吨位的贮箱可贮存足够的推进剂,从而保证发动机长时间地可靠工作,这也是固体火箭发动机不可比拟的。

4. 工作条件苛刻

液体火箭发动机在高压(<20 MPa)、高温(3 000~4 500 K)、高转速(泵转速高达40 000 r/min或更高)、高速喷气(4 km/s)、超低温(−200℃)和强腐蚀性条件下工作,还要尽量减小结构尺寸和质量,是所有热机中工作条件最苛刻的一种发动机。

此外,液体火箭发动机使用的液体推进剂费用低,在达到同样性能要求下,费用可比性仅为固体推进剂的1/7~1/3。但液体火箭发动机同时也具有结构复杂、准备时间长以及推进剂密度低、腐蚀性强、贮存期短等缺点。

3.1.2 液体火箭发动机的分类

随着导弹和航天事业的迅猛发展,液体火箭发动机的种类也越来越多。例如按推进剂供应系统分类、按推进剂组元不同分类、按发动机动力循环方式分类、按发动机推力大小分类、按发动机结构特点分类、按发动机任务和功能分类等。图 3-1 列出了常用的液体火箭发动机分类。显然,对于某一种液体火箭发动机按图 3-1 所示的分类方式就可能有多个名称。

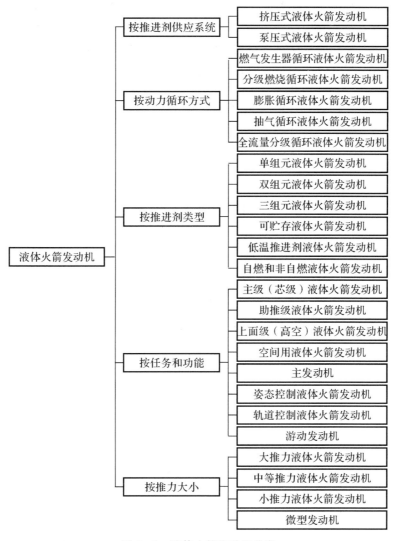

图 3-1 液体火箭发动机分类

3.1.3 液体火箭发动机的应用

由于液体火箭发动机具有高性能、适应性强、工作安全可靠、推进剂价格低廉、工作寿命长且可重复使用等诸多优点,因此在很多领域得到了应用。大致概括为以下几个方面。

1. 运载火箭

大型运载火箭的主推进系统和辅助推进系统多采用液体火箭发动机,例如主发动机、助推级、上面级以及游动发动机、姿态控制发动机等。

2. 航天飞机

航天飞机的运载和轨道器的推进系统也多采用液体火箭发动机作为动力装置;此外轨道机动、姿态控制及某些辅助动力装置均使用液体火箭发动机。

3. 航天器

在各种卫星、飞船及行星探测器等航天器上,需要许多完成各种功能的动力装置,如轨道的修正和变换、姿态控制、推进剂沉底与液面保持、星球着陆与起飞、机动飞行以及远地点和近地点推进等都是由液体火箭发动机来完成的。

4. 战略导弹和战术导弹

长期以来,战略导弹和部分战术导弹的动力装置多以液体火箭发动机为主。目前,尽管大部分战略导弹和战术导弹都采用固体火箭发动机,但是由于液体火箭发动机的大推力和性能可控可调等特点,仍应用于部分型号战略导弹。

3.1.4 液体火箭发动机的发展

1903 年,俄国科学家齐奥尔科夫斯基首先提出了使用液体火箭发动机的设想。1926 年,美国火箭专家戈达德(Goddard)首先研制成功世界上第一枚液体火箭。第二次世界大战后期,德国在布劳恩(Braun)主持下,于 1942 年年底研制成功世界上第一枚使用液体火箭发动机的弹道导弹 V-2。V-2 导弹的液体火箭发动机使用液氧/酒精推进剂,为现代火箭发动机的发展奠定了基础。之后液体火箭发动机技术和理论、制造和试验得到突飞猛进的发展,取得了巨大的成就,现已研制成功了多种类型的发动机,为液体导弹武器和航天事业做出了巨大贡献。

展望液体火箭发动机的发展趋势主要有:采用高能和高密度推进剂组合,发展闭式动力循环系统,增大喷管面积比,提高可靠性和寿命,提高燃烧效率和燃烧稳定性,研制高转速的涡轮泵,采用新材料和新工艺,简化结构和改善工作适应性等。

另外,为了满足航天技术发展的需要,液体火箭发动机的品种还在不断增加,如发展各种新型组合式发动机。吸气式-火箭组合发动机方案,就是为了充分利用大气层中的空气而设计的一种新型组合式发动机。

3.2　液体推进剂

液体推进剂是液体火箭推进剂的简称,是液体火箭发动机的能源和工质的来源,它包括液体燃烧剂、液体氧化剂及液体单组元推进剂。也就是说,它是由一种液态物质或几种液态物质组合而成的,而其中的一种液态物质称为推进剂组元。推进剂组元是单独贮存并通过各自的供应管路向发动机输送的。对于大型液体运载火箭,液体推进剂质量占有很大比例,大约占 70%～90%,因此液体推进剂性能的优劣将直接影响着火箭和发动机的性能及制造费用。

3.2.1 对液体推进剂的要求

推进剂的性能与液体火箭发动机的性能及结构有密切的关系,选择良好的推进剂,不仅能使导弹满足战术技术要求所规定的飞行速度、射程、高度等性能要求，而且能保证导弹在不同条件下工作的可靠性。对推进剂的要求是多方面的，主要包括能量特性、使用性能及经济性能等几个方面。

1. 能量特性

能量特性是推进剂性能中最重要的性能指标。不过不能一味追求这一指标，其指标要求应根据具体应用的条件来确定。比如战术导弹上用的液体推进剂，其能量特性要求要比大型运载火箭上使用的液体推进剂更严格些。

评定推进剂能量性能的指标之一是比冲，比冲高是火箭或导弹性能对推进剂的基本要求。要达到高的比冲值，首先是选择热值高的推进剂。同时还要考虑使这种推进剂的燃烧产物分子中的原子数要尽量少，分子要尽量小。由试验和计算表明：燃烧产物分子中原子数少的气体，具有大的绝热指数 k。这种推进剂生成的燃气，有利于在喷管中膨胀加速，有利于提高热效率 η_t。燃烧产物具有小的分子量，可以使燃烧产物质量比热 C_p 增大。由试验可知，C_p 增大，则燃烧温度降低，离解损失减小，这都有利于获得高的比冲。

提高能量特性的另一个途径是推进剂的密度要大。密度大就意味着单位贮箱容积所贮存的推进剂质量多；另外，如果火箭需要的推进剂质量一定时，推进剂密度越大，则贮箱尺寸就越小，从而使火箭的外形尺寸和结构质量相应减少。试验研究表明，在一定条件下，尽管采用了热值低而密度较大的推进剂，却能使火箭获得采用高能低密度推进剂相同的飞行性能。可见，采用密度大的推进剂是十分重要的。

既然发动机的比冲和推进剂的密度对火箭的飞行性能有如此重要的影响，人们往往用密度和比冲的乘积 $\rho_p I_s$ 来评定推进剂对火箭飞行性能的影响，$\rho_p I_s$ 叫密度比冲。密度比冲高是火箭性能对推进剂的基本要求。

2. 使用性能

液体推进剂的使用性能包括输送性能、点火与燃烧性能、冷却性能、贮存性能及安全使用性能等。作为防空导弹的液体推进剂，它在大气环境中以充灌状态贮存在贮箱中。因此，对它提出的要求是必须能在足够宽的温度范围内保持液态。

(1)输送性能。液体推进剂的组元由供应系统经各自管路输送到发动机的推力室内，要求进入发动机的推进剂流量按程序保持稳定。由于发动机的推力大小不同，其推进剂的秒流量也不同，高的达数吨，低的则只有几克大小。另外，还要求推进剂的黏度小且黏度随温度的变化率小；推进剂的饱和蒸气压小，以降低泵前压力，减小输送过程中产生气蚀的可能，鉴于此原因，还要求推进剂中溶解的气体量要少。此外，液体推进剂的饱和蒸气压小也有利于地面后勤供应系统对推进剂的输送，可避免推进剂在贮存和运输时因推进剂蒸气过多而发生逸出引起燃烧、爆炸或中毒等危险。为避免堵塞滤网、喷嘴和流量的控制元件，要求推进剂中所含悬浮颗粒物及黏性物质要少。

(2)点火燃烧性能。点火燃烧性能主要是指自燃推进剂的着火延滞期和非自燃推进剂的点火延滞期，一般要求不大于 30 ms。着火延滞期和点火延滞期短可避免推力室内推进剂积累量过多而引起的压力峰过高，甚至发生爆炸。

(3)冷却性能。液体推进剂要求具有良好的冷却性能，即临界温度和沸点要高，有良好的热稳定性，在冷却套内受热的条件下，不产生固态结焦和腐蚀作用等。

(4)贮存性能。液体推进剂的贮存性能是指液体推进剂在长期贮存过程中保持物理性质和化学性质稳定的特性。物理性质的改变主要表现为蒸发、吸湿、分层、沉淀等；化学性质的改变主要是由推进剂内部的化学反应(包括氧化和分解)造成的。物理性质和化学性质的改变都会直接影响推进剂的使用性能。

(5)安全使用性能。安全使用性能包括对推进剂燃烧、爆炸和毒性的要求。由于液体推进剂在使用过程中常会遇到高温、高压及高速流动等工作条件，希望推进剂的热爆炸、热分解的温度要高些，对机械冲击和突然压缩(水击)不敏感，尤其是对单组元推进剂更重要。对于大型运载火箭，由于推进剂的用量大，要求它无毒或低毒，以免对发射场地的环境造成污染。

3.经济性能

经济性能要求推进剂原材料来源丰富，生产工艺性好，能大量生产，成本低廉，等等。

液体火箭发动机的用途不同，对推进剂的能量、使用性能的要求也不同。在实际使用过程中，选择推进剂应从实际需要出发，以达到基本目的。例如：根据目前导弹的设计，其可贮存性及能量要求是首先考虑的重要性能，对其强腐蚀性、易燃、易爆、毒性较大、生产成本较高等因素则都置于次要地位。

3.2.2 液体推进剂的分类

液体推进剂的分类方法较多，例如按用途分类可分为主推进剂、启动推进剂和辅助推进剂；按推进剂所包含的组元数目分类可分为单组元、双组元和多组元推进剂；按组元直接接触时的化学反应能力分类可分为自燃推进剂和非自燃推进剂；按推进剂组元保持液态的温度范围分类可分为高沸点推进剂和低沸点推进剂；按长期条件下推进剂物理、化学稳定性分类可分为长期贮存推进剂、短期贮存推进剂或分为地面可贮存、空间可贮存和不可贮存推进剂等。目前，比较普遍采用的方法有：

1.按液体推进剂所包含的组元数目分类

(1)单组元液体推进剂。单组元液体推进剂是通过自身分解或燃烧进行能量转换并产生工质的。单组元液体推进剂一般分为三类：一是在分子中同时含有可燃性元素和燃烧所需的氧化物，如硝基甲烷、硝酸甲酯等；二是在常温下互不产生化学反应的稳定混合物，如过氧化氢-甲醇等；三是在分解时能放出大量热量和气态产物的吸热化合物，如肼等。单组元液体推进剂能量偏低，一般只用在燃气发生器或航天器的小推力姿态控制发动机上，其推进系统结构简单、使用方便。目前，中、高能单组元液体推进剂尚在研究之中，关键是解决使用安全问题。

(2)双组元液体推进剂。双组元液体推进剂是由液体氧化剂和液体燃烧剂两种组元组成的，氧化剂和燃烧剂分别贮存于各自的贮箱，有各自的输送管路，并且在燃烧室以外不混合。现代液体火箭发动机广泛采用双组元液体推进剂。

(3)多组元液体推进剂。多组元液体推进剂是由多于两种组元组成的液体推进剂，例如三组元推进剂。三组元推进剂由氧化剂、燃烧剂和摩尔质量小的组元组成，液氢和甲烷等都是摩尔质量小的组元。采用第三种组元后，可增大动力装置的比冲，但同时也使结构复杂，飞行器的质量增大。当前正在研究在液体推进剂组元中加入轻金属(锂、铍等)和硼化物，以提高推进剂的能量。

2.按液体推进剂的贮存性能分类

(1)地面可贮存推进剂。可贮存推进剂在地面环境温度下是液体，可在密封贮箱内长期贮存，不需要外加能源对推进剂进行加温熔化或冷却液化，例如硝酸和煤油。一般规定以下几项要求：

1)临界温度应不低于地面环境的最高温度,常规定不低于 323 K(也有规定不低于 343 K);

2)在 323 K 时,蒸气压不应大于 2 MPa(或 343 K 时,蒸气压不应大于 3 MPa);

3)在贮存期内,液体推进剂本身不应分解变质、产生沉淀或放出气体,常规定不低于 323 K 时,年分解速率不大于 1%;

4)对与液体推进剂相接触的部件不产生腐蚀,常规定年腐蚀速率不大于 0.05 mm。

(2)空间可贮存推进剂。空间可贮存推进剂是指那些在地面环境温度下不可贮存或难以贮存,但在空间环境下可以贮存的液体推进剂,比如氨。这类推进剂的沸点要求应低于空间的环境温度,但要高于 200 K。

(3)不可贮存推进剂。不可贮存推进剂如低温推进剂是在环境温度下是气态,低温下液化,如液氧(-183℃)或液氢(-253℃)。这种推进剂的贮箱需要有放气和减小蒸发损失的措施。它的优点是能量高,但使用不方便,必须保持低温环境。

3.2.3　常用液体推进剂

由于液体推进剂具有能量高、价格低廉、推力易调节和控制、氧化剂与燃烧剂可接触自燃且可重复点火启动、易实现大推力等优点,故在战术和战略导弹的动力系统、运载火箭及各类航天器的姿态控制发动机上得到了广泛的应用。

1. 双组元推进剂

目前,在各种火箭发动机上应用最广泛的是双组元推进剂。使用这种推进剂的发动机,不仅比冲高,而且能保证安全可靠和便于调节。作为液体推进剂的氧化剂组元,有液氧、硝基类、过氧化氢、氟类及硝酸与四氧化二氮的混合系列、四氧化二氮与一氧化氮混合系列等 10 余种。表 3-1 列出了氧化剂组元的种类。

表 3-1　液体推进剂氧化剂组元的种类

类或系	举　例
液氧	液氧(O_2)
过氧化氢	过氧化氢(H_2O_2)
氟类	液氟(F_2)、三氟化氯(ClF_3)、五氟化氯(ClF_5)
硝基类	硝酸(HNO_3)、四氧化二氮(N_2O_4)
硝基系	硝酸-15(HNO_3 85% + N_2O_4 15%) 硝酸-20(HNO_3 80% + N_2O_4 20%) 硝酸-27(HNO_3 73% + N_2O_4 27%) 硝酸-40(HNO_3 60% + N_2O_4 40%)
混氮系	MON-10(N_2O_4 90%+NO 10%) MON-30(N_2O_4 70%+NO 30%)

作为液体推进剂的燃烧剂组元,有氢、肼及其衍生物、胺类、烃类、醇类及混肼、混胺、胺肼、油肼系列等近 30 种。表 3-2 列出了液体推进剂燃烧剂组元的种类。

表 3 - 2　液体推进剂燃烧剂组元的种类

类或系	举　例
氢类	液氢(H_2)
醇类	甲醇(CH_3OH)、乙醇(C_2H_5OH)、异丙醇(C_3H_7OH)、糠醇(C_5H_5OH)
肼类	肼(N_2H_4)、一甲基肼[代号为 MMH]($C_2H_3N_2H_3$)、偏二甲肼(代号为 UDMH)[$(CH_3)_2N_2H_2$]
胺类	氨(NH_3)、乙撑二胺[$C_2H_4(NH_2)_2$]、二乙撑三胺[$H(C_2H_4NH)_2NH_2$]、三乙胺[$(C_2H_5)_3N$]
苯胺类	苯胺($C_5H_6NH_2$)、二甲苯胺[$(CH_3)_2C_6H_3NH_2$]
烃类	煤油、甲烷(CH_4)、乙烷(C_2H_6)、丙烷(C_3H_8)
混肼系	混肼-Ⅰ(肼 50%＋偏二甲肼 50%)、混肼-Ⅱ(偏二甲肼 50%＋ 一甲基肼 50%)
胺肼系	胺肼-Ⅰ(偏二甲肼 10%＋二乙撑三胺 90%)
	胺肼-Ⅱ(偏二甲肼 60%＋二乙撑三胺 40%)
油肼系	油肼-Ⅰ(煤油 60%＋偏二甲肼 40%)

(1)常用液体氧化剂。

1)液氧(LO_2)。液氧是淡蓝色透明液体,无毒、无味。它是利用液化空气的方法获得的,故来源丰富、生产容易、价格低廉。

液氧是强氧化剂,能强烈地氧化其他物质,但不能自燃,它与液氢组成高能火箭推进剂,比冲可达 4 500 m/s。

液氧化学稳定,对机械冲击不敏感也不分解。在常温下极易蒸发,在绝热良好的条件下,每昼夜的蒸发率可小于 1%。

液氧与脂肪、凡士林、苯、酒精、润滑油接触时,会发生快的氧化反应,若加压会发生爆炸。氧气与乙炔、甲烷、氢气等以适当的比例混合极易爆炸。

液氧与材料的相容性问题主要是由于氧化和低温造成的。在使用时要注意一些金属(如钛)在某些状态下能与液氧起剧烈的氧化反应。下列材料可以在液氧中使用:铝及其合金、不锈钢、铜及其合金、镍及其合金等。适应于液氧的非金属材料不多,使用中比较满意的有四氟乙烯的聚合物、未增塑的三氟氯乙烯聚合物、石棉、特殊的硅橡胶等。

液氧对人体的危害主要是由于低温造成的,它与人体接触会造成低温冻伤。

2)硝酸(HNO_3)。硝酸是火箭技术上使用最早、应用最广的氧化剂。

火箭发动机一般采用浓度为 90%～98% 的硝酸,在常温下是无色的液体,有刺激性气味,不太稳定,易分解挥发,其蒸气易吸收空气中水蒸气而形成白色烟雾,这种硝酸叫白色发烟硝酸。

硝酸是一种强氧化剂,但同液氧比较,能量指标相对低一些。为提高硝酸的性能,通常加入适量的四氧化二氮。加入四氧化二氮后,不仅使推进剂热值提高,而且密度提高,冰点降低,同时也改善了发动机的启动性能。

四氧化二氮能良好地溶于硝酸到一定的浓度,超过这个浓度便分层。N_2O_4 在硝酸内的极限溶解度同温度有关:在 18～20℃时,极限溶解度为 55%。N_2O_4 在硝酸内溶解时,部分离

解生成 NO_2。硝酸的颜色随着 NO_2（呈棕色）含量的增加，由橙黄色至深棕色。现在常用的就是这种红色发烟硝酸。例如硝酸 - 20、硝酸 - 27，表示硝酸中含四氧化二氮的质量占 20% 和 27%。在常温下，红色发烟硝酸蒸气压力相当高，在贮存、运输中要防止爆炸和泄漏发生。

由于硝酸密度大、比热大、沸点高、冰点低，加上流量比煤油大五倍，所以它是一种很优良的冷却剂。硝酸液态范围较宽（沸点 85.3℃，冰点 -41.6℃），贮存、运输和使用都比较方便。同时硝酸易于和多种燃烧剂组成自燃推进剂，使发动机结构简化、启动可靠。

硝酸的来源丰富，容易制造，价格低。但其蒸气有毒，对许多金属材料有腐蚀性，含水硝酸腐蚀性更大。只有不锈钢、铝合金等少数几种金属材料可做容器和导管。为降低硝酸的腐蚀性，可以加入少量的氢氟酸（HF）、正磷酸（H_3PO_4）等做阻蚀剂。使用硝酸时应穿戴有氧气自给系统的防毒面具和防酸工作服。

3）四氧化二氮（N_2O_4）。四氧化二氮是一种红棕色液体。在冰点（-11.22℃）以下，四氧化二氮为无色的晶体。四氧化二氮极易蒸发，在常温下四氧化二氮部分离解为二氧化氮，即

$$N_2O_4 \rightleftharpoons 2NO_2 + Q \quad (N_2O_4 \text{ 无色、} NO_2 \text{ 棕色})$$

以前，四氧化二氮在火箭技术上主要用来作为提高硝酸性能的添加剂，近年来开始单独作为氧化剂使用。它的能量特性比硝酸高，密度也比较大（在 20℃ 时为 1.44 g/mL），与同样的燃烧剂配对时，比冲比硝酸的高。

四氧化二氮的蒸气呈红褐色，有刺激性臭味。纯四氧化二氮腐蚀性比硝酸弱，但受潮或与水混合就恢复强的腐蚀性。

四氧化二氮与胺类或肼类燃烧剂配对时，能组成自燃推进剂。

四氧化二氮来源丰富、易于生产、价格低，但其沸点（22.15℃）低，冰点（-11.22℃）高，易凝结和挥发，因此使用温度范围较小，给使用、运输带来一定困难。使用过程中应注意，含水量较大的四氧化二氮对钢有强烈的腐蚀作用，而干燥的（0.1% 湿度）四氧化二氮可安全地贮存在钢的容器中。四氧化二氮是氮的氧化物中毒性最大的一种，使用中要特别注意人员的安全防护，应该穿戴有氧气自给系统的防毒面具和防酸工作服。

总的来说，四氧化二氮还是目前比较稳定的可贮存的氧化剂。

4）三氟化氯（ClF_3）。三氟化氯是二次大战以后发展起来的一种高性能的可贮存氧化剂。其突出优点是密度大（在 11.75℃ 时为 1.85 g/mL），因此人们对这种氧化剂的发展十分关心。

三氟化氯具有优良的理化性能，和肼类燃烧剂配对，比冲可达 2 884 m/s，密度比冲达 400 以上，并可在常温下贮存 11 年，对冲击、电火花不敏感。三氟化氯的活性非常强，这是它的优点，又是它的缺点。

三氟化氯在一定条件下可以和所有已知可燃物质发生剧烈的自燃，是良好的自燃推进剂组元，但三氟化氯的毒性大，对皮肤、眼睛危害大。

由于三氟化氯性能优良、密度大、可贮存性好，很适合在军用导弹上使用。

正在发展中的五氟化氯（ClF_5）被称为"近年来液体推进剂方面的一个突破"。试验证明，当压力比相同时，$ClF_5 + N_2H_4$ 比 $ClF_3 + N_2H_4$ 的比冲高 130 m/s。

（2）常用液体燃烧剂。

1）液氢（LH_2）。液氢为无色、透明的液体，它的热值高、比热大。液氢与液氧组成的推进剂无毒，不腐蚀结构材料，其燃烧产物为水蒸气，无污染。液氢极易蒸发，难于贮存，因此液氢

系统必须严格地绝热。使用液氢的系统设备中不能存有湿气和空气,在加注液氢前应对系统设备进行气体置换,先用氮气置换空气,再用氦气置换氮气。此外还应有排气和气封系统。

氢气易爆炸,在正常情况下,若绝热良好,则因蒸发而引起爆炸的危险性很小。但贮存液氢时,要注意随时排放其蒸气,以防爆炸。存放液氢的库房应装有自动报警系统,并有相应的安全防爆措施。

液氢温度极低,盛放液氢的容器需要很好的绝热。不锈钢、镍铬合金、高镍钢、低碳钢等都可用作液氢的容器。

液氢生产难,故价格贵,但由于它的能量高,在航天器运载工具上应用广泛。

2)煤油。煤油属于烃类燃料,是透明的液体。颜色由水白色到淡黄色不等。煤油不溶于水,但本身是一种优良的溶剂。煤油的主要成分是烷烃、环烷烃、芳香烃。不同牌号及产地的煤油,其组成和性质是不同的,故组成及性质是一种平均值。

苏联火箭使用的煤油有 T-1 和 T-5,美国有 JP-4 和 RP-1。国产的煤油有抚顺 T-5 和 9# 以及荆门 21#,其性质与苏、美煤油性质相近,有希望作为火箭燃料用。煤油来源丰富、生产容易、价格低。

煤油沸点高,可长期贮存。煤油的稳定性良好,对冲击、振动、压缩、摩擦不敏感。烃类燃烧剂除了铅、镉、铜外,与其他黑色及有色金属都相容,与之相容的塑料有聚乙烯、聚四氟乙烯、聚三氟氯乙烯、聚酰胺等。与之相容的橡胶有氯丁橡胶、丁腈橡胶等,其他类橡胶不宜采用。

煤油热值比酒精高,比肼类燃烧剂低。煤油的燃烧不太稳定,不能与常用氧化剂组合成自燃推进剂,但在煤油中加入一定量的偏二甲肼可显著地改善它的点火性能和燃烧稳定性。加入偏二甲肼的煤油称为油肼,有毒。油肼可与硝酸等氧化剂组成自燃推进剂。

煤油的毒性主要来源于芳香烃。吸入、吞入或与皮肤接触会引起中毒。使用时应注意安全防护,严格控制它在空气中的允许浓度,注意采取安全防爆措施。

3)胺类(含氮的有机化合物)。氨分子(NH_3)中的氢原子被烃基取代的衍生物叫作胺。

胺类作为液体火箭推进剂的燃烧剂是与它的燃烧特性分不开的,胺类与浓硝酸接触时,即能发生自燃。这种自燃推进剂的燃烧性能比非自燃推进剂要稳定得多。

根据氨分子中的氢原子被取代的基团不同而得到不同的产物,可分为脂肪胺、芳香胺、氢化芳香胺和杂环胺四类。经常用作燃烧剂的是脂肪胺和芳香胺。

脂肪胺和芳香胺的种类很多,常用的有三乙胺和间二甲苯胺。

a. 三乙胺[$(C_2H_5)_3N$]。三乙胺是由乙醇和氨按胺化过程反应而得到的。胺化过程是以氧化铝为接触剂,在390~400℃和6~6.5 MPa下在气相中进行的。三乙胺外观为无色液体,具有氨的气味。三乙胺和二乙胺(三乙胺自动分解一定量的二乙胺与之共存)的物理性质列于表3-3中。当温度高于18.6℃时,三乙胺完全溶于水。三乙胺有毒,吸入它的蒸气会损伤呼吸器官和神经系统。空气中允许的三乙胺浓度不得超过0.5 mg/L。由于三乙胺与空气混合生成爆炸混合物,因此,在进行工作时必须遵守安全防火措施。当温度较低时,三乙胺自燃性能变差。若在硝酸中加入一定量的硫酸或四氧化二氮时,能使三乙胺同硝酸组成的推进剂性能变好。

表 3 - 3 二乙胺、三乙胺的物理参数

物理性质		二乙胺	三乙胺
密度	$(10℃,kg/m^3)$	777	758
	$(20℃,kg/m^3)$	726	743
熔点/℃		−50.0	−114.8
沸点/℃		55.3	89.5
黏度/$(25℃,cP)$		346	363
蒸气压/mmHg		112.2(45℃)	106(35℃)
导热性/$(kJ \cdot cm^{-1} \cdot s^{-1} \cdot ℃^{-1})$		1.382	1.126
在空气中点燃浓度极限体积分数/(%)	上限	14.9	6.1
	下限	2.2	1.5
在空气中点燃温度/(℃)		490	510

b. 二甲苯胺 $[(CH_3)_2C_6H_3NH_2]$。二甲苯胺是由硝酸二甲苯还原而得到的,它是一种同素异构体的混合物。二甲苯胺外观为深棕色的油状液体,很难与水混合。其密度为 0.98 g/mL,熔点为 −54℃,沸点为 210℃。其毒性与三乙胺相似。

其中,间二甲苯胺与硝酸组成自燃推进剂,其延滞期为 0.02～0.03 s,是所有二甲苯胺中点火延滞期最短的一种。

4)肼类燃料。常用的肼类燃料有肼(N_2H_4)、偏二甲肼($(CH_3)_2N—NH_2$)、混肼 - 50 (50%偏二甲肼+50%肼)、一甲基肼($CH_3NH—NH_2$)。这类燃烧剂在火箭上应用得很普遍。

a. 肼。肼具有能量高、密度大、燃烧稳定性好和预热性能好等优点,是最有发展前途的燃烧剂之一。

肼是一种氮氢化合物,具有氮化合物的主要特点,当反应生成氮时,就能放出大量能量,即使不另加氧化剂,肼自身分解反应也能释放出相当多的能量。如肼在催化剂(铱、硫化钨和硫化钼等)的作用下,其分解放热反应为

$$2N_2H_4 \longrightarrow 4NH_3 + N_2 + 33\ 570\ kJ/mol$$

肼是一种强还原剂,活性较大,能与多种氧化剂(如硝酸、四氧化二氮、液氧和三氟化氯)配对,有的能组成自燃推进剂。肼除了能量高外,还能生成良好的燃烧产物,如燃烧产物分子量小、比热大等。肼在常温下是无色透明的有毒液体,其蒸气与空气混合很容易着火,并有爆炸危险性。肼对电火花很敏感,其冰点(2℃)又高,对贮存、运输和使用带来不便。

肼很少单独使用,常与偏二甲肼组成高能燃烧剂。

b. 偏二甲肼。偏二甲肼既有接近于肼的高性能优点,又克服了肼存在的某些缺点(如冰点偏高),是一种比较稳定,有适当的沸点和冰点,又能与石油产品相混溶的比较理想的燃烧剂。

偏二甲肼在常温下是一种无色有吸湿性的液体,当与空气接触时能吸收空气中的氧和二氧化碳,颜色逐渐发黄。

偏二甲肼的能量略低于肼,密度较小。若在偏二甲肼中加入二乙三胺,可以提高密度,性

能也比较好。如美国红石Ⅱ型导弹,将液氧+乙醇改为液氧加60%偏二甲肼和40%二乙三胺的混合物,这种配对比原来的比冲提高了10%。

偏二甲肼与胺可组成高能燃烧剂。如美国大力神Ⅱ型导弹,用50%肼和50%偏二甲肼(称混肼)作为燃烧剂,与四氧化二氮配对时,比冲可达2 825 m/s。

偏二甲肼的毒性比肼还高,空气中允许的浓度极限是百万分之零点五,它的蒸气与空气混合,形成易燃易爆的气体。

综上所述,偏二甲肼具有高性能的特点,沸点高达63.1℃,冰点为-57.2℃,密度在25℃时为0.73 g/mL,化学性质较安定。因此,它是一种既可做冷却剂,又可贮存,得到广泛使用的高能燃烧剂。但对其毒性必须采取严格的防护措施。

2.单组元推进剂

单组元推进剂在火箭技术中的使用是比较有限的,其原因是它们的能量特性较低和爆炸危险性高。由于使用单组元推进剂能极大地简化推进剂的生产、贮运和加注工作,还可以简化火箭发动机推进剂系统及提高发动机工作的可靠性,人们对改善和研制新品种单组元推进剂的工作仍在进行。现今,单组元推进剂多用于燃气发生器,用来推动涡轮泵工作以及一些辅助火箭发动机。

单组元推进剂有过氧化氢、肼、硝酸酯类、硝基烷烃类、环氧乙烷及混合型单组元推进剂等10余种。表3-4为单组元推进剂种类。

(1)过氧化氢。火箭发动机中使用的过氧化氢浓度为70%~100%,其余主要是水。由于过氧化氢分子中含有大量的活性氧,所以过氧化氢可成为可燃物质的氧化剂。此外,过氧化氢分解时会产生热能,因此,过氧化氢既可成为双组元推进剂中的氧化剂(例如过氧化氢与肼接触能自燃,与煤油能很好地燃烧),其本身又可成为一种单组元推进剂。

当过氧化氢作为单组元推进剂时,其按以下化学反应式分解,生成过热蒸气和气态氧:

$$H_2O_2 \longrightarrow H_2O + \frac{1}{2}O_2 + Q$$

分解是在催化剂作用下发生的,催化剂有各种液体高锰酸盐、固体二氧化锰、铂和氧化铁。在液体火箭发动机中,过氧化氢主要用作单组元推进剂,浓度为90%的过氧化氢用作单组元推进剂时理论比冲为1 442 m/s。

表3-4 单组元推进剂种类

种 类	举 例
过氧化氢	过氧化氢(H_2O_2)
肼	肼(N_2H_4)
硝酸酯类	硝酸正丙酯($C_3H_7NO_3$)、硝酸异丙酯($C_3H_7NO_3$)、Otto-Ⅱ[$C_3H_6(NO_3)_2$76%]
硝基烷烃类	硝基甲烷(CH_3NO_2)、硝基乙烷($C_2H_5NO_2$)、硝基丙烷($C_3H_7NO_2$)、四硝基甲烷[$(CNO_2)_4$]
环氧乙烷	环氧乙烷(C_2H_4O)
混合型	过氧化氢与乙醇混合($H_2O_2 + C_2H_5OH + H_2O$) 过氧化氢与甲醇混合($H_2O_2 + CH_3OH + H_2O$) 四氧化二氮与苯混合($N_2O_4 + C_6H_6$ 或 $N_2O_4 + C_7H_8$) 肼与硝酸肼混合($N_2H_4 + N_2H_5NO_3 + H_2O$)

(2)硝酸酯类。硝酸正丙酯是一种挥发性的液体,有乙醚的香味,易分解并发生爆炸。硝酸正丙酯的分解对铜和镍比较敏感,但能在合金钢和铝制容器内长期存放。

硝酸异丙酯是一种无色或略带黄色的透明液体,具有乙醚的气味。它能良好地溶于醇类、乙醚、丙酮、苯、汽油内,在水中溶解较少。硝酸异丙酯用碱溶液水解极慢,用酸溶液可迅速水解。这是一种不太稳定的酯,它稍许吸收水分后,便会分解成异丙醇和氮的氧化物,此氧化物与水作用生成硝酸和亚硝酸,使推进剂腐蚀性加剧。但在密封的容器内,硝酸异丙酯可长期存放。

(3)硝基甲烷。硝基甲烷是一种高热值的、比较贵的、有爆炸危险的单组元燃烧剂。硝基甲烷有毒,在常温下是一种轻油状液体,在工业中用作溶剂和油漆或涂料的组成部分。其沸点为 110℃,熔点为 29℃,在 35 atm 时燃烧产物的温度为 2 170℃。硝基甲烷燃烧时,生成暗淡的几乎看不见的火焰。

3. 高能燃烧剂

高能燃烧剂是指硼化合物和金属,可作为三组元推进剂的第三组元。实际上它还是一种燃烧剂,只是由于不能单独作为燃烧剂,而且有时由于化学相容性的问题,它又只能单独向燃烧室输送,所以另归为一类来研究。这类物质比前述的一般燃烧剂有更高的密度和能量特性。

(1)硼及化合物。硼的发热量比碳高 78%,因此硼、硼烷(硼氢化合物)及其衍生物(烃基硼烷等)比常用的烃类燃烧剂优越。在含氢量大致相同的情况下,硼氢化合物燃烧时所发出的热量比烃类物质高 50%～60%。

纯硼是一种黑色的固体,在 2 300℃时熔化,2 550℃时沸腾,在空气中加热至 800℃时即燃烧。晶体结构的硼密度为 3 300 kg/m^3,而无定形硼的密度为 2 300～2 340 kg/m^3。

最适用于作燃烧剂的是两种硼氢化合物:五硼烷和十硼烷及它们的烃基衍生物。

1)五硼烷(B_5H_6)。五硼烷为轻质液体,密度为 610～630 kg/m^3,沸点和结晶点都很低(+58℃,-47℃)。在常温下五硼烷的分解不显著,在 150℃时分解显著增加,而 300℃时分解则很迅速。五硼烷在水作用下分解加剧。五硼烷蒸气与空气的混合物有爆炸性,在个别情况下可能自燃。五硼烷有剧毒,能损害中枢神经系统。五硼烷易于溶解在烃内,可以与烃类燃烧剂混合使用。

2)十硼烷($B_{10}H_{14}$)。十硼烷为固态物质,密度为 920 kg/m^3,熔点为 99℃,沸点为 213℃。它在固态下是很安定的,在 170℃时开始显著地自发性分解。固态十硼烷在常温下与氧不起作用,但液态十硼烷在 100℃下能在空气中自燃。十硼烷常被溶解在液态烃类或五硼烷内使之成为溶液或悬浮液使用。十硼烷不易挥发,比五硼烷使用安全。

含硼燃烧剂可与各种不同氧化剂组合而用于液体火箭发动机。

(2)金属。金属燃烧剂是以细微粉末状进入燃烧室的。一般是掺在液态或胶态烃类燃烧剂内。为了增加金属悬浮液的稳定性,需提高烃类燃烧剂的黏度。通常在烃类燃烧剂内加入高分子有机物质,如橡胶、聚异丁烯、蜡及皂类、高分子有机酸的铝盐、钠盐等。可用作火箭燃烧剂组分的金属中最好的是铍、铝、镁、锂。

1)铍。铍是银灰色的脆性轻金属,在 20℃下密度为 1 820 kg/m^3,熔点为 1 284℃,沸点为 2 970℃。在常温下,其表面生成一层氧化铍(BeO)薄膜,这层薄膜能保护铍,使之免受空气中氧和水的作用。铍在加热时极易氧化,是一种稀有而贵重的金属。

2)铝。铝是自然界中一种最常见的金属。其密度为 2 700 kg/m^3,熔点为 660℃,沸点约为 2 500℃。无论在固体状态下还是在液体状态下,它都能氧化并被生成的坚固的 Al_2O_3 氧化膜保护起来。铝的贮藏量极为丰富,工业产量很大,非常适合作为燃烧剂。

3)镁。镁是银白色金属,比铝和铍还轻,密度为 1 700 kg/m^3,熔点为 651℃,沸点 1 120℃。镁在空气中易氧化而变暗,在 550~600℃时燃烧,燃烧时发出炫目的白色火焰。镁自然贮藏量及工业产量都很高。

4)锂:锂是银白色金属,很轻,密度为 530 kg/m^3,很软。锂在空气中与氧和氮作用而变黑。在 180℃时熔化,在 1 330℃沸腾。

从能量特性上讲,铍的燃烧热量高,镁和锂次之,铝最低。

金属作为燃烧剂,优点是燃烧热高,密度大。但是由于生成气态产物少,故很少单独用作主燃烧剂。

3.2.4 液体推进剂的发展

1.发展历程

液体推进剂是在 20 世纪初才开始发展的,比固体火箭推进剂晚得多。但是液体推进剂在 20 世纪上半叶,应用于战略、战术导弹的液体发动机及大型运载火箭发动机上却要比固体推进剂早且广泛。这主要是由于受到当时制造大型固体药柱工艺、大型发动机壳体的金属材料及制造工艺技术的限制,还有重要的一点是,当时固体推进剂的使用性能难以胜任大型运载火箭的要求。

液体推进剂的发展大致可分为三个阶段:

(1)探索阶段:主要是在第二次世界大战前的这一阶段。这一时期,世界上很少有专门从事液体推进剂研制的机构,但在液体推进剂的研究方面还是有成就的。例如,指出了热效应大小与参与反应元素原子量之间的关系;提出了多种供选择的燃烧剂和氧化剂;进行了固液推进剂及液氧/汽油火箭发动机试验;发现了自燃推进剂;将液氧/酒精推进剂应用于 V-2 火箭的研究。所有这些成就,为后来的液体推进剂的发展奠定了基础。

(2)第二阶段:从第二次世界大战末到 20 世纪 60 年代中期。这一时期,各大国为了争夺军事和空间优势,加紧了对火箭、导弹用液体推进剂的研究,开发研制了一系列新的液体推进剂。其中得到广泛应用的是硝基类氧化剂和肼类燃烧剂,为导弹使用的液体推进剂由不贮存向可贮存发展创造了条件,而且解决了液氢的大规模生产和使用过程中的正、仲氢转化及绝热贮存问题,为低温推进剂的使用奠定了基础。在此阶段,研制成功了 SHELL-405 肼催化剂,为航天器的姿态控制发动机使用液体推进剂提供了发展前景。

(3)第三阶段:从 20 世纪 70 年代以来的发展阶段。这一阶段继续进行氟系氧化剂的研究,苏联研制成功采用液氟/液氨为推进剂的 РД-301 发动机,并且进行使用氟推进剂的多功能发动机研制。为了开发廉价且无毒推进剂,重新对煤油、甲烷、丙烷及乙醇等烃类燃烧剂在大型运载火箭和航天飞机上的应用可行性进行了广泛的论证研究,并取得了进展。

2.最新发展

液体推进剂的发展是随着导弹技术和航天活动的发展而发展起来的。其研究工作主要是应用性研究,提高液体推进剂的能量特性和使用性能一直是液体推进剂研究与发展的两个重要方面。

(1)提高液体推进剂的能量特性。推进剂的能量特性是其重要的性能之一。推进剂的能量特性对液体火箭发动机、推进剂贮箱结构及弹(箭)总体性能有着重要的影响。在有效载荷确定的情况下,选用高能量的推进剂就可以增大射程或减小起飞质量;而当起飞质量确定时,若选用高能量推进剂,则可以增加有效载荷或增大射程。

在提高液体火箭推进剂能量特性方面,推进剂研究人员采取了多条途径,如研制新型高能推进剂以及在现有液体推进剂中添加含能材料等。

1)新型推进剂。采用新型高能量密度物质(High Energy Density Materials,HEDM)可以在近期提高比冲。

a.高密度吸热型碳氢推进剂。高密度吸热型碳氢推进剂是一种新型的推进剂,一般多指密度大于 0.70 g/mL、进入燃烧室之前发生化学反应裂解为小分子烯烃时吸收热量(化学热沉)、在燃烧室中能将所裂解的小分子烯烃完全转化为发动机推力而没有任何能量损失的一种推进剂。这种推进剂与传统推进剂相比,不但可以使飞行器体积较小、有效载荷较大、安全性能良好,而且解决了飞行过程中的冷却问题,是未来数十年推进剂发展的方向之一。

b.原子氢推进剂。原子氢推进剂是将原子氢贮存在固氢颗粒中,用液氢带动固氢流动,与液氧配对,通过采用原子态 HEDM 推进剂,形成原子氢推进剂,可以将比冲在 O_2/H_2 的基础上提高 1 000 m/s 以上,这就使飞行器的结构更加紧凑,起飞质量减少 80%。目前原子氢推进剂主要用于航天飞行器,冲压发动机也可以采用。

2)液体推进剂中添加含能材料。加入添加剂可以改善液体推进剂的下列使用性能:降低冰点、减小腐蚀性、便于点火以及使燃烧稳定。

a.在液体推进剂中添加高能材料。在常规的液体推进剂中,添加一种或几种具有较高能量的材料,来提高液体推进剂的能量密度,从而可以形成一种新型的高能液体推进剂。在液体推进剂中添加的含能材料可以是液体也可以是固体,能够添加的液体包括硝基烷类和硝酸酯类;能够添加的固体主要是固体含能材料,如 TNT,RDX,NC 等。硝酸酯和硝基烷类由于具有较高的能量特性,主要应用于鱼雷推进、运载火箭以及导弹系列推进上。

b.在液体推进剂中添加纳米材料。纳米材料是指一维、二维、三维尺寸在 1~100 nm 范围内的颗粒状、片状或液状物质。由于其超细物性,能在液体中均匀地分散,具有良好的"混溶"作用,选用金属或非金属纳米材料添加到液体推进剂中,不仅可以达到两相物质的稳定均匀分散和长期贮存,而且可提高添加比例,从而改善推进剂的燃烧性能,燃烧效率得到很大的提高,燃速得到显著增大,实现大幅度提高比冲的目标。常用的高热值的金属如铝、铍等,非金属如硼、碳等。根据美国的应用研究情况,纳米材料液体推进剂预计可应用于动能杀伤器KKV 的动力装置和未来快速机动发射导弹武器系统,还可以改善现役导弹机动使用性能以及新一代大运载、运载火箭上面级及飞行员弹射系统等。

(2)提高液体推进剂的使用性能。液体推进剂的使用性能包括物理化学性能、点火与燃烧性能、材料相容性及贮存性能、爆炸及毒性等。使用性能直接影响着火箭(导弹)的总体结构和分系统结构的设计。对于导弹来说,为了满足作战需要,液体推进剂必须能在足够宽的温度范围内保持液态,易于贮存且物理-化学性质稳定,具有更加安全的使用性能。

从 20 世纪 70 年代以来,许多国家都对液体推进剂的使用性能进行了大量试验研究。目前为止,人们很难找到一种能满足所有重要性能要求的液体推进剂。有的推进剂能量高,但密度低、安定性差;有的推进剂密度高,但具有较强的腐蚀性;有的推进剂价格低廉,但点火性能和燃烧性能不好;有的推进剂具有很强的氧化能力,但不能贮存;还有的推进剂,具有很好的燃烧性能,但毒性较大。因此,液体推进剂的使用性能是人们长期以来研究的重要课题。研究人员利用混合法,将相溶的两种或多种液体推进剂以一定比例混合,取长补短改善性能。例如,肼类是燃烧性能良好的燃烧剂,而且能量较高,密度较大,但肼类的冰点高(+1.4℃),其热稳定性也不好,因此,不能在冬季地面环境中使用,也不能作发动机再生冷却剂使用。但如果它与密度大的胺类、价廉的烃类按适当比例混合,可组成一系列的燃烧剂,如混肼系列、胺肼系列及油肼系列等混合燃烧剂。另外用添加剂法也可改善性能。如红烟硝酸,它是由纯硝酸和四氧化二氮按一定比例混合而成的氧化剂,氧化力强、冰点低、沸点高,且与各种肼类、胺类燃烧剂接触能自燃,但是它对各种金属及非金属材料的腐蚀性很强。为了减小腐蚀性,可在红烟硝酸中添加缓蚀剂(如磷酸、氢氟酸、五氟化磷或磷酸与氢氟酸同时加入)。

此外,当前研究人员正在进行凝胶类推进剂组元的研究工作。例如,将液氢研制成胶氢,胶氢不仅具有高能量,而且使其密度大大增加,可以显著减小贮箱体积,其应用价值将是非常可观的。

3.3 液体火箭发动机的基本组成

液体火箭发动机是一个相当复杂的系统,虽然其系统方案和具体组成可随使用它作为推进装置的导弹或其他飞行器的不同要求而变化,但其主要组成部分是类同的。一般情况下,液体火箭发动机的组成都有推力室、推进剂贮箱、推进剂供应系统、涡轮工质供应系统、增压系统、自动器等几部分。

3.3.1 推力室

推力室是发动机燃烧和产生推力的装置。在此,液体推进剂经喷注、雾化、混合和燃烧而形成气态反应产物,然后气态产物被加速并以高速喷出而产生推力。推力室由喷注器、燃烧室和喷管组成,如图3-2所示。

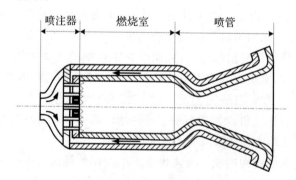

图3-2 典型推力室结构示意图

1.喷注器

喷注器也称推力室头部,其作用是将推进剂喷入燃烧室,并使其雾化、混合。图3-3所示为喷注器的结构示意图,喷注器主要包括顶盖和喷注盘。对于采用双组元推进剂的推力室,顶盖和喷注盘通常形成三底(上底、中底和下底)两腔(氧化剂腔、燃烧剂腔,也称内腔和外腔)。喷注盘上有氧化剂和燃烧剂的喷嘴以及相对应的流动通道和集液腔。喷注盘的结构通常为平板状,氧化剂和燃烧剂的喷嘴在喷注盘上的排列都是按照一定排列方案分布的。喷注器各组成部分通常用焊接的方式连接成一个整体构件,再与推力室身部采用焊接方式连接。

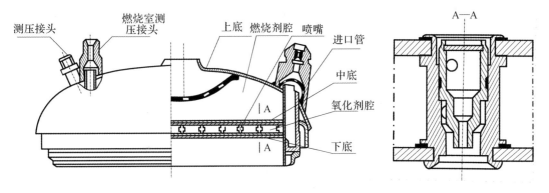

图 3-3　喷注器的结构示意图

此外,在喷注器壳体上还有连接管,用来连接推进剂组元的输送管路。喷注器上用隔板分成内腔和外腔,对于非自燃推进剂还安装有点火装置。为了提高燃烧稳定性,防止破坏性不稳定燃烧,还装有防震隔板或声腔等稳定装置。

(1)喷嘴。喷嘴是将推进剂组元喷入燃烧室的专门零件,是构成喷注器最基本的元件。目前在液体火箭发动机上采用的喷嘴类型,按工作原理的不同,归纳起来有两种:直流式喷嘴和离心式喷嘴。

1)直流式喷嘴。直流式喷嘴可以直接在喷注盘上钻小孔,也可以制成单独的部件安装到喷注盘上,如图 3-4 所示。

液体靠喷嘴压降$(\Delta p = p_0 - p_c)$呈轴向射流形式喷入燃烧室。射流的破碎,一方面是依靠射流与燃气的摩擦分裂成一个个液滴,一方面是由于射流中压强的波动,使液滴分裂成小液滴。

此种喷嘴的优点是结构简单,制造方便,流量大。但由于雾化锥角小,雾化质量差,雾化区长,燃烧效率低。

2)离心式喷嘴。使流过喷嘴的液体人为地产生旋转,这种喷嘴叫作离心式喷嘴。液体从离心式喷嘴的出口喷出时,受到离心力的作用,形成一个中空的

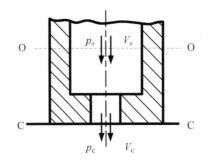

图 3-4　直流式喷嘴简图

圆锥形薄膜射流,这种薄膜很快地分散成小液滴。离心式喷嘴能产生较大的雾化锥角 2α(可达 120°),这可使推进剂组元的雾化锥很短,因此使推进剂组元的雾化区长度大大缩短。所以,离心式喷嘴在雾化质量方面大大优于直流式喷嘴。离心式喷嘴一般又可以分为单组元离心式喷嘴和双组元离心式喷嘴。

a.单组元离心式喷嘴。根据液体旋转的方法不同,单组元离心式喷嘴可分为切向孔离心式喷嘴和具有涡流器的离心式喷嘴两种,如图 3-5 所示。

在切向孔离心式喷嘴中,液体经过切向孔进入旋转室,切向孔的轴线垂直于喷嘴轴线,但不相交,有长为 R 的距离,在旋转室中的液体对于喷嘴轴线形成一定的动量矩,使液体形成绕

喷嘴轴线旋转的运动,如图 3-5(a)所示。

在具有涡流器的离心式喷嘴中,液体的旋转运动依靠一个特殊的涡流器来强迫产生。涡流器的外表面上有螺旋形槽,液体沿螺旋形槽流动,就形成了围绕喷嘴轴线的旋转运动,如图3-5(b)所示。这种喷嘴结构复杂,目前已很少使用。

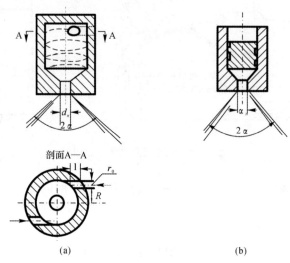

(a)   (b)

图 3-5　离心式喷嘴简图

(a)切向孔离心式喷嘴;　(b)涡流器离心式喷嘴

b. 双组元离心式喷嘴。双组元离心式喷嘴工作时,两种组元分别通过内、外喷嘴的旋转室和喷口同时喷出。一般都是将氧化剂通过外喷嘴,燃烧剂通过内喷嘴。双组元离心式喷嘴的结构示意图如图 3-6 所示。

目前应用的双组元离心式喷嘴主要有两种基本类型,一种为外混合双组元离心式喷嘴,另一种为内混合双组元离心式喷嘴,如图 3-7 所示。

图 3-7(a)所示为外混合双组元离心式喷嘴简图。燃烧剂和氧化剂在喷嘴出口处相交,因此,在雾化的同时能保证很好地混合。

图 3-7(b)所示为内混合双组元离心式喷嘴简图。燃烧剂和氧化剂在喷嘴内部混合,从喷嘴喷出的是两组元混合好的液膜。因此,内混合双组元离心式喷嘴不适用于自燃推进剂。

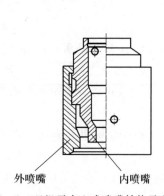

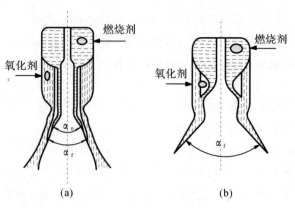

图 3-6　双组元离心式喷嘴结构示意图

图 3-7　双组元离心式喷嘴

(a)外混合双组元离心式喷嘴;　(b)内混合双组元离心式喷嘴

（2）喷嘴的排列形式。

1）对喷嘴排列的要求。液体火箭发动机推力室工作的好坏，头部喷嘴的排列起着决定性作用。现代大中型推力发动机的头部是由大量的离心式喷嘴、直流式喷嘴或其他各种类型的喷嘴所组成的。它们的作用是将推进剂按一定的流量强度和混合比分别喷入燃烧室内，并将其雾化成细小的液滴，在充分利用燃烧室容积的条件下，应保证获得高的燃烧室冲量效率。同时，还必须有效地防止任何不稳定燃烧的产生，在保证可靠冷却的条件下工作。

2）离心式喷嘴排列的基本类型。常用的离心式喷嘴头部排列形式有蜂窝式、方阵式和同心圆式等，如图 3-8 所示。

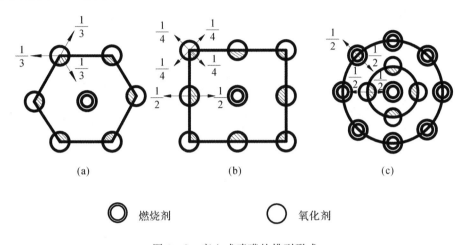

燃烧剂　　　　　　　氧化剂

图 3-8　离心式喷嘴的排列形式

（a）蜂窝式；　（b）方阵式；　（c）同心圆式

a. 蜂窝式。喷嘴按蜂窝式排列时，每个燃烧剂喷嘴周围有 6 个氧化剂喷嘴，形成蜂窝形状，故得其名。每个混合单元中，1 个燃烧剂喷嘴对应 2 个氧化剂喷嘴。喷嘴密集度越高（密集度即单位面积上的喷嘴数），对均匀混合、防止燃气回流烧毁头部越有利。蜂窝式喷嘴排列的密集度最高，因此，对单组元离心式喷嘴来说，蜂窝式排列用得最多。有时也采用反蜂窝式排列，即中间放一个氧化剂喷嘴，周围有 6 个燃烧剂喷嘴。当混合比很小时（例如在燃气发生器中）常采用这种排列。

b. 方阵式。方阵式排列时，每个燃烧剂喷嘴周围有 8 个氧化剂喷嘴。每个混合单元中，1 个燃烧剂喷嘴对应 3 个氧化剂喷嘴。喷嘴密集度低于蜂窝式排列。

c. 同心圆式。同心圆式排列的特点是所有喷嘴都位于一系列同心圆上。燃烧剂喷嘴与氧化剂喷嘴可沿同心圆交叉排列，也可沿辐射线方向交叉排列。双组元离心式喷嘴或直流式喷嘴常都采用这种排列形式。

3）直流式喷嘴排列的基本类型。直流式喷嘴排列的形式很多，主要有二束自击式、二束互击式、三束互击式或多束互击式、溅板式、同心管式和雨淋式等，如图 3-9 所示。

a. 二束自击式。二束自击式的混合单元，通常由一对燃烧剂喷孔和一对氧化剂喷孔分别自击组成。它是目前大推力发动机中应用最广泛的一种，不仅工艺性好，在解决稳定性和燃烧室冲量效率的矛盾上也有很大的优越性。

b. 二束、三束或多束互击式。二束互击式的混合单元是由一个燃烧剂喷孔和一个氧化剂喷孔互击组成的。三束互击式为一个燃烧剂喷孔和二个氧化剂喷孔互击组成的。这种形式的混合单元混合效果较好,布置比较紧凑,但易引起不稳定燃烧,工艺质量难以保证。

c.溅板式。这种形式混合性能较好,一般用在微型发动机上。其缺点是增加了消极质量,溅板易烧坏。

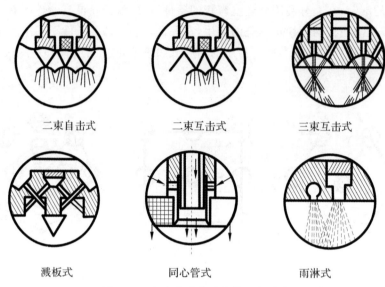

二束自击式 二束互击式 三束互击式

溅板式 同心管式 雨淋式

图 3-9 直流式喷嘴混合单元的形式

d.同心管式。这种形式的头部,燃烧室冲量效率很高,燃烧很稳定。一般用在液氧+液氢发动机上。

e.雨淋式。这种形式的喷孔布置应用不多,只是在边区组织冷却液膜,或考虑到头部、隔板和燃烧稳定性的需要时才加以引用。对低沸点的推进剂,有时也可作为主要的喷注元件。

4)头部边区喷嘴的排列。头部边区喷嘴排列应考虑到如何组织边界保护层问题,以防止室壁被烧坏,如"红旗"系列型号。有时也在燃烧室壁上设置冷却带或孔输入冷却液来形成边界保护层,如"东风"型Ⅰ号和 A-4 发动机就是这样。

头部边区喷嘴排列有两种主要形式:

a.近壁层的混合单元做成不完整的,取消了部分氧化剂喷嘴。例如,当整个头部采用蜂窝式排列时,将所有边区混合单元中靠近壁面处的氧化剂喷嘴全去掉(见图 3-10)。这样就使得边区混合单元中混合比减小,形成了边区小 α 区,降低了近壁层的温度,实现了保护室壁的目的。由图 3-10 可见,这种保护层沿圆周方向分布是不均匀的。

b.头部周边均匀分布着一圈燃烧剂喷嘴,形成均匀的边界层。为了尽量减小比冲损失,这些喷嘴在形式上和流量上都与中心区喷嘴不同,一般采用小流量的离心式喷嘴或直流式喷嘴,或采用直流式喷孔内冷却环,如图 3-11 所示。这种沿周边均匀分布一圈燃烧剂喷嘴对室壁的保护效果优于前一方案。

(3)喷注盘基本形状。推进剂组元的雾化质量、蒸发速度、混合均匀度、燃烧速度和燃烧的完全性,固然取决于喷嘴的类型与排列方式,但也与喷注盘的形状及大小有直接关系。在考虑喷注盘形状时,必须考虑其结构的现实性、工作可靠性和工艺性。

喷注盘的形状如图 3-12 所示,基本上有两种:一种是曲面,一种是平面。

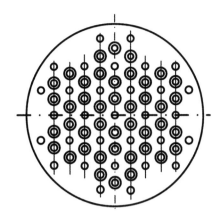

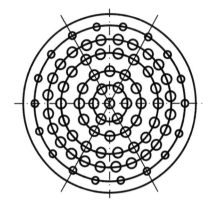

图 3 - 10　近壁层混合单元不完整的喷嘴　　　　图 3 - 11　周边采用单组元喷嘴的
　　　　　　排列形式　　　　　　　　　　　　　　　　排列形式

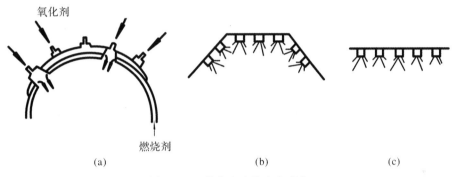

图 3 - 12　推力室喷注盘的形状
(a)球形；　(b)碟形；　(c)平面形

　　曲面喷注盘包括球形和蝶形两种,构造复杂,工艺性差,故目前使用不多。只是在稳定要求特别高的情况下才采用。例如美国用于军用飞机上的 LR99 火箭发动机,阿波罗飞船上的发动机,以及一些调节发动机都采用了曲面喷注盘。平面喷注盘由于各喷嘴安装在同一平面上,喷嘴易于排列,易做到流量强度和混合比沿燃烧室横截面相对均匀分布,因而可以获得较高的燃烧室冲量效率。并已具备有效措施来防止高频不稳定性,其制造很方便。正因为有这些突出的优点,所以目前大多数发动机都采用平面喷注盘。

　　2.燃烧室

　　燃烧室是液体推进剂进行雾化、混合、燃烧的地方。燃烧室的几何形状和轮廓尺寸对推力室的性能有很大的影响,对推力室燃烧的稳定性也有一定的影响。燃烧室的形状基本上有三类:球形(含椭球形和梨形)、圆筒形(含圆柱形和圆锥形)和环形等,如图 3 - 13 所示。

　　球形燃烧室是 20 世纪 50 年代以前早期的液体火箭发动机多采用的,虽然这种形状的燃烧室具有较好的承压能力和燃烧稳定性,以及在相同的容积下结构质量轻、受热面积小等优点,但由于其筒体结构复杂,头部喷嘴布置和加工都比较困难,后来很少采用。环形燃烧室的横截面积为环形,它是为适应所谓塞式喷管、膨胀偏流喷管的需要而发展的一种形状,实际应用很少。

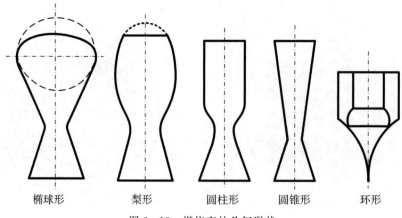

图 3-13　燃烧室的几何形状

椭球形　　梨形　　圆柱形　　圆锥形　　环形

目前广泛采用的是圆筒形燃烧室,因为这种燃烧室结构简单、容易制造、经济性好。圆筒形燃烧室的结构形式大致有两类:双层壁结构和管束式壁结构,如图 3-14 所示。

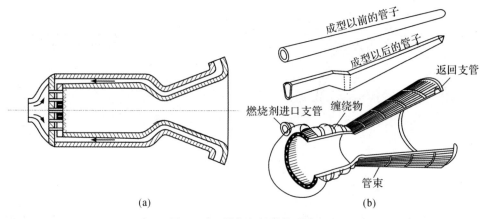

成型以前的管子

成型以后的管子

返回支管

燃烧剂进口支管

缠绕物

管束

(a)　　　　　　　　　　　　(b)

图 3-14　燃烧室的结构形式

(a)双层壁结构;　(b)管束式壁结构

图 3-14(a)所示的双层壁结构,其内、外壁由耐热高强度钢板成型后焊接而成。内、外壁之间通过推进剂(即冷却剂)对室壁进行冷却。这种双层壁结构由于结构质量较大,故多在小推力发动机上使用。

图 3-14(b)所示为典型的管束式壁结构的推力室示意图。它由很多根管(如镍管)并排在一起经钎焊形成所要求的内外表面和结构。这种结构可用燃烧剂对室壁进行冷却,燃烧剂从燃烧室头部环形进口支管进来,沿着管子流到喷管出口处的环形返回支管,然后回流到燃烧室头部,经喷嘴进入燃烧室。为了使管子相互间紧密地结合成一个整体,要将原为圆形的管子加工成矩形剖面。为了保证燃烧室及喷管的强度,燃烧室外壁加有环形钢带箍或者加上缠绕物(金属丝或玻璃纤维)。这种结构形式一般用在大型液体火箭发动机上。

3.喷管

液体火箭发动机的喷管和燃烧室通常做成一体,喷管的收缩段往往包含在燃烧室内。喷管通常由收敛段、喉部和扩张段组成。在扩张段各种喷管构型的横截面均为圆形。喷管按其纵向截面的不同分为锥形喷管、特型（钟形）喷管、环形喷管、膨胀偏转喷管和塞式喷管等,如图 3 - 15 所示。

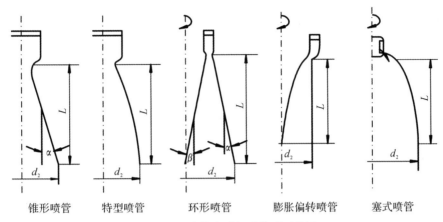

|锥形喷管|特型喷管|环形喷管|膨胀偏转喷管|塞式喷管|

图 3 - 15　火箭发动机喷管型面简图

锥形喷管的扩张段母线是直线。在火箭发展初期,火箭发动机多采用锥形喷管,这与当时的认识水平和工艺水平有关。随着火箭技术的发展,发动机推力越来越大,喷管工作高度不断增加,喷管扩张段对发动机性能的影响增大了,使锥形喷管的弱点日益显得严重。目前除少数小发动机采用锥形喷管外,大多数发动机都采用了特型喷管。

特型喷管的出口扩张角 α 可以达到零,而且它的曲面形状接近于流线形状,因此损失较小。最常用的型面母线是圆弧线和抛物线,这种型面简单,工艺性好。

特型喷管与锥形喷管比较,有以下主要优点:

(1)特型喷管的喷管冲量效率 φ_n 比较高。目前锥形喷管的 φ_n 最多能达到 $0.96 \sim 0.97$,而特型喷管的 φ_n 可达到 $0.98 \sim 0.99$,对于大推力发动机来说,这个差数是相当可观的,如图 3 - 16 所示。

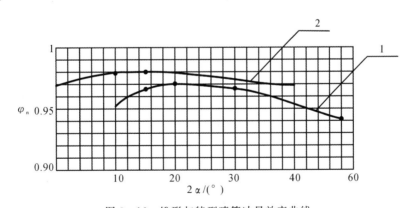

图 3 - 16　锥形与特型喷管冲量效率曲线

1—锥形喷管;　2—特型喷管;　•—试验点$\left(面积比\dfrac{A_e}{A_t}=7\right)$

(2)特型喷管的长度比较小。当喷管的冲量效率相同时,特型喷管比锥形喷管短得多,如图 3 - 17 所示。

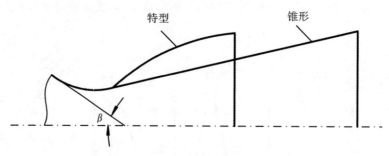

图 3-17　锥形与特型喷管长度比较

3.3.2　推进剂贮箱

推进剂贮箱的功用是贮存发动机工作期间所消耗的大量推进剂。对于大型液体发动机，贮箱体积占整个发动机或导弹体积的绝大部分，为 60% ～ 90%。

推进剂贮箱一般采用高强度材料，如铝、不锈钢、钛、合金钢、纤维增强塑料等。

贮箱最佳形状为球形，因为在容积一定的情况下球形贮箱的质量最轻。小的球形贮箱或气瓶常用于反作用控制系统，在那里它们可与其他设备一起安装。不过，对于主推进系统而言，采用大球形贮箱对飞行器的空间利用效率不利。这些大容量的贮箱通常与飞行器主结构或机翼结合在一起，常采用"柱形＋两端半球形"或不规则形状。

贮箱的布局方式很多，可以利用其设计方案来控制飞行器重心位置的变化。贮箱的布局有串联式、并联式和串并混合式等方式，可用来调整火箭的质心，达到控制火箭飞行稳定性的目的。常用贮箱的布局如图 3-18 所示。

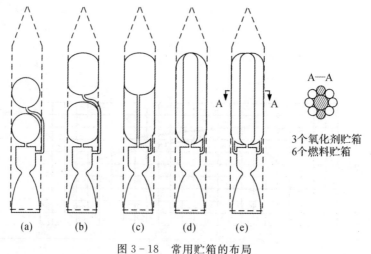

图 3-18　常用贮箱的布局

(a)(b)(c)串联贮箱；　(d)(e)并联贮箱

贮箱中的推进剂不能充满，必须空余部分空间，称为气垫，用于缓冲推进剂的热膨胀、收集推进剂中溶解或缓慢化学反应产生的气体等，一般占贮箱容积的 3% ～ 10%。

贮箱中的推进剂不可能完全排空，有部分黏结在壁面、管路和沟槽中，称为残余推进剂。

残余推进剂的多少可用排放效率来衡量,定义为可用推进剂与总推进剂的质量之比,一般为97%～99.7%。

液体推进剂在飞行时会出现晃动和涡旋(旋转飞行时)现象。例如,对于防空导弹,其侧向加速度很大,会激起晃动。晃动会给发动机和飞行器带来严重影响,包括:

(1)飞行器重心改变而失稳;

(2)推进剂与气体混合出现气泡,引起火箭不稳定工作;

(3)推进剂喷嘴处无液体推进剂排出。

涡旋的原理与浴缸排水口的哥氏力效应类似,由于高速旋转使排水口中间形成真空,影响推进剂的排出,从而影响发动机的工作性能。

解决晃动和涡旋的常用办法有:①在贮箱中加装若干隔板以减小晃动和涡旋;②安装柔性吸液管减少无液体排出情况;③在气体与液体之间放置柔软隔断以防止产生气泡等。

无重力飞行时,液体推进剂的排出更困难,这时气泡和液体均在漂浮状态,需要采用强制排空装置(如活塞),适用于加速度大的飞行器(如防空导弹);还可在贮箱排出口放置编织网,利用液体的表面张力形成的膜隔离气泡,适于加速度小的飞行器。

3.3.3　推进剂供应系统

推进剂供应系统的功用是在发动机启动和正常工作过程中,不间断地将贮箱中的推进剂按照设计的压力和流量输送到推力室中去。因为推力室中为高压高温气体,所以进入推力室的推进剂本身的压力必须超过燃烧室中的压力。按提高推进剂压力的方法不同,一般可以分为两种输送形式:挤压式和泵压式。

1.挤压式供应系统

挤压式供应系统是利用贮存在专用气瓶中的高压气体,将贮箱中的推进剂挤出,顺管道进入推力室。挤压气体可以预先以蓄能气体的形式贮存在气瓶中,也可以在液体火箭发动机工作时由液体燃气发生器或固体燃气发生器生成。其中最常用的是高压气瓶挤压系统,如图3-19所示。在高压气瓶挤压式系统中,可以使用空气、氮气、氦气和其他气体作为挤压气体。空气的主要缺点是空气中存在氧和相对较高的沸点,因此它不能用作挤压低温推进剂。利用氦气可以挤压出所有目前存在的液体推进剂。

挤压式供应系统结构简单,工作可靠,同时它能够保证相对简单地实现发动机的多次启动。但由于推进剂贮箱要承受高压,所以贮箱结构质量较大。这种系统适宜于小推力、短时间工作及多次启动的发动机,如空间飞行器的姿态控制发动机等。有时为了确保载人飞行的可靠性,虽然推力较大,如阿波罗飞船的服务舱发动机、下降级及上升级发动机等,也采用挤压式供应系统。

2.泵压式供应系统

典型的泵压式供应系统如图1-3所示,从贮箱出来的推进剂经过泵增压后再输送到推力室。带动泵旋转的动力通常采用体积较小、但能产生大功率的冲击式燃气涡轮。在结构上常把涡轮和泵做成一个整体,称为"涡轮泵装置"。绝大部分液体火箭发动机均采用泵压式供应系统。

(1)涡轮泵的功能与特点。涡轮泵的主要功能是将从贮箱中流入的低压推进剂组元经过涡轮泵后升压,并按照发动机系统所要求的压力和流量将推进剂输送到推力室。在涡轮泵组件中,涡轮是动力机,它将燃气的动能转换成机械能,用以带动泵旋转。泵是增压机,它将涡轮传递过来的机械能转换成推进剂的压力能,使推进剂得到需要的压力。涡轮泵的特点是该输送系统所需要的泵进口压力较低,显然相应的贮箱增压要求也低,而推力室进口处推进剂所需的高压由泵提供,从而可以减轻贮箱的结构质量。

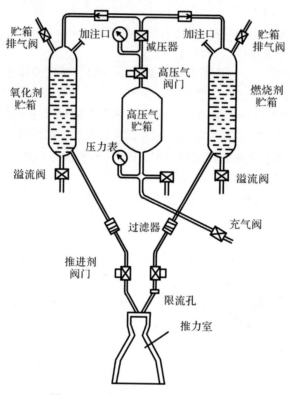

图 3-19　高压气瓶挤压式供应系统

　　(2)涡轮泵的组成。涡轮泵的组成包括推进剂泵、涡轮、轴承、密封装置、齿轮传动系统、转速测量装置以及辅助装置等,图 3-20 所示为典型的涡轮泵结构简图。从图中可以看出:涡轮位于中间,氧化剂泵和燃烧剂泵分置于涡轮两侧,利用燃气驱动涡轮转子,同轴带动两泵旋转。泵前装有进口管,以引导推进剂进入泵腔。两泵内均装有诱导轮和离心轮,推进剂经高速旋转的离心轮增压后,按要求的压力和流量进入推力室。

　　1)推进剂泵。推进剂泵的作用是提高推进剂压强。液体火箭发动机推进剂泵包括氧化剂泵和燃烧剂泵。目前,液体火箭发动机常使用的推进剂泵为叶片式。叶片式泵具有出口压头高、流量大、转速高、质量轻且尺寸小等特点,所以在液体火箭发动机中广泛使用。下面主要介绍叶片式离心泵的结构、原理及性能。

　　a.离心泵的结构与工作原理。离心泵由叶轮和扩压器两部分组成。扩压器即为泵壳,呈螺壳形,其通道由小变大,出口处达到最大。扩压器上带有与流体入口、出口装置连接的法兰。离心泵的叶轮由叶片和轮盘组成。图 3-21 是典型离心泵的简图。

　　当离心泵工作时,贮箱中的液体推进剂在增压气体作用下从离心泵进口装置进入叶轮,由于叶轮高速旋转,叶片推动推进剂一同转动,在离心力作用下,推进剂被甩出叶轮,从叶轮获得动能的推进剂就进入扩压器。扩压器的通道由小变大,使推进剂的速度降低,即动能减小,而流体压强则不断提高,当达到所要求的压强和流速(或流量)时,才进入推进剂输送管道。

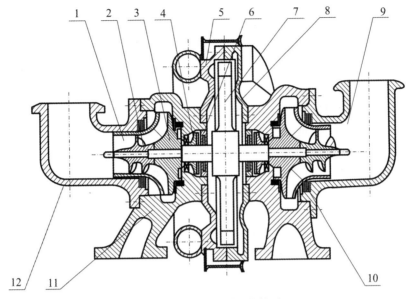

图 3-20　典型涡轮泵结构图

1—氧化剂泵；　2—诱导轮；　3—离心轮；　4—液封轮；　5—涡轮盖；　6—密封装置；

7—涡轮转子；　8—涡轮壳体；　9—燃烧剂泵；　10—密封装置；　11—泵壳体；　12—进口管

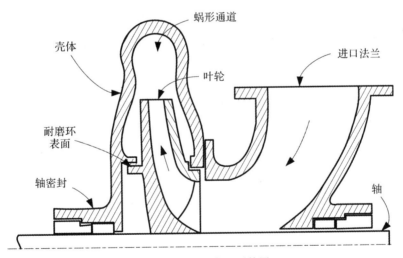

图 3-21　典型离心泵简图

因为许多推进剂贮运操作使用时都很危险,所以必须采取特别措施防止推进剂通过轴密封或填料腔渗漏。自燃推进剂渗漏会引起泵腔内起火,可能造成爆炸的危险。经常使用多级密封,并采取排泄措施,把渗过第一级密封积存下来的推进剂用导管引走。腐蚀性推进剂的密封对密封材料和结构设计的要求更为苛刻。

b.离心泵的主要性能参数。离心泵的性能参数主要有流量、扬程、转速和效率等。

流量。流量是指离心泵在单位时间内抽送的液体推进剂的量。它可用质量流量或体积流量表示,记为 q_{mp} 或 q_{Vp}。

质量流量 q_{mp} 为

$$q_{mp} = m_p/t \tag{3-1}$$

体积流量 q_{Vp} 为

$$q_{Vp} = V_p/t \tag{3-2}$$

式中　m_p——在 t 时间内通过离心泵的液体质量,单位为 kg;

V_p——在 t 时间内通过离心泵的液体体积,单位为 m^3。

由于 $m_p = \rho V_p$,其中 ρ 为液体密度(kg/m^3),则有

$$q_{mp} = \rho q_{Vp}$$

扬程。表示离心泵出口总压头与进口总压头之差,即

$$H = \frac{p_2 - p_1}{\rho g} + (Z_2 - Z_1) + \frac{v_2^2 - v_1^2}{2g} \tag{3-3}$$

式中　H——离心泵的扬程,单位为 m;

p_1——离心泵进口静压,单位为 MPa;

p_2——离心泵出口静压,单位为 MPa;

v_1——离心泵进口液体的绝对速度,单位为 m/s;

v_2——离心泵出口流体的绝对速度,单位为 m/s;

Z_1——离心泵进口液位高度,单位为 m;

Z_2——离心泵出口液位高度,单位为 m。

扬程和流量都是液体火箭发动机对涡轮泵的基本要求,因为只有把推进剂按照规定的流量和压强输送到推力室中,才能保证发动机产生所要求的推力。

转速。离心泵的转速 n_p 为离心泵每分钟的转数。通常离心泵的转速为 10 000 ~ 40 000 r/min,最高已达到 9 5000 r/min。

效率。离心泵从涡轮那里取得的轴功率,不可能全部转化为有效功率,因为泵内有各种损失(水力损失、容积损失、机械损失)存在。把有效功率与轴功率的比值称为效率,用 η 表示,即

$$\eta = \frac{N_{有效}}{N_{轴}} \times 100\%$$

离心泵的效率与泵的体积流量、扬程及转速有密切关系。由于流量、扬程和转速三者是有联系且相互制约的,因此不能一味追求其中的某一性能参数。对于高转速的离心泵来讲,其效率在 60% ~ 85% 之间。

在供应系统每一工况下,泵都有一定的流量、压头、转速和效率。当工况发生变化时,这些主要参数要相应地变化。这几个主要参数相互变化的关系绘成的曲线,称为泵的特性曲线。典型离心泵的理论扬程特性曲线和实际扬程特性曲线 $H-q$ 如图 3-22 所示。准确的实际扬程特性曲线只有通过试验来测定,不同转速下的扬程特性曲线则可通过相似定律进行换算。

c. 离心泵的气蚀问题。气蚀是发生在泵内流速不均衡时,局部区域流速过大,由于物理变化原因,所以液体内生成气泡,夹带气泡的流体流向速度相对小的高压区后,气泡凝结突然消失,造成流体中局部真空点,使得周围液体以极高速度向真空点冲击,即产生局部水击。水击压强可达几十兆帕甚至几百兆帕,而且水击频率极高。这种气蚀作用对泵结构表面破坏性极大,会造成泵叶片断裂,直接影响到火箭推进系统的正常工作。气蚀问题已成为涡轮泵技术发

展中的重要问题之一。

为了防止气蚀现象,泵就需要比饱和蒸气压高的吸入压头。泵进口法兰处的吸入压头的大小是根据贮箱压力、推进剂液面高出泵进口的高度、贮箱与泵之间管路中摩擦的损失以及液体的饱和蒸气压决定的。当飞行器加速时,推进剂液面产生的压头必须相应地修正。

缓解气蚀问题的一种方法是在主推进剂泵前装一个抗气蚀能力更强的小功率泵。这个诱导泵提高了主泵前的压力,有效地防止了主泵工作时产生气蚀。诱导泵通常是螺旋形的轴流式泵,它常常和主泵装在同一根轴上,但有时是靠单独的动力源驱动的。

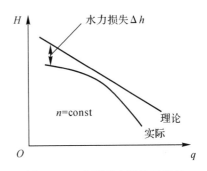

图 3-22　典型离心泵的扬程与流量的关系曲线

诱导泵可以减小主泵的尺寸和降低主泵的质量,也能降低贮箱的质量和贮箱增压的要求。

2)涡轮。涡轮是推进剂泵的动力源。推动涡轮的工质,一般可用燃气发生器产生的燃气,或从燃烧室中引出的燃气(如高压补燃循环系统)。涡轮的转速很高,每分钟达数万转,但工作时间短,通常以秒计算。液体火箭技术要求涡轮:工作可靠性高、结构简单、质量轻、尺寸小、效率高、与离心泵结合良好。

火箭发动机一般采用冲击式涡轮。冲击式涡轮由涡轮喷嘴、涡轮叶片、涡轮盘、涡轮轴、涡轮壳体以及密封组件等组成。结构示意图见图 3-23。

涡轮的性能参数有转速、功率、涡轮工质流量、效率及比功率。

转速 n_t(r/min)。涡轮的转速由涡轮泵总体设计确定。如果涡轮与泵同轴,则转速受泵的气蚀性能限制。火箭技术中涡轮转速都很高,这样可使涡轮质量轻,效率高。

功率 P_t(kW)。涡轮输出功率的大小即为泵运转所需的功率和带动附件所需功率之和。

涡轮工质流量 G(kg/s)。涡轮工质流量受多种因素限制,比如受推进剂种类、泵的流量、泵的扬程、涡轮压比及涡轮入口工质温度等影响。

效率 η_t。涡轮效率取决于涡轮形式、级数以及涡轮速比。对于单级涡轮,效率一般为 $0.35 \sim 0.45$;对于多级涡轮,效率一般为 $0.5 \sim 0.8$。

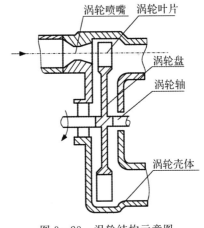

图 3-23　涡轮结构示意图

比功率 P_{ts}(kW/(kg·s^{-1}))。比功率即涡轮输出功率与涡轮工质流量之比。

(3)泵压式推进剂供应系统循环方式。泵压式推进剂供应系统最常见的 3 种循环方案为燃气发生器循环(gas generator cycle)、膨胀循环(expander cycle)和分级燃烧循环(staged combustion cycle)。

1)燃气发生器循环。在燃气发生器循环中,涡轮进口气体来自独立的燃气发生器,涡轮排气通过小面积比的涡轮喷管排出发动机,或者通过喷管扩张段的开口注入发动机的主气流中。

这种循环方式称为开式循环。图 3-24 所示为使用双组元燃气发生器循环的涡轮泵供应系统,泵后部分氧化剂和燃烧剂进入双组元燃气发生器中并燃烧,产生驱动涡轮的工质,即燃气发生器利用主推进剂工作。为了使燃气发生器中的燃烧产物的温度适合涡轮的要求,可通过控制燃气发生器中推进剂的混合比来保证燃气温度在 700~900℃ 范围内。由于双组元燃气发生器系统不需另带辅助推进剂和贮箱,所以结构得到一定的简化,因此被广泛使用。

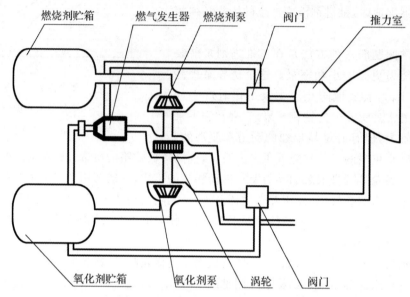

图 3-24　使用双组元燃气发生器循环的推进剂供应系统

2)膨胀循环。膨胀循环通常用在以液氢作为燃烧剂的发动机中,如图 3-25 所示。

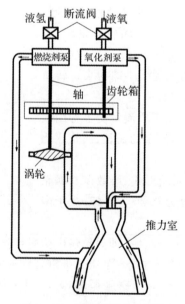

图 3-25　膨胀循环供应系统

液氢经冷却套吸热后变成过热氢气,氢气在进入主推力室之前,先对涡轮做功,然后所有氢气再喷入发动机燃烧室中,在燃烧室内与氧化剂混合并燃烧,燃烧产生的气体通过发动机排气喷管高效膨胀后排出。膨胀循环的主要优点是比冲高、发动机简单、发动机质量相对小。但由于冷却套对液氢的加热量有限,所以其对涡轮的做功能力受到限制,从而限制了燃烧室压力的提高,一般燃烧室压力为 7~8 MPa。当燃烧室压力更高时,就不宜采用这种循环方式。

　　3)分级燃烧循环。分级燃烧循环也称为高压补燃循环,如图 3-26 所示。在这种循环中,部分或全部推进剂在高压富燃或富氧预燃室中燃烧,所产生的高能富燃或富氧燃气在驱动涡轮后,全部喷入主燃烧室同剩余的推进剂混合后再次燃烧,经喷管膨胀喷出。这种循环是闭式循环。

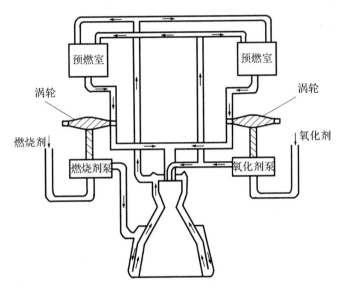

图 3-26　分级燃烧循环供应系统

　　由于预燃室能产生大流量的高温燃气,可为驱动涡轮提供很大的功率,因此可以导致主燃烧室在高压状态下工作,主燃烧室尺寸相对较小,质量相对较轻。但预燃室和涡轮中附加的压降导致氧化剂泵和燃烧剂泵所需提供的扬程比开式循环高得多,这相应地要求发动机系统具有质量较大、结构较复杂的泵、涡轮和管道。虽然分级燃烧循环推进剂输送系统的质量较大,但其燃烧室尺寸相对质量较轻,因此该系统总的质量特性还是比较好的。

3.3.4　涡轮工质供应系统

　　涡轮工质供应系统的功用是提供泵压式输送系统中涡轮所需要的工质(高温高压燃气或其他气体)。发动机启动时,常用固体火药启动器为涡轮提供初始工质,发动机在持续稳定工作期间,则用和燃烧室相类似的燃气发生器作为提供涡轮工质的组件,工质可以和主推力室工作的推进剂组元一样,也可以是另外引进的其他一种或两种组元。

1. 火药启动器

　　火药启动器利用固体推进剂药柱燃烧产生的高温高压燃气驱动涡轮,带动泵运转。其工作原理是,根据火箭工作程序指令,安装在火药启动器壳体顶盖上的电爆管通电起爆后,将点火器的点火药引燃,接着点燃固体药柱,产生的高温燃气驱动涡轮。

火药启动器由壳体、固体推进剂药柱、点火器和电爆管组成。喷嘴出口与涡轮进气口相连接。图 3 - 27 所示为火药启动器结构图。

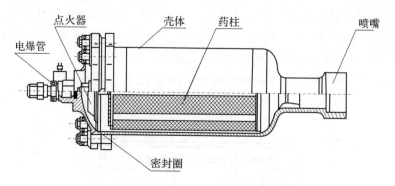

图 3 - 27　火药启动器结构图

火药启动器实际上是一台小型固体火箭发动机。但是，它的功能不是产生推力，而是提供燃气，其突出的特点是在极短的时间内提供足够的燃气流量。它的工作时间一般在 1 s 左右。火药启动器的推进剂药柱、点火器和电爆管等，一般在火箭临发射前装入，因此要求装配简便且易检测。

2.燃气发生器

火药启动器完成涡轮泵的初始启动，性能参数达到要求时，启动装置的使命完成，接下来由燃气发生器接替向涡轮泵输入高温燃气，驱动涡轮泵正常运转。有的燃气发生器也为贮箱增压。

燃气发生器是产生高温燃气的装置。它的结构类似液体火箭发动机的推力室，是由喷注器、燃烧室和喷管组成的。图 3 - 28 所示为燃气发生器结构图。

燃气发生器可以分为单组元推进剂燃气发生器、双组元推进剂燃气发生器和固体推进剂燃气发生器三类。目前多采用双组元燃气发生器，所使用的液体推进剂与主推力室相同，而且结构及工作原理也与主推力室基本相同，但其混合比不同，使其工质温度不至于过高。燃气温度低时，就不用冷却燃气发生器，同时也避免了涡轮叶片的熔化和侵蚀。

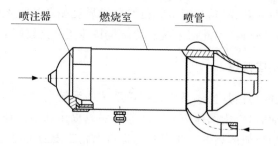

图 3 - 28　燃气发生器结构图

如图 3 - 29 所示，双组元推进剂燃气发生器工作时，通常由泵后推进剂主管路中引出少量氧化剂和燃烧剂，送入燃气发生器中混合燃烧，产生具有一定的温度和压强的燃气进入涡轮，驱动涡轮运转，从而接替火药启动器初始启动涡轮的工作，使涡轮转入正常工作阶段。

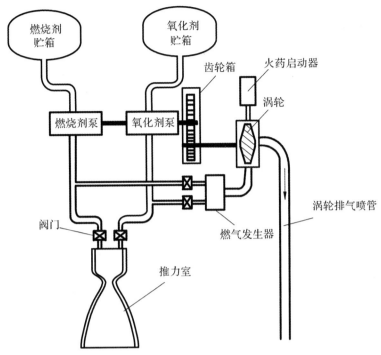

图 3-29 双组元推进剂燃气发生器结构图

3.3.5 增压系统

贮箱中的推进剂输送到推力室入口处时,必须有一定的压力和流量,贮箱增压系统的功能就是保证供应系统的贮箱保持一定的压力。贮箱增压系统对于挤压式供应系统和泵压式供应系统有所不同。挤压式供应系统贮箱的增压靠高压气瓶或燃气发生器,而泵压式供应系统的贮箱增压靠涡轮泵,当然驱动涡轮的是燃气发生器。

1.气瓶增压系统

气瓶贮气增压系统是利用贮存在高压气瓶中的冷态高压气体为贮箱中的推进剂增压的一种增压系统。高压气瓶中的压力一般为 20～35 MPa,增压气体常为氮气或氦气等惰性气体。气瓶贮气增压系统主要组成有气瓶、减压器、电磁阀或电爆阀、单向阀和加温器等,如图 3-30 所示。

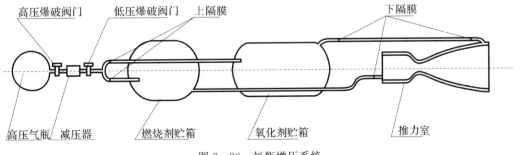

图 3-30 气瓶增压系统

发动机启动前,重要的准备程序之一就是给贮箱增压。主电动阀门打开,高压气体经过高压爆破阀门和减压器、低压爆破阀门后,压力降至 3.5~5.5 MPa,然后分为两路冲破上隔膜分别进入推进剂贮箱。当指令发动机启动工作时,增压的贮箱中受挤压的推进剂沿各自管路冲破下隔膜,经过流量控制板进入推力室头部的喷注器。

在火箭飞行中,如果贮箱压力下降到小于限定值下限时,则由副路工作,直接从气瓶给贮箱补充增压。

2.推进剂气化增压系统

推进剂气化增压是利用火箭自身携带的液体推进剂,经换热器气化后变为蒸气,用来增压推进剂贮箱的。如以氧化剂贮箱增压系统为例,它是用氧化剂气化来增压的,也称氧化剂贮箱增压系统,如图 3-31 所示。

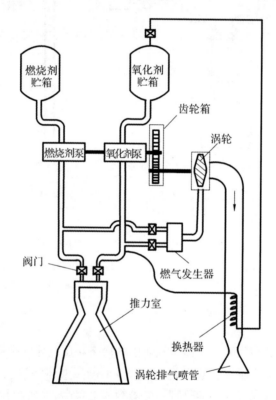

图 3-31　推进剂气化增压系统

工作时,从氧化剂泵出口引出一部分氧化剂,经换热器(也称蒸发器)加热后变为蒸气,引入氧化剂贮箱进行增压。换热器的热源来自涡轮排出的燃气,管路中的气蚀管用以调节控制流量,单向阀位于换热器上游,用来防止氧化剂在未达到一定压力时就流入蒸发器。膜片阀位于换热器下游,用来隔绝贮箱中的气枕与外界的连通。

该增压系统适用于热稳定性好、低沸点的推进剂(如四氧化二氮),特别是低摩尔质量的低温推进剂,如液氢、液氧等。

3.燃气降温增压系统

燃气降温增压是利用推进剂化学反应产物增压相应的推进剂贮箱的一种方法。

　　燃气降温增压系统所用的燃气,一般来自为驱动涡轮提供工质的燃气发生器,如图 3 - 32 所示。对于液体火箭发动机,一般是利用自身携带的液体推进剂燃烧反应产生燃气。对于泵压式供应系统,直接利用由燃气发生器产生用于驱动涡轮的燃气来增压其中的一种或两种推进剂组元。

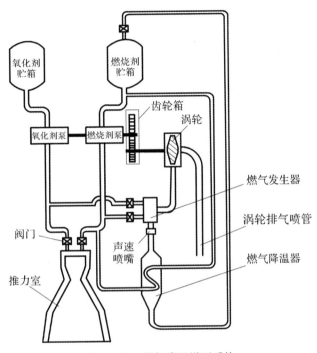

图 3 - 32　燃气降温增压系统

　　该系统由声速喷嘴、燃气降温器、单向阀门、集合器、膜片阀及导管等组成。其工作原理是从燃气发生器出口引出的一小股富燃燃气,在燃气降温器中被燃烧剂冷却后再引出,进入燃烧剂贮箱增压。

3.3.6　自动器

1. 自动器的功用

　　自动器是为保证发动机按照一定的程序工作和转变工作状态而设置在系统中的自动阀门和自动调节器等组件,是液体火箭发动机不可缺少的。不论是哪一种推进剂供应系统,液体火箭发动机的整个工作过程都要经历点火启动、转级、关机三个阶段,都需要对推进剂供应系统及液、气路控制系统中的介质及时地切断和开通,工作过程中需要对工作参数进行调节或控制,以保证对发动机进行操作维护和检测工作。因此,阀门与调节器承担着对液体火箭发动机的控制、调节和操作检测功能。其具体功能有如下几项:

　　(1)推力与组元混合比的调节与改变;

　　(2)启动与关机程序的控制;

　　(3)贮箱增压系统工作状况的控制与调节;

　　(4)推力矢量控制系统工作状况的控制;

　　(5)整个发动机工作状况的改变与测控。

从工作环境上看,阀门与调节器都是在高温、高压或超低温、腐蚀性介质或振动条件下工作,而且是多次重复性工作的。另外从性能要求来看,阀门和调节器在接到指令信号后,能否及时、准确地反应并动作,能否精确地进行调节和控制,都涉及发动机能否正常工作和能否准确执行规定的工作程序、能否保持其工作参数的稳定与协调。因此,阀门与调节器的性能可靠性直接影响到液体火箭发动机的可靠性。

2.自动器的分类

液体火箭发动机使用的自动器可分为三大类:

(1)用来控制发动机工作过程的自动阀门。自动阀门的种类很多,按照它的功用可分为启动阀门、关机阀门、保险阀门、加泄阀门、溢出阀门、单向阀门等类型;按照它的能源和动作原理可分为气动阀门、气动液压阀门、电爆阀门、电磁阀门等类型。

(2)用来调节发动机的主要性能参数(如流量、压力等)的自动调节器。自动调节器种类也很多,应用于液体火箭发动机的主要有气体减压器和气体稳压器、压调器和稳定器、汽蚀文氏管等类型。它们可以自动感受并自动调节发动机的工质压力,流量值按一定规律变化或稳定在某一个值附近。

(3)用来感受和稳定发动机某些参数的传感器。应用于液体火箭发动机的传感器,按照其功用可分为:①温度传感器,用来测量发动机工质的温度值,如铂电阻温度传感器;②压力传感器,用来测量发动机工质的压力值,如压力信号计;③液位传感器,用来测量推进剂介质的液位高度,如干簧管式液位传感器、浮子式液位传感器、超声波液位传感器、电容式液位传感器等。

3.4 液体火箭发动机的工作过程

由于推进剂物理状态不同,液体火箭发动机不仅在结构组成上要比固体火箭发动机复杂得多,而且在工作过程上也较固体火箭发动机复杂。本节介绍液体火箭发动机推力室工作过程和发动机的工作过程。

3.4.1 推力室工作过程

以双组元推进剂为例,推力室产生推力的过程如下:

液体火箭发动机工作时,液体推进剂组元分别从贮箱中或被高压气体挤出,或被涡轮泵增压后,进入各自的输送管道中而送入推力室,图3-33所示为泵压式液体火箭发动机工作过程简图。其中一种推进剂的组元直接进入推力室头部,而另一种组元则通过集液器进入推力室壁的夹层通道,对推力室壁进行冷却,吸收了一部分室壁热量后回到推力室头部。在推力室头部,推进剂组元分别经过各自喷嘴(直流式或离心式)喷入燃烧室雾化、蒸发和混合。混合气体经点火(自燃或用点火器点燃)燃烧,在燃烧室内生成高温高压燃气。燃气流向喷管,在喷管内膨胀加速并以超声速从喷管出口排出,产生反作用力即推力。

推进剂组元从向燃烧室内喷入开始,到完全转化为最终燃烧产物为止,经历了复杂的转化过程。推进剂的物理-化学转化过程组成了燃烧室内的工作过程。为了保证发动机工作的可靠性和安全性,在组织推进剂的物理-化学转化过程时,必须保证推进剂最大限度地完全燃烧,以及室内工作过程的稳定进行。

下面从理论上简要叙述推力室工作过程中的燃烧和能量转换过程。

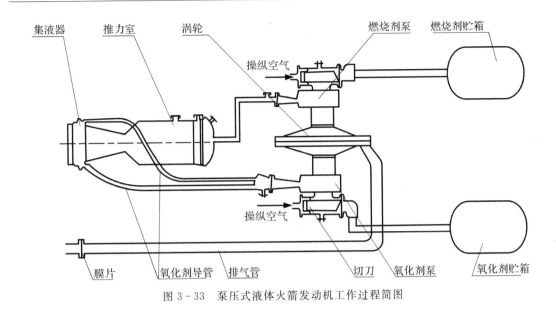

图 3-33　泵压式液体火箭发动机工作过程简图

1. 推力室的燃烧过程

所谓燃烧过程是指推进剂被点燃而放出大量热能的化学过程。为了使液体火箭发动机具有高的比冲,通常使用能量较高的推进剂,因此,单位时间单位燃烧室容积中推进剂的放热率非常高,可达 4.184×10^9 kJ/(m³·h)。这个数值,要比冲压式喷气发动机燃烧室中的放热率高十倍左右;比一般的锅炉燃烧室中放热率高数百倍。而燃气在燃烧室中平均停留时间只有 $0.002 \sim 0.005$ s。因此,组织推进剂在发动机燃烧室中的燃烧过程,是一项复杂而困难的任务。

(1)推力室燃烧准备过程。推力室燃烧前准备过程,即推进剂组元的雾化过程、蒸发过程及混合过程,也就是混气形成的过程,它决定着燃烧过程的质量。因此,要保证燃烧有高的效率和燃烧稳定性,不仅雾化要满足要求,推进剂组元的混合比及密度均匀性都应符合要求。

1)雾化过程。雾化过程就是通过雾化装置将液体推进剂组元形成很多微小液滴的过程。该过程可认为由两个顺序进行的阶段组成:由喷嘴喷出的射流或液膜裂碎为液滴,液滴破碎为更细的液滴(第二次破碎)。雾化过程的质量取决于雾化装置,即喷注器的喷嘴。

a. 雾化作用。燃烧室内的燃烧过程在很大程度上受液滴蒸发质量的影响。为加速燃烧过程,必须将推进剂组元雾化成细微的液滴,液滴越小,其蒸发面积越大,则液滴蒸发速度越快。而且,液滴蒸发所需时间与其平均直径的二次方成正比。液体雾化平均直径越大(雾化越粗),完成燃烧所需的时间和液滴的行程就越长。故现代液体火箭推力室要求推进剂组元必须很好地雾化,其液滴平均直径应在 $25 \sim 500$ μm 之间。此外,良好的雾化还有利于燃烧剂与氧化剂的混合,提高燃烧效率。总之,推进剂的雾化对燃烧过程的质量(燃烧完全性及燃烧稳定性)有极大的影响。

b. 雾化机理。雾化是由喷嘴来实现的。推进剂组元流经喷嘴,喷射到推力室头部空腔内,喷嘴的喷射作用,使刚刚喷出的液体与周围先前喷入且已燃烧形成的气体之间产生相对运动,由于速度差而形成气动压力;由于喷射使液体通过喷嘴扩展形成薄膜或射流。这些液体射流和薄膜不断地受到扰动。该扰动来自射流本身的紊流状态、周围气体的气动力作用、夹杂的气体以及发动机的振动等因素。在扰动作用下,射流和薄膜表面产生分裂,形成了液滴或不稳定的液带,而液带也会随之破裂形成液滴。由液膜与液带形成较大液滴的过程,经常使用雷诺准则来判断。当 Re 大于一定值时,液膜分裂和液带破裂,形成较大的液滴。

如果作用在较大液滴上的气动力相当大,足以克服表面张力时,较大的液滴就会破裂成更小的液滴,这种现象被称之为"二次雾化"。

2)蒸发过程。蒸发过程是液体推进剂气化为气体推进剂的过程,因此,液滴蒸发需要热量。对于一般非自燃推进剂,其热源当然是点火源;而对于自燃推进剂,则是依靠其燃烧剂与氧化剂混合接触时的液相反应放出的热量作为热源。当然,当推力室进入正常稳定工作状态时,由于形成了很强的火焰中心,所以不论自燃或非自燃推进剂,其蒸发形成蒸气混合的过程基本是一样的。

燃烧现象表明,液滴不能直接在液态下燃烧。真正的燃烧过程为,燃烧剂的液滴在高温燃气的扩散和热传导下不断蒸发,形成薄薄的一层蒸气不断向外扩散,而氧化剂介质则不断向里扩散,在某一程度范围内形成可燃混合气而开始燃烧。因此,推进剂的着火与燃烧是发生在气相中,要求可燃混合气能及时形成,燃烧的完全程度主要取决于推进剂组元蒸发过程的质量。推进剂组元要在很短时间内(4~8 ms)完成蒸发。

3)混合过程。推进剂的燃烧剂与氧化剂混合应按设计要求规定的混合比进行,才能保证完全燃烧。混合可在液态或气态下进行。总的来说是液相混合效果好,尤其是自燃推进剂。双组元自燃推进剂液相混合能发生化学反应,放出热量,对组元的混合、蒸发更有利。

液相混合的质量主要取决于喷注器的结构设计,即喷嘴的排列布局。依靠喷嘴的合理排列及氧化剂和燃烧剂各自喷嘴的均匀配置能实现射流撞击来改善混合效果。实际上混合过程是液相混合伴随着气相混合过程,经过雾化和蒸发形成两个组元的蒸气,它们之间相互扩散混合且相互传热形成可燃混合气体。

在实际的雾化和蒸发过程中,由于雾化的不均匀性及两组元的蒸发速率不同,混合过程在火焰前区并未结束,而在火焰区中延续。混合过程的质量好坏及时间都与运动、扩散及传热有关,而且初始段的混合对整个混合过程起决定性的作用,而初始段混合的质量取决于喷注器的喷嘴排列和喷嘴结构形式。

(2)推力室稳态燃烧过程。推力室的燃烧准备过程和燃烧过程之间是紧密相关的。在燃烧室内处于稳定连续燃烧的情况下,每一过程的进行,都伴随着另一过程的进行,既相互联系,又相互制约。各过程之间,无论在时间上或空间上,都很难区分出准确的界限。为了形象地说明推进剂在液体火箭发动机内极其复杂的燃烧过程,将发动机推力室沿其长度方向划分成四个区域,如图 3-34 所示。

1)喷射区。此区域位置接近头部,推进剂在此区域内全部雾化。此区域的长度及雾化质量好坏,取决于头部的构造、喷嘴的类型与排列。此区域的蒸发与混合量很小,化学反应很微弱。

2)蒸发混合区。推进剂的雾状液滴在此区域内进行预热、蒸发与混合,并有一部分混合气体开始燃烧。在此区域内推进剂液滴蒸发完毕,混合与化学反应量逐渐增大。同时,由于推进剂从喷嘴喷

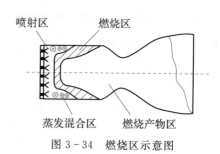

图 3-34 燃烧区示意图

出时与周围气体之间的动量交换及引射作用,产生燃气向喷注器附近回流,形成回流区。在此区内,有推进剂蒸发后形成的未燃气体,还有已燃气体。回流现象对混合气的燃烧准备过程有重要作用,有利于燃烧区的热量向混合区传递,也有利于本区内的未燃气体进一步微观混合并升温,促使部分混合气的分解,甚至发生液相化学反应。

推进剂预热和蒸发所需要的热量有三方面来源:燃气和室壁辐射来的热量;少数组元开始化学反应所释放出的热量;燃气反向回流带来的热量。

3)燃烧区。燃烧区内温度高,相对前面区域突跃到 3 000 K 以上。此区域由于混合气数量增大和温度增高,化学反应速度加快,但化学反应速度还小于混合气形成速度。因此,此时的推进剂燃烧速度取决于化学反应速度。在此区域后半段,由于温度继续升高,化学反应速度急剧增大,此时化学反应速度要大于混合气形成速度的几个数量级,此阶段的燃烧速度,完全取决于混合气形成速度。由于混合气形成速度取决于气相组元的混流扩散速度,故称此区域为扩散燃烧区。

在该区内的中心区和边区并不是处于均匀的同一截面,也就是说边区及其附近滞后于中心区,这是由于边区温度低(受壁面冷却液膜影响)以及混合比不是最佳状况而形成的,所以燃烧区的火焰前锋形状呈现一个凹槽状。试验研究表明,燃烧室在稳态燃烧时,燃烧区及其火焰前锋在燃烧室中的位置基本不变。

液体火箭发动机的推进剂燃烧过程主要是在此区域内完成的。因此,推进剂在燃烧室内完全燃烧所需的时间长短,主要取决于推进剂组元的混合速度。

影响推进剂完全燃烧的一些基本因素有以下几点:

a.推进剂雾化和混合气形成的质量。这种质量取决于喷嘴的形式、喷嘴的排列方式和喷注器的形状。推进剂的雾化和混合气形成质量越差,完全燃烧需要的时间就越长。

b.推进剂在燃烧室内停留的时间越长,则燃烧越完全。此时间的长短与燃烧室内流动速度、燃烧室容积、燃烧室压力和温度有关。

c.推进剂的物理化学性能。如黏度大的推进剂不易雾化,高温下的离解,都能使推进剂燃烧不完全。

4)燃烧产物区。在这一区域,燃烧已基本结束,只是在很小尺度范围内进行紊流混合和补充燃烧。由于下游燃气进入喷管膨胀加速,所以在此区内的燃气流速不断增加。而流动基本是管流状态,故也称此区为管流燃烧区。

2.推力室内的能量转换

推进剂在推力室内燃烧到燃烧产物由喷管喷出之前,有两个能量转换过程:在燃烧室内推进剂燃烧过程是将推进剂的化学能转换成热能;在喷管内燃烧产物膨胀加速流动过程是将热能转换成动能。推力室的能量转换过程可以将推力室分为四个特征截面来分析,如图 3-35 所示。

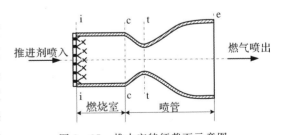

图 3-35　推力室特征截面示意图

截面 i—i(喷注面):视推进剂为原始状态。

截面 c—c(喷管入口截面):认为推进剂的化学能已转化为平衡状态下的热能。此状态下推进剂由原始状态全部转变为燃气(工质),而且具有最高的燃气平衡温度。

截面 t—t(喷管临界截面):此截面处具有燃气流动的特征参数 $Ma=1$,在此截面前 $Ma<1$,在此截面后 $Ma>1$。截面 t—t 处的状态参数与截面 c—c 处的状态参数在等熵流动条件下有确定的关系。

截面 e—e(喷管出口截面):此截面处燃气流速达到最大值,燃气在喷口外的状态对推力室已不再产生影响。

3.4.2 液体火箭发动机的工作过程

液体火箭发动机的工作过程包括启动过程、额定工作过程和关机过程。启动过程是发动机接到启动指令,打开启动阀门至发动机推力达到额定工作状态的过程;额定工作过程(也称主级工作段)是发动机性能参数处于设计参数的工作状态的过程;关机过程是发动机接到关机指令后,先后或同时切断副系统和主系统的推进剂供应,推力迅速下降到零的过程。

液体火箭发动机的启动和关机过程十分复杂,而且是很重要的过程。在这两个过程中,几乎所有的部件都是从静止(或工作)状态瞬时变化为工作(或静止)状态,此间各种参数都会在极短时间内发生剧烈变化。发动机的启动和关机过程也是故障易发生的阶段,这是由于在发动机启动和关机过程中,大多数发动机系统都是在一些非稳态工况下工作的。例如各种阀门的打开和关闭会造成推进剂供应管路的水击和压力振荡;某一瞬间可能会发生危险的涡轮泵超转速工况,或者使发动机在局部区域内发生压力和温度超出额定值;由于推进剂组元混合比变化,无法控制引起的压力振荡、推力室过载、爆燃和结构的剧烈振动。这些问题都有可能造成发动机破坏。试验结果表明,大多数故障和事故多发生在启动过程,少数发生在关机过程。

液体火箭发动机的启动和关机过程要求准确、精度高。它们的工作都是自动进行的,所有阀门和系统都按指令进行工作。

1. 启动过程

对启动过程的基本要求是在保证启动加速性的条件下,保证发动机快速、平稳、可靠地进入额定工作状态,并且重复性好。启动加速性是启动过程的特征参数之一,它是从发出点火指令到发动机推力达到额定值的 90% 的时间。此时间要求短,现代液体火箭发动机通常为 0.8~2 s。

启动过程包括启动准备、涡轮泵启动和推力室工作三个阶段。有的文献将启动过程分为推进剂充填、点火和启动加速三个阶段。

(1)启动准备阶段。在启动准备阶段要完成以下几项任务:

1)贮箱增压或预先增压;

2)对导管和泵内腔进行预冷(对低温推进剂而言);

3)对氧化剂和燃烧剂启动阀门后面的导管、泵腔、推力室和燃气发生器的内腔用惰性气体(氮或氦气)进行吹除。

(2)涡轮泵启动阶段。涡轮泵启动阶段通常有以下几项工作:

1)打开供应系统的启动阀门、液体推进剂组元充填泵前的导管和泵腔;

2)火药启动器点火或高压气瓶阀打开使涡轮泵工作;

3)燃气发生器开始工作。

打开推力室氧化剂和燃烧剂供应管路上的主阀门(注:泵压式自燃推进剂发动机主阀门通常为常开式,启动阀门打开后推力室就处于工作状态),两组元各自的主阀门不一定同时打开,通常情况下,有意地使一种组元先进入。燃气发生器双组元供应阀门也是如此。这种开启顺序及间隔时间由程序控制。

(3)推力室工作阶段。推力室工作阶段有以下几项内容:

1)推进剂组元充填主阀门后面的导管和推力室喷注器的内腔,按指令两组元经喷注器喷嘴进入燃烧室雾化、蒸发、混合。

2)点火:由程序控制,点火器工作点燃混合气,开始燃烧。火焰沿推力室向后传播,燃烧产物从喷管口排出。燃烧室开始建立压强,发动机依次由初始工况进入主级工况,转入主级工况所需时间很短。

如果是自燃推进剂,其燃烧从两组元液体一接触便开始,不需要另外的点火器来点火。以上所介绍的发动机工作过程是通常所包含的内容。对于不同动力循环形式的发动机,其工作过程也就不一定都是这些内容,比如对于挤压式推进剂供应系统,其启动过程就不包含涡轮泵的启动过程。

2.关机过程

当弹(箭)达到规定的主动段终点的飞行速度或其他额定参数时,控制系统发出关机指令,发动机按程序关机。

由于关机过程也是瞬时变化过程,它受到各种因素的影响,不易控制,因此影响弹(箭)的射击精度(或入轨精度)。对关机过程的要求就是:能准确、迅速地使发动机停止工作;产生的后效冲量及后效冲量偏差小;关机水击及压力脉动控制在结构强度允许范围内;在推力室和燃气发生器中不出现不允许的温度峰值。

(1)关机过程的特征参数。关机过程的特征参数是表征液体火箭发动机关机性能优劣的参数。

1)后效冲量:从发出关机指令开始,到推力下降至零这段时间内产生的推力冲量,称为推力后效冲量,简称后效冲量。后效冲量产生的原因是指令滞后时间和阀门动作时间内仍有一部分推进剂流入推力室转变为燃气,这些燃气通过推力室的喷管和涡轮排气管排出,因而产生一定的推力。

2)后效冲量偏差:它是由于发动机工作条件不同而引起的。例如由于控制机构的信号传递和阀门动作时间的偏差;当有多台推力室时,在关机时各台推力室的推力也有差异;就是同一台推力室,也因为推进剂流动和燃烧的差异等随机因素造成后效冲量偏离额定值而呈一定的散布,这就是后效冲量偏差。减小后效冲量及后效冲量偏差的方法:①减小关机时的发动机推力;②减短管路、减少阀门动作时间;③减少剩余推进剂;④将剩余推进剂强迫排空等。

3)关机减速性:是指关机指令发出到推力室燃烧停止且燃气完全排空的时间。

4)关机水击现象:关机时,阀门的突然关闭会引起其上游管路内液体的压力增加,此现象称关机水击。水击会使上游管路发生破裂。应采取适当技术措施防止关机时引起的上游压力过大,可以采用减小流量或安装缓冲器等方法。

(2)关机过程的主要任务。关机过程可分为关机初始阶段和关机结束阶段。

1)关机初始阶段。包括以下几项工作:

a.转入低工况工作——关机工况。

b.停止供应系统工作,关闭燃气发生器双组元断流阀门,推进剂终止进入燃气发生器,涡轮泵停止工作。

c.停止贮箱增压。

d.关闭两组元主阀门、切断推力室推进剂的供应,通常是按顺序先后切断氧化剂和燃烧剂的供应。

e.关闭泵前泵,把涡轮泵腔内的推进剂吹除干净。

2)关机结束阶段。用惰性气体吹除断流阀门后内腔道,在吹除压力作用下,先将主导管和推力室内腔的推进剂挤入燃烧室,直到燃烧完,然后将燃烧产物从推力室中完全吹除掉。

对于不同的发动机,其关机过程的这些项目内容也不同,比如无二次启动的发动机就无须吹除。

3.5 推力室的冷却与热防护

液体火箭发动机的推力室是在高温(3 000~4 500 K)、高压(2~20 MPa 甚至更高)和高速燃气流(在燃烧室内燃气的流速为 40~300 m/s,在喷管中则为 2 000~4 000 m/s)的作用下工作的。燃气流动过程中,燃烧室单位容积的热量可达极大的数值($4 \times 10^9 \sim 4 \times 10^{12}$ J/($m^3 \cdot h$)),然而推力室内壁允许通过的热流却是十分有限的。这样就使推力室的壁温达到很高的温度,即使室壁采取耐热材料,强度也要降低很多。为此必须要对推力室采取防热措施。

3.5.1 推力室的冷却方法

现代液体火箭发动机防止推力室壁面过热的方法很多,下面就几种常用的冷却方法作简要介绍。

1.外冷却(亦称再生冷却)

外冷却是液体火箭发动机,尤其是推力较大的液体火箭发动机最广泛采用的基本冷却方法。它是使冷却液通过推力室内外壁间的通道,把燃气传给室壁的热量带走,达到冷却推力室的目的。在发动机稳定工作的情况下,燃气传给室壁的热量应当全部被冷却液吸收而带走,此时室壁内无热量积存,壁温则不随时间而变化。若此时壁温小于允许值,则室壁就安全。

冷却液流出通道后是经头部喷入燃烧室,使室壁传给冷却液的热量几乎全部被回收到燃烧室内,故称此冷却方法为"再生冷却"。

在几乎所有的液体火箭发动机中,冷却剂都采用推进剂组元,通常是采用双组元推进剂中的一种组元。目前用作冷却剂组元的有硝酸、煤油、混胺等。冷却剂一般都是通过推力室的夹层结构从喷管末端附近进入冷却通道流向头部的,如图 3-36 所示。一般情况下,由于氧

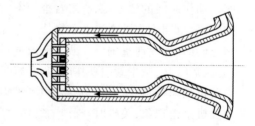

图 3-36　液体火箭发动机外冷却示意图

化剂流量大(通常比燃烧剂大 1~3 倍),故多采用氧化剂作冷却剂。

若一种组元流量不够时,也可同时采用两种组元,如图 3-37 所示。为避免两种组元在室外混合,氧化剂和燃烧剂应分别冷却推力室不同部位,如图 3-37(a)所示。也有采用一种组元直接冷却推力室,用另一种组元降温的方案,如图 3-37(b)所示。显然,这些冷却方案都给

推力室结构带来复杂性。

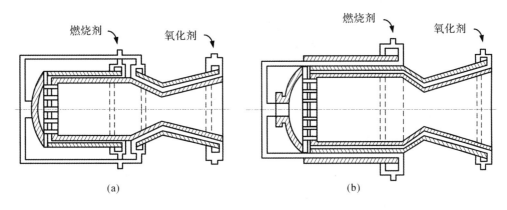

图 3 - 37　以两种组元进行外冷却的方案简图

冷却剂的冷却能力与冷却剂的性质、流速、冷却通道形式及冷却液与通道壁之间的温差等因素有关。比热大和导热性好的冷却剂其冷却效果就好。

增大冷却剂在通道中的流速,可以强化冷却效果。然而,流速加大必然导致通道中阻力损失增加。另外,通道面积过小时,工艺上也有困难。因此,增大流速是有一定限度的。

2. 内冷却

用少量燃烧剂在推力室内壁附近建立起一层低温蒸气或液膜保护层,来降低传向室壁的热流,达到保护室壁的目的。这种保护室壁的方法称之为内冷却。

内冷却通常采用以下几种方案:

(1) 通过头部边缘喷嘴的布置,造成近壁低温层。试验证明,在头部边缘同心圆式排列一些小流量喷嘴,在推力损失较小的情况下,保证可靠地冷却。如图 3 - 38 所示某推力室头部采用的就是这种冷却方案。

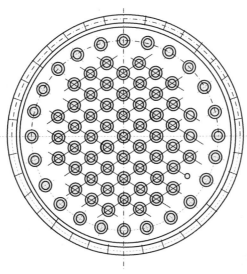

图 3 - 38　通过头部边缘喷嘴布置造成近壁低温层的内冷却方案

　　这种方案比较简单,工艺也不复杂,故被广泛地采用。但这种冷却方案的可靠性较差,因为边区保护层易被核心部分燃气的涡流或头部处燃气的回流吹走,从而降低了冷却的效果。

　　(2)通过专门的孔或缝隙将冷却剂引入燃烧室或喷管内表面,形成一层均匀的液膜。液膜降低了传向室壁的热流,吸收热量后使液体组元蒸发,形成气膜保护层,如图3-39所示。在A-4,5Д52和6FY-2等发动机上就采用这种冷却结构。

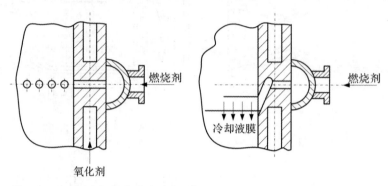

图3-39　通过专门的孔或缝隙将冷却剂引入形成均匀液膜的内冷却方案

　　试验证明,随着用于组织冷却液膜组元流量的增加,液膜长度在开始时是成比例增加的,流量增加到一定值时,液膜长度增加就很缓慢了。液膜的保护效果在其厚度很薄时就表现出来了,因此应合理地确定冷却液的流量。否则,盲目增加液膜厚度,非但不能提高冷却效果,还会使液膜表面产生波动,使部分冷却液质点脱离壁面散失,反而降低了冷却的可靠性,比冲损失增大。

　　(3)采用多孔室壁——发汗冷却。推力室内壁用多孔的烧结合金材料制成,冷却剂通过多孔材料渗入推力室内表面,犹如出汗,是液膜冷却的一种特殊形式,如图3-40所示。燃气传向内壁的热量部分地消耗在通过壁孔的冷却液的加热和蒸发上,选择适当的冷却液流量可使壁面温度保持在所允许的范围内。因此,这种冷却方案可以在比冲损失很小的情况下获得很好的冷却效果,但因多孔材料强度差,小孔易堵塞等技术问题不易解决,目前还未被广泛采用。

　　(4)二次喷射冷却。对于较大膨胀比的发动机,常常装有无外冷却的喷管延伸段,有时采用二次喷射的方法实施冷却,如图3-41所示。即将涡轮排出的低温废气引入,在喷管内壁表面形成一层低温保护层。二次流与燃烧室中的主燃气流一起排出喷管,还会产生少量的附加推力。

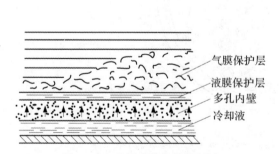

图3-40　发汗冷却保护作用图

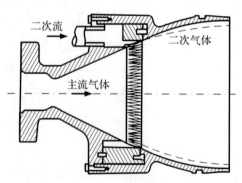

图3-41　二次喷射示意图

内冷却的主要缺点是难以建立均匀而稳定的近壁保护层,往往由于近壁层液膜被破坏引起局部过热,甚至烧毁。此外,采用内冷却时,近壁区的推进剂在不利的组元比下燃烧,导致推力室比冲下降。内冷却液的流量越大,其比冲下降越明显。

由于上述原因,内冷却不作为单独使用,而是作为外冷却的补充。只有内、外冷却相结合的冷却方案,才能有效地保护室壁。

3. 在室壁内表面敷绝热材料

在推力室壁内表面敷一层高热阻材料(绝热层),由于绝热层热阻很大,所以温差大部分落在绝热层上,因而使室壁温度下降。

通常使用的有两种方案:

(1)涂耐高温涂层。在推力室壁内表面涂上一层很薄的耐高温涂层。近年来用等离子喷涂的方法,将耐热涂料(如氧化铝和氧化锆、碳化钨和碳化锆)牢牢地喷涂到室壁内表面,其厚度前者为 0.4～0.5 mm,后者为 0.1～0.2 mm,能对室壁起到很好的保护作用,如图 3-42 所示。

由于这种涂层很薄,很结实,不会因温度应力和发动机变形而破坏,也不太影响结构尺寸和质量,所以目前广泛采用。这是一种很有发展前途的方案,对于长时间工作的发动机,这种绝热涂层是作为外冷却的一种附加的补充措施。

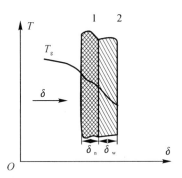

图 3-42　绝热层温度梯度

1—绝热层；　2—金属室壁

(2)敷厚的耐火绝热衬套。通常采用的耐火绝热材料有陶瓷、石墨等。

这种方案多用于非冷却的发动机上,特别是在热流量最大的喉部附近。其冷却效果取决于材料的物理性能(熔点、热膨胀性、导热性、抗腐蚀性和机械强度等)。存在的主要问题是绝热材料对燃烧产物的化学作用,以及温度突变时常会引起裂纹和剥落。而且这种发动机一般都很重,目前使用得不多。

4. 辐射冷却

对于喷管膨胀比大的发动机(如高空发动机),喷管中燃烧产物的密度和温度迅速降低,导致对流和辐射热流显著减小。在这种情况下,喷管的冷却就有可能依靠辐射热交换把热量从室壁传给周围介质(或真空)中去的方法来完成。如图 3-43 所示 6FY-2(J)发动机的喷管出口段采用的就是辐射冷却方案。

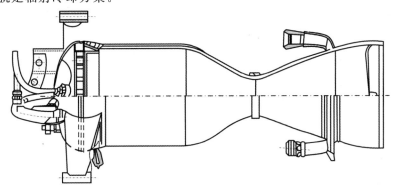

图 3-43　采用辐射冷却方案的 6FY-2(J)发动机

辐射冷却的推力室身部通常采用难熔的高温合金、铌合金、铼合金、陶瓷或复合材料制成，在其表面喷涂或沉积相容性好、抗高温、抗热振、抗冲刷和抗氧化的硅化物、高温抗氧化物涂层，在高达 1 700～2 200 K 的壁温下仍能长时间可靠工作。辐射冷却的发动机的主要特点是结构简单，质量轻，可长时间工作。

5.消融冷却

对于燃烧室压强不高(2 MPa 以下)的推力室喷管及高空微型和小姿态控制发动机推力室的冷却，广泛采用消融冷却(也叫烧蚀冷却)的方法，如图 3-44 所示。

在这种发动机工作过程中，预先固定在推力室内的烧蚀衬套被加热蒸发(或升华)，熔化、脱落的物质被高速燃气流带走，这样就使传给室壁的相当数量的热量消耗在上述过程中，使室壁的温度降低，保证室壁的安全。如美国"大力神-3c"第三级的控制发动机就采用此种冷却方案；又如阿波罗上 32 台 R4-D 发动机，采用烧蚀和辐射冷却方案。

很显然，烧蚀衬套的材料应具有高的熔解热或升华热，同时具有低的热传导系数。目前

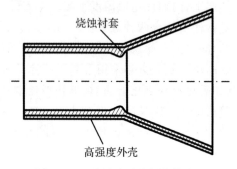

图 3-44　采用消融冷却的推力室

主要应用经硅酚醛树脂浸渍后，再经过特殊处理的石墨纤维带、玻璃纤维带和石棉纤维带，在特制的装置中卷制而成。烧蚀带的厚度取决于要求的强度和工作时间，外壁可由合成塑料或不锈钢制成。

与外冷却方案比较，这种方案的优点是结构简单、经济，若设计得好，比再生冷却的结构质量轻。目前，应用此方案设计的发动机已能满足从几秒到几分钟工作时间的需要。

该种方案的缺点是，发动机推力要在 10^5 N 以下，燃烧室压强要低，而且推力室几何尺寸和工作参数不稳定。

6.在推进剂中加附加剂

在推进剂中加入少量附加剂，使推进剂燃烧时生成的化合物固体微粒黏附在推力室内壁上，形成一层绝热保护层，减少了传给室壁的热量。如美国"阿金纳"火箭发动机，推进剂是高密度硝酸＋偏二甲肼，在燃烧剂中加入了 1％的液体硅(硅油)，传给室壁的热流减少了 33％。

附加剂的加入可能会使推进剂理论比冲下降，但由于大大改善了推力室的冷却性能，可以提高近壁层的组元混合比，因而使实际比冲不会下降。

在实际应用中，当某一种或两种冷却方案不能满足发动机的冷却要求时，就采用几种方案的组合。

3.5.2　推力室中的换热过程

在液体火箭发动机中，热交换是一个复杂的物理过程，在典型的再生冷却系统中，它包括：
(1)由高温燃气向室壁的对流和辐射传热过程。
(2)通过室壁的热传导过程。
(3)由室壁向冷却液的对流换热过程。

1. 燃气向室壁的传热

燃气向室壁传递的热流是由两部分组成的，即对流热流和辐射热流。表达式为

$$q = q_c + q_r \tag{3-4}$$

式中　q_c—— 对流热流$[J/(m^2 \cdot h)]$；

　　　q_r—— 辐射热流$[J/(m^2 \cdot h)]$；

　　　q—— 燃气传给室壁的总热流$[J/(m^2 \cdot h)]$。

（1）对流换热。对流换热与流体质点的传递（质量交换）情况密切相关，而流体质点的传递取决于流体质点及其性质，以及流体沿壁表面的流动情况等。

在液体火箭发动机推力室中，由于燃气的流速很大，总要形成紊流附面层，所以推力室中的对流换热属于紊流换热过程。但燃气运动的紊流性并未扩展到全部附面层，在紧贴室壁处总存在一个层流底层。显然，燃气与壁面的对流换热将由两个过程组成：在附面层的紊流部分，热量主要靠带有热能的流体质点的对流来传递；而在层流层，热量由热传导传递。理论和试验都证明，紊流运动时对流形式的换热量要比热传导形式的换热量大很多倍。图3-45为再生冷却系统温度分布简图。

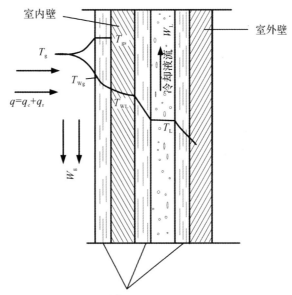

燃气和冷却液的层流附面层

图 3-45　再生冷却系统温度分布简图

T_g— 燃气的温度；　T_{gs}— 燃气的滞止温度；　T_{Wg}— 气壁表面温度；　T_{WL}— 液壁表面温度；

T_L— 冷却液温度；　W_g, W_L— 燃气、冷却液流速

根据传热学理论，燃气传向室壁的热流可由下式来确定：

$$q_c = -\lambda_g \left(\frac{\mathrm{d}T}{\mathrm{d}n}\right)_{n=0}$$

式中　λ_g—— 附面层内燃气的导热系数$[J/(m \cdot s \cdot K)]$；

　　　$\dfrac{\mathrm{d}T}{\mathrm{d}n}$—— 近壁处的温度梯度；

"—"号表示热流方向与温度梯度方向相反。

必须指出,燃烧室中燃烧产物的离解、复合对传热也有很大影响。中心区离解产物进入近壁层发生复合反应时将放出热量,而近壁层的气体质点进入中心区时,将发生离解而吸热。发动机燃烧室内这种离解、复合过程是十分强烈的,它加强了燃气向室壁的对流换热。但到目前为止,还不能从试验或理论上找出一种充分考虑到各种影响因素的计算方法。

对流换热沿推力室轴向的变化,如图 3-46 所示。

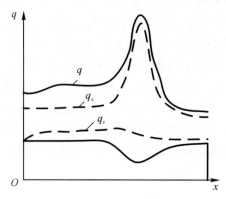

图 3-46　热流沿推力室轴向的变化

(2)辐射换热。火箭发动机的高温高压条件,决定了推力室中辐射换热也是很强烈的。在液体火箭发动机燃烧产物中,主要辐射气体是水蒸气(H_2O)和二氧化碳(CO_2),其他燃烧产物辐射和吸收能力很小,可以忽略不计。

气体辐射和吸收能力主要取决于气体的分压 p_i 和辐射线平均行程 L 的乘积,此外还与温度有关。试验结果证明,CO_2 的辐射和吸收能力正比于 $T^{3.5}$;而 H_2O 的辐射和吸收能力正比于 T^3。但在实际计算中,一般都假定与气体绝对温度的四次方成正比。

辐射热流沿推力室轴向不断变化,在燃烧室段占流入室壁总热流的 $20\% \sim 40\%$;在喷管段,随着燃气的温度和压力不断降低,辐射热流也迅速下降,在临界截面附近只有对流热流的 10% 左右;在超声速段,只有对流热流的 $2\% \sim 4\%$。

2. 通过室壁的传热

燃气传给室壁的热流,以热传导的方式通过内壁。根据热传导定律,通过室壁的热流为

$$q = \frac{\lambda_W}{\delta_W}(T_{Wg} - T_{WL}) \tag{3-5}$$

式中　λ_W—— 室壁的导热系数[$J/(m \cdot s \cdot K)$];

δ_W—— 室壁的厚度(m)。

由式(3-5)可见,室壁的厚度及材料的导热性对热流的影响很大。一般来说,选择导热性好的材料、较薄的室壁,均可以提高冷却效果。

3. 液壁面对冷却液的传热

液壁面对冷却液的热交换是以对流方式进行的。热交换的强弱程度,主要取决于冷却液流的压强和液壁面的温度。

液壁面向冷却液传递的热流为

$$q = \alpha_L(T_{WL} - T_L) \tag{3-6}$$

式中　α_L 为液壁面与冷却液间的对流换热系数[$J/(m^2 \cdot s \cdot K)$]。

上面讨论了推力室中换热的三个过程,概括起来就是,当推力室工作时,推进剂燃烧产生巨大热量的一部分,通过对流、辐射方式传递给室壁,使内壁表面温度升高;然后以热传导方式穿过内壁,又以对流方式把热量传递给冷却液,被加热了的冷却液流出通道后进入头部,由喷嘴喷入燃烧室内进行燃烧。

3.5.3　影响推力室热交换的因素

从前面的讨论可以看出,推力室内的换热是一个十分复杂的物理过程。影响热交换的因素很多,这里就几个主要影响因素作简单的分析。

1.冷却液的物理性质和流速

冷却液的物理性质对推力室热交换影响很大。在给定通道压强下,冷却液的导热性、比热、密度和沸点越高,黏度越低时,冷却效果越好。

冷却液在通道中的流速增大,则近壁层流底层厚度变薄,于是液壁对冷却液的放热强度增加,即 α_L 增大。已知液壁面温度为

$$T_{WL} = T_L + \frac{q}{\alpha_L}$$

在 T_L 和 q 相同的条件下,α_L 增大时,T_{WL} 减小。

热流本身又以热传导方式传过室壁,则气壁面的温度为

$$T_{Wg} = \frac{\delta_W}{\lambda_W} q + T_{WL}$$

在室壁的材料、厚度和热流一定时,T_{WL} 减小,则 T_{Wg} 也随之减小,如图 3-47 中虚线所示。

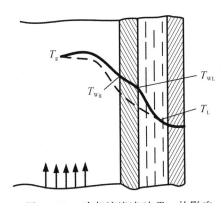

图 3-47　冷却液流速对 T_{Wg} 的影响

同时,当 T_{WL} 降低时,流向室壁的总热流由于 T_{Wg} 降低而略有增大,这就重新引起 T_{Wg} 和 T_{WL} 的升高。经过反复波动后,最后就在比冷却液流速增大之前较低的 T_{Wg} 和 T_{WL} 下稳定下来,如图 3-47 中实线所示。

由以上分析可知,T_{Wg} 与冷却液流速关系很大。流速越大,T_{Wg} 越小。因此,可以用提高冷却液流速的方法(例如减小冷却通道截面积)来增强冷却效果,保持所需要的 T_{Wg} 值。

2.推力室液壁面温度

当液壁面的温度高于冷却液沸腾温度时,贴壁流动的冷却液就会局部沸腾而产生气泡。

如果产生的气泡数量不多,就能迅速上浮至冷却液流中凝结成液体,并放出热量。对于这种在壁面不断生成气泡,又不断冷凝成液体并为冷却液所带走的冷却状态,称为"泡沫沸腾"冷却。

当冷却液呈泡沫沸腾状态时,对流换热系数 α_L 随 T_{WL} 升高而迅速增大,加强了对流换热过程。泡沫沸腾冷却可以加剧换热过程的原因,是由于贴壁面的冷却液生成气泡时,由于液体变成气体的过程中,需要吸收一部分热量(蒸发热);与此同时,更为重要的是气泡的容积迅速增大,不断地将壁面附近变热的冷却液挤入较冷的冷却主流中,而较冷的主流中冷却液又不断地充填到壁面附近。这样循环往复,气泡就不断地产生和消失,一方面增强了向室壁吸收热量,另一方面起着"搅拌"的作用,加强了对流换热过程。

但是,如果 T_{WL} 过多地超过冷却液的沸点,壁面上就会出现强烈的沸腾现象,大量气泡不能脱离壁面而形成连续的气膜(称为"膜态沸腾")起着隔热作用,甚至大量气泡会堵塞冷却通道,严重地阻碍着热交换的进行。此时,α_L 是随着 T_{WL} 上升而急骤下降。

由此可见,当处于"泡沫沸腾"状态时,可以提高冷却效果;若处于"膜态沸腾"状态时,反而会使冷却恶化。

3. 室壁材料的导热性能和厚度

前面提到过,选择导热性好的材料或把室壁做薄一些,都可以提高冷却效果。这是因为导热性能好的薄壁结构,可以降低气壁温度 T_{wg},同时可以减少壁内的热应力(因为壁内温差减小),这样,在保持室壁温差不变时,可以允许较大的热流通过室壁,即允许有较高的近壁层温度,从而减少了由于组织低温近壁层所引起的比冲损失。

但必须指出,薄壁并非对所有情况都有利,如果热流小时,室壁温差 ΔT 也小,T_{WL} 接近于 T_{wg}。可见,在小热流情况下,T_{wg} 也是足够高的,这就有可能引起"膜态沸腾"。

室壁允许的温度越高,燃气与气壁间的温差就越小,热流也就越小,这对冷却有利。因此,推力室壁用耐热材料制造是有利的。

4. 燃烧室压强

燃烧室压强对换热强度有很大的影响。因为 p_c 增大,使得燃烧中运动气体的密度增大,燃气对室壁的放热系数 α_g 增大,所以对流热流强度增加。

p_c 增大,也会使分压 p_{CO_2} 及 p_{H_2O} 增大,因而使燃气对室壁的辐射热流增加。因此,p_c 增大时,燃气与室壁间的换热加强,导致室壁温度 T_{wg} 升高。

当然,在 T_{wg} 升高时,热流 q 又会略有减少,但此时新的稳定状态却是建立在比低压燃烧时更高的 T_{wg} 和 q 上。

因此,燃烧室压强 p_c 的增加,会使燃烧室冷却问题变得困难。

5. 燃烧室中燃气的温度

随着燃烧室中燃气温度 T_g 的升高,燃气对室壁的对流换热和辐射换热强度加大。因此,提高燃烧室中燃烧产物的温度对冷却所产生的效果是与提高燃烧室压强相同的,会引起热流和壁温的提高。

6. 发动机的工作状态

发动机工作过程中,常常需要改变工作状态。其中的设计状态为最大推力状态。

当发动机转入小推力状态下工作时,燃烧室压强变小了,燃烧温度也略有降低。这两种因素都使得燃气向室壁传递的热流 q 减小。随着推力的减小,作为冷却液的推进剂组元的流量也减少了。由于冷却通道的尺寸保持不变,冷却液在通道中的流速必然变慢,所以放热系 α_L 减小。因此,尽管热流变小了,但由于冷却液流量、流速减小可能更显著,这就有可能使冷却液温度上升。

在某些情况下,当 T_L 急剧增高时,冷却液甚至不够用了,即总热流已大于冷却液的承受能力,结果,导致室壁温度 T_{wg} 的增高,甚至发生过热而烧毁。因此,对变推力的发动机,在其转入小推力工作状态下的换热情况是需要进行冷却验算的。

3.5.4　推力室外冷却通道的结构形式

如前所述,外冷却是液体火箭发动机推力室最基本的冷却形式。冷却液流过推力室内外壁间的冷却通道,带走了传过室壁的热量,使推力室达到可靠冷却的目的。

外冷却通道的结构形式很多,它随着火箭发动机技术的发展而不断发展。20 世纪 50 年代初期,冲坑式和压槽式结构是用得比较多的两种通道形式,因为这种结构在工艺上容易实现,而且能满足当时发动机工作条件下对冷却和结构强度的要求。但是,随着燃烧室压强的不断提高,高热值推进剂的采用,以及希望降低由于组织低温附面层所引起比冲的损失,对外冷却系统提出了越来越高的要求,冲坑和压槽式焊接结构已不能满足这种要求。随着发动机制造工艺的发展,特别是 20 世纪 50 年代后期钎焊工艺的出现和发展,相继出现了波纹板、管束式和化学铣内壁的钎焊结构。

1.冲坑结构

冲坑一般采用棋盘式排列,如图 3-48 所示。由于焊点分布均匀,除强度、刚性比其他形式排列优越以外,冷却液在通道中分布也较均匀,但水力损失较大,比方阵式排列大10%~15%,如图 3-49 所示。

冲坑的形状对流阻和冲坑背后形成的涡流区大小有影响,圆形冲坑引起的流阻和涡流区比椭圆形冲坑大,涡流区大,得不到充分冷却的死区面积就大,故一般选用椭圆形冲坑,如图 3-50 所示。

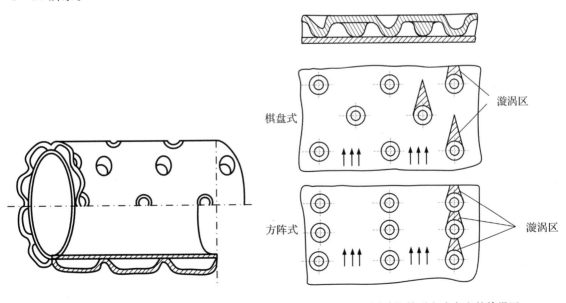

图 3-48　棋盘式排列冲坑结构　　　　图 3-49　不同冲坑排列方式产生的旋涡区

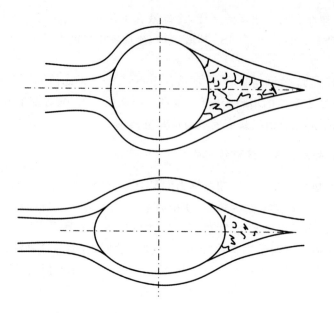

图 3-50 液体绕过不同形状冲坑产生的旋涡区

2.压槽结构

为了克服冲坑连接强度不够和减少水力损失,推力室冷却通道采用了内外壁纵向或螺旋形的压槽结构形式,如图 3-51 所示。这两种结构形式在传热方面有一定的差别,在冷却液流量和推力室直径相同的条件下,螺旋形通道可以提高冷却液流速。

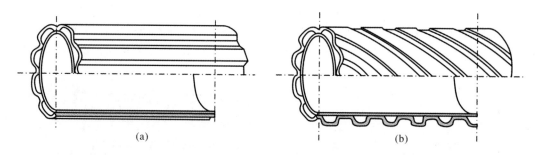

图 3-51 压槽结构内外壁连接
(a)纵向压槽结构; (b)螺旋形压槽结构

冲坑或压槽连接的通道结构形式,只是在推力不太大的发动机中应用较多,因为它可以满足强度、刚度和冷却的要求,且工艺上易实现。这种结构的主要缺点是,通道中水力损失较大,焊点、焊槽部分得不到冷却,沿液流方向冲坑后面的涡流区换热条件恶化,室壁较厚等。这些问题在高压燃烧室和大推力发动机中更为突出,迫切需要采用新的结构形式。

3.波纹板结构

波纹板结构是由很薄(0.3~0.6 mm)的波纹板通过钎焊把推力室内、外壁结合在一起形成冷却通道,如图 3-52 所示。因此,波纹板的作用是连接内、外壁并保证通道有所要求的间隙。

表征波纹板结构的主要尺寸是波高 H、波距 S 及小平面 b。从结构强度和冷却需要,希望

H 小些,但为减小通道阻力,又需要 H 大些。一般在保证强度和可靠冷却的前提下,尽可能将 H 选大一些,通常取 $H = 2.5 \sim 6$ mm。波距 S 主要从连接强度和局部挠度方面考虑来选的,通常取 $S = 4 \sim 7$ mm。b 值是从工艺和连接强度方面考虑选取的。

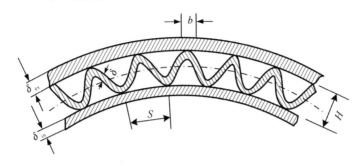

图 3 - 52　波纹板结构

H—波纹板高度；　δ_{in}—内壁厚；　b—波纹板与内、外壁的纤焊宽度；

δ—波纹板厚；　δ_{ex}—外壁厚；　S—波距

由于波距和波高都很小,因此波纹板结构有很好的强度和刚度,内、外壁有较强的承载能力。据有关资料介绍,这种结构的冷却通道能够承受的压力高达 $50 \sim 80$ MPa,燃烧室也可以承受 $5 \sim 8$ MPa 的压力。同时,这种结构的推力室内壁可以很薄($0.8 \sim 1.5$ mm),这对冷却十分有利。此外,通道中的水力损失比冲坑结构小得多。因此,这种结构形式应用很广泛。

波纹板的主要缺点是钎焊工艺质量要求很高。由于发动机一般都是在比较恶劣的条件下工作的,工作时一旦有局部区域鼓起,即使很小,也会导致内、外壁与波纹板的焊缝大面积被撕裂,破坏发动机的正常工作。另外,由于波纹板将冷却液分割成两部分,只有一部分冷却液直接冷却内壁,而另一部分冷却液是间接冷却。为了克服这一缺点,就出现了内壁化学铣的结构,即在内壁上用化学铣的方法铣出波纹槽,然后与外壁钎焊在一起。铣槽式冷却通道就像一个变截面管,具有很高的承压能力,通常工作压强可达 $20 \sim 30$ MPa,极限承受压强在 50 MPa 以上。

4. 管束式结构

管束式结构近年来得到了广泛应用,因为它的结构强度和冷却方面都优于波纹板结构。

管束式冷却通道是由彼此钎焊在一起的管子组成的,如图 3 - 53 所示。对较大的推力室,管子数目通常在 $250 \sim 350$ 根。管子一般由铜、铝或耐热合金制成。管子截面通常是矩形或带圆角的梯形,也有圆形或椭圆形的。管径多半是 10 mm 左右,管子壁厚取决于发动机的工作参数和管子材料,一般在 $0.3 \sim 1.0$ mm 之间。为了增强室壁的强度,沿室壁长度方向安装几道加强箍。管子排列的形式,有沿母线排列的,也有螺旋形缠绕的。后一种形式很少采用,因为它的工艺复杂,通道水力损失大,且这种排列形式难以成型或难以保持内壁光滑。所以管子的纵向配置是管束式推力室的特征。

管束式推力室结构最突出的优点是结构质量轻,管中能承受很高的压强。而且由于管壁很薄及所谓"肋"的效应,冷却条件大为改善。

管束式推力室结构的缺点是管子成型工艺复杂,因为沿母线长度管子截面是变化的,特别是大膨胀比的管子,工艺上实现是相当困难的。

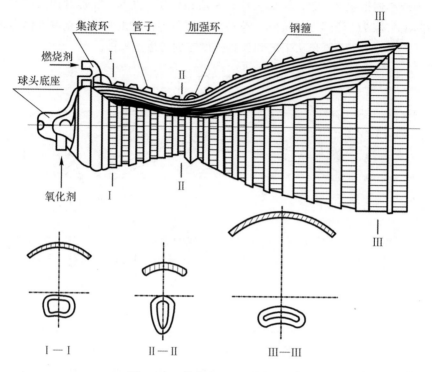

图 3-53 管束式再生冷却推力室

3.6 推力室的工作特性

所谓特性一般是指某些参数随另外一些参数变化的规律。液体火箭发动机通常是在某一确定工作条件(额定高度、额定流量)下设计的,这时,发动机的性能参数为额定值。但在实际使用时,推力室外部工作条件(进入推力室的流量和飞行高度)的改变会引起推力室性能参数的变化,这种变化规律称为推力室的工作特性或使用特性。

在实际应用中,最有意义的推力室工作特性有两种:

(1)推力室的流量特性:当推力室工作高度一定时,其推力和比冲随推进剂的流量(或燃烧室压强)之间的变化关系。

(2)推力室的高度特性:当推进剂选定,推力室的流量或燃烧室压强不变,飞行速度一定时,推力和比冲随飞行高度之间的变化关系。

3.6.1 推力室的流量特性

在选定推进剂以后,其性质和组元比也就确定下来。

流量特性可以用解析方法和试验方法来确定。前者是在一定的假设条件下,根据推力和比冲的基本公式,导出推力和比冲随流量的变化规律,称为理论流量特性;后者是由推力室实际试车,直接测出推力和比冲随流量的变化规律,这样求得的特性称为实际流量特性。

1. 理论流量特性

不考虑喷管内气流与壁面发生分离的工作状态,推力、比冲的基本公式为

$$F = \dot{m}u_e + (p_e - p_a)A_e$$

$$I_s = u_e + \frac{A_e}{\dot{m}}(p_e - p_a)$$

利用关系式

$$\frac{p_e}{p_c} = \delta \quad (\delta \text{ 称为压强比})$$

$$c^* = \frac{p_c A_t}{\dot{m}}$$

则

$$p_c = \frac{c^* \dot{m}}{A_t}$$

$$p_e = \frac{\delta c^* \dot{m}}{A_t}$$

或

$$\frac{p_e}{\dot{m}} = \frac{\delta c^*}{A_t}$$

代入推力公式,得

$$F = \dot{m}\left(u_e + \delta c^* \frac{A_e}{A_t}\right) - p_a A_e$$

令

$$A = u_e + \delta c^* \frac{A_e}{A_t}$$

$$B = p_a A_e$$

推力、比冲公式可写成

$$F = A\dot{m} - B \tag{3-7}$$

$$I_s = A - \frac{B}{\dot{m}} \tag{3-8}$$

讨论上式的前提是:

(1)所使用的推进剂和组元比一定;

(2)使用固定喷管,在喷管内为不发生离体的超临界流动;

(3)工作高度一定,即 $p_a = \text{const}$。

在上述前提下,再进一步假设:忽略流量的变化(或燃烧室压强的变化)对推力室内工作过程的影响,那么,可以看出上述推力公式中:

$$c^* = \frac{p_c A_t}{\dot{m}} = \text{const}$$

$$\frac{p_e}{p_c} = \delta = \text{const}$$

$$u_e = \sqrt{\frac{2k}{k-1}R_c T_c \left[1 - \left(\frac{p_e}{p_c}\right)^{\frac{k-1}{k}}\right]} = \text{const}$$

$$\frac{A_e}{A_t}=\frac{\left(\frac{2}{k+1}\right)^{\frac{1}{k-1}}\sqrt{\frac{k-1}{k+1}}}{\sqrt{\left(\frac{p_e}{p_c}\right)^{\frac{2}{k}}-\left(\frac{p_e}{p_c}\right)^{\frac{k+1}{k}}}}=\text{const}$$

$$\frac{p_e}{\dot{m}}=\frac{\delta c^*}{A_t}=\text{const}$$

所以

$$A=u_e+\delta c^*\frac{A_e}{A_t}=\text{const}$$

$$B=p_a A_e=\text{const}$$

常数 A,B 可由热力计算、气动力计算和结构参数计算确定。

根据式(3-7)和式(3-8),就可以绘出推力室的理论流量特性曲线,如图 3-54 所示。

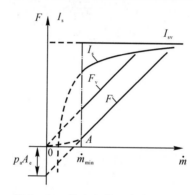

图 3-54　推力室的理论流量特性

由图 3-54 可以看出:

(1)推力随流量变化为线性关系,其斜率为 A,在纵坐标轴上的截距为 $-B$。

在真空中工作,$B=0$,则真空推力为

$$F_v=A\dot{m}$$

其流量特性曲线为通过坐标原点的直线。真空推力与任一高度上的推力的差别都是 $p_a A_e$。

(2)比冲随流量的变化关系为双曲线。

当 $\dot{m}=0$ 时,$I_s=-\infty$;当 $\dot{m}=\infty$ 时,$I_s=A$。即

$$I_{sv}=A$$

从图 3-54 上还可以看到一种奇怪的情况:推力室在地面试车时,在 $\dot{m}=0$ 的情况下,出现推力 $F=-p_a A_e$(这里 p_a 为地面大气压强)。也就是说,在没有流量进入推力室的情况下,推力室会产生方向向后,数值为 $p_a A_e$ 的负推力,实际上是不可能的。为什么会出现这种情况呢?这是因为在推导推力公式时,曾假定燃气在喷管中是一维稳定流。而实际上,燃烧室压强 p_c 下降,使喷管出口压强也相应地下降,喷管工作处于过膨胀状态,以致在超声速段发生气流与管壁分离的现象。流量继续减小,将使气流在喷管中不能达到当地声速,在扩张段不能保持超声速流动,燃烧室内的工作已受到室外压强的影响,气流在喷管内已不能维持正常流动(一维稳定流动),此时推力公式已经不适用了。众所周知,当流量 $\dot{m}=0$ 时,推力室就没有工作,燃烧室内的压强就是外界大气压强,根本不会产生推力和比冲。

$\dot{m}_{\min}$ 为气流沿喷管保持正常流动的最小流量。显然,当 $\dot{m}>\dot{m}_{\min}$ 时,流量特性符合直线规律;当 $\dot{m}<\dot{m}_{\min}$ 时,流量特性不符合直线规律。计算这部分流量特性时,要考虑激波进入喷管和气流与管壁分离等气动力现象,目前尚无精确的计算方法。因此,在特性图上用虚线 $A0$ 表示。

这里还应该指出,推力室流量特性,也常用与流量 $\dot{m}$ 成正比的燃烧室压强 p_c 来表示。于是流量特性可写成以下方程:

$$F=\dot{m}\left(u_e+\delta c^*\frac{A_e}{A_t}\right)-p_aA_e=p_c\left(\frac{u_eA_t}{c^*}+\delta A_e\right)-p_aA_e$$

令

$$\frac{u_eA_t}{c^*}+\delta A_e=C$$

则

$$F=Cp_c-B \qquad\qquad (3-9)$$

由式(3-8)得

$$I_s=A-\frac{B}{\dot{m}}=A-\frac{Bc^*}{A_tp_c}$$

令

$$\frac{Bc^*}{A_t}=E$$

则

$$I_s=A-\frac{E}{p_c} \qquad\qquad (3-10)$$

由式(3-9)、式(3-10)表示的流量特性与式(3-7)、式(3-8)是等效的。可按自变量 $\dot{m}$ 或 p_c 来决定使用何种流量特性方程。

2. 实际流量特性

在建立上述理论流量特性方程时,认为 u_e,c^*,δ 不随流量的改变而变化。然而,在推力室的实际工作过程中,流量的改变直接影响燃气压强的改变,影响推进剂的放热量、燃气成分以及膨胀过程绝热或等熵指数的改变。由面积比公式可知,在同样的面积比下,k 值的变化使 δ 也会改变。就是说,随着流量 $\dot{m}$ 的改变,u_e,c^* 和 δ 都会发生变化。

图 3-55 所示为实际流量特性曲线与理论流量特性曲线的比较,前者由地面试车得出,后者由式(3-7)、式(3-8)计算出来。由图可见,除了在额定流量 $\dot{m}_r$ 下,实际特性曲线与理论计算的相同外,其余的都不相同。

当 $\dot{m}>\dot{m}_r$ 时,两条特性曲线相差甚微。

当 $\dot{m}<\dot{m}_r$ 时,实际特性曲线比理论的要低。这里可作如下定性分析。

由于 $\dot{m}<\dot{m}_r$,所以燃烧室压强 p_c 减小,因而对推力室内部工作过程产生了以下不良的影响。

(1)燃烧室压强降低,使燃烧产物离解加剧,离解损失增大;

(2)燃烧室压强降低,使推进剂雾化质量变差,混合气形成不良,燃烧不完全,燃烧室冲量效率 φ_c 降低;

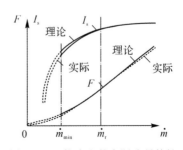

图 3-55　推力室的实际流量特性

（3）离解及燃烧不完全程度增加，使燃气成分改变，在燃烧室压强降低时，等熵过程指数 k（或 n）减小，使热效率下降；

（4）当 $\dot{m} < \dot{m}_{\min}$ 时，由于处在过膨胀状态，气流与管壁分离，甚至流动失去稳定性，以及激波进入喷管引起气动损失，所以喷管冲量效率降低。

综合以上原因，实际推力和比冲随流量减小而减小的值，比理论计算值要更低一些。

尽管存在着上述偏差，但总的来说，在 $\dot{m} > \dot{m}_{\min}$ 的范围内，实际流量特性线偏离理论流量特性线还是很小的。因此，在缺少推力室热试车数据时，采用理论流量特性是具有实际使用价值的。尤其是在额定流量 $\dot{m}_r$ 附近，理论流量特性是足够精确的。

由以上讨论可见，利用流量特性通常可以确定发动机推力室最有利的工作状态，还可以看出用改变进入推力室流量的方法来调节推力的合理性。

3.6.2　推力室的高度特性

同样，如果仅考虑喷管内不发生离体的工作状态，则推力和比冲的公式为

$$F = \dot{m}u_e + (p_e - p_a)A_e = F_0 + (p_{a0} - p_a)A_e \tag{3-11}$$

$$I_s = u_e + \frac{A_e}{\dot{m}}(p_e - p_a) = I_{s0} + \frac{A_e}{\dot{m}}(p_{a0} - p_a) \tag{3-12}$$

式中　F_0——地面推力，$F_0 = \dot{m}u_e + (p_e - p_{a0})A_e$；

　　　I_{s0}——地面比冲，$I_{s0} = u_e + \frac{A_e}{\dot{m}}(p_e - p_{a0})$；

　　　p_{a0}——地面大气压强。

讨论的工作条件为：推进剂和组元比一定；固定喷管内为不发生离体的超临界流动；流量保持一定。因此，上述各式中，参量 u_e，$\dot{m}$，A_e，p_e，p_{a0} 都为定值，所以 F_0，I_{s0} 亦为定值。这样，在式（3-11）、式（3-12）中，只有外界大气压强 p_a 随高度而变化，即 $p_a = f(H)$。

1. 理论高度特性

根据理论计算求得的地面推力 F_0 和地面比冲 I_{s0}，或由地面试车测得 F_0 或 I_{s0} 值。根据国际标准大气压对照表查出发动机推力室在各个工作高度上未被扰动的大气压强 p_a，将上述数据代入方程式（3-11）、式（3-12），便可以计算确定并绘制出理论高度特性，如图 3-56 中的曲线所示。

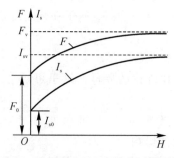

图 3-56　推力室的理论高度特性

（1）推力和比冲是随高度的增加而增大的。在真空中工作时（$p_a = 0$），其真空推力 F_V 和真空比冲 I_{sv} 为最大，比地面比冲一般大 10%～20%。真空推力与地面推力之差值取决于

$p_{a0}A_e$ 的大小。喷管出口截面积越大,这个差值就越大。

（2）喷管面积比 A_e/A_t（或者压强比 δ）对推力室高度特性的影响如图 3 - 57 所示。

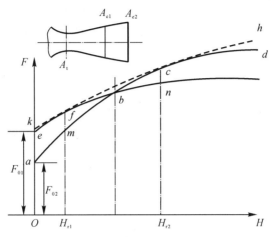

图 3 - 57　具有不同喷管面积时推力室理论高度特性

假设推力室喉部截面积 A_t 一定,讨论具有两个不同喷管出口面积的喷管：A_{e1} 和 A_{e2}。出口面积为 A_{e1} 的喷管,其喷管压强比为 δ_1,计算高度为 H_{r1};出口面积为 A_{e2} 的喷管,其喷管压强比为 δ_2,计算高度为 H_{r2}。

脚标"1"表示低空,脚标"2"表示高空。即

$$H_{r1} < H_{r2}$$

由图 3 - 57 可以看出：当发动机在第 1 计算高度 H_{r1} 工作时,使用第 1 喷管,则喷管工作在最佳状态,即 $p_{e1} = p_a$。此时如果使用第 2 喷管,则喷管就工作在过膨胀状态,产生的推力 $F_{r1} > F_{r2}$。如图 3 - 57 上的 f, m 两点所示。

当发动机在第 2 计算高度 H_{r2} 工作时,第 2 喷管 A_{e2} 工作在最佳状态,即 $p_{e2} = p_a$。此时如果使用第 1 喷管,则喷管就工作在欠膨胀状态,产生的推力 $F_{r2} > F_{r1}$。如图 3 - 57 上的 c, n 两点所示。

如果将喷管设计成如图 3 - 58 所示的二级可调喷管,相应于两个计算高度,分别有喷管出口面积 A_{e1} 和 A_{e2}。

若发动机工作在高度 H_b 以下,就启用 A_{e1} 喷管,在高度 H_b 以上工作,就启用 A_{e2} 喷管。这样就可以得到二级可调喷管的高度特性曲线 $efbcd$。

可见,二级可调喷管的高度特性比任何单一喷管的高度特性来得优越。可以设想,如果将喷管制成连续可调的,即随飞行高度增加,喷管出口面积能相应地连续不断增大,使推力室一直工作在相应的计算状态（$p_e = p_a$）。这种理想的连续可

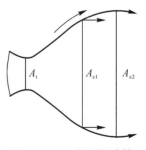

图 3 - 58　二级可调喷管

调的喷管高度特性,即为无数个具有不同喷管出口截面积 A_e 的发动机推力室高度特性曲线的外包络线,如图 3 - 57 中 kh 虚线所示。

（3）当发动机工作高度低于 25 km 时,推力随高度增加很快,这是因为此高度范围内大气密度变化较大的缘故。高度超过 25 km 时,由于空气密度急剧下降（$p_a < 2\ 452.5$ Pa）,所以推

力随飞行高度增加缓慢，按 $p_a=0$ 来计算，所得推力误差小于 1%。

2. 实际高度特性

推力室的理论高度特性，只考虑飞行高度改变时，相应高度上未被扰动的大气压强 p_a 的变化引起推力和比冲的改变，未涉及发动机装置中各部分的工作同飞行器飞行状态之间的影响。

实际上，发动机安装在飞行器上，飞行器又是以一定的速度和加速度飞行的。飞行器的实际工作条件，影响着发动机推力室的高度特性，如图 3-59 所示。

(1)火箭以一定的速度飞行时，推力室外壁上所承受的是被扰动的大气压强 p_a'，而不是未被扰动的大气压强 p_a，喷管后的压强也不是 p_a，而是受扰动的压强 p_a''。

p_a' 的数值取决于火箭飞行的速度和火箭的结构形式。因此，p_a' 影响着作用在推力室壁外表面上大气压强的轴向合力，即 $-A_e p_a'$。

p_a'' 的数值则取决于喷射气流与流过火箭尾部边缘部分的外界气流的相互作用，因而，p_a'' 影响着喷管内气流发生离体的时刻。

以上两方面的影响，都会使实际测出的推力不同于理论计算值。

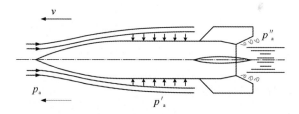

图 3-59　火箭飞行中气流对推力的影响

(2)火箭在飞行过程中，当飞行高度变化时，进入推力室的推进剂流量也不能保持为定值。引起进入推力室的推进剂流量变化的因素主要是，火箭的飞行高度、程序角、加速度、贮箱中推进剂的密度和液面的变化，以及供给系统的元件(涡轮泵、燃气发生器、减压器等)的工作，从而使推力室内燃气参数发生相应的改变。

考虑了以上因素后，按式(3-11)、式(3-12)绘制 A-4 发动机装置的实际高度特性，如图 3-60 中虚线所示。

A-4 发动机比现代发动机的结构更复杂，并采用燃气舵，推力损失较大，但其实际高度特性(虚线)偏离理论高度特性(实线)尚不大于 3%，可见，对新型火箭发动机初步设计时，使用理论高度特性是完全可以的。

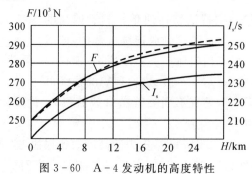

图 3-60　A-4 发动机的高度特性

3.7　液体火箭发动机在防空导弹上的应用

3.7.1　液体火箭发动机在国内防空导弹上的应用

我国是世界上最早拥有防空导弹的国家之一,某型防空导弹的二级火箭采用的就是液体火箭发动机。

二级火箭发动机系统用于导弹一、二级分离后,继续提供推力使导弹获得预定的飞行速度。该发动机主推进剂采用代号为"混胺-50"的燃烧剂和代号为"红烟硝酸-20 s"的氧化剂,副推进剂(涡轮推进剂)采用硝酸异丙酯。

1.发动机主要性能和结构参数

发动机主要性能和结构参数列于表3-5中。

表 3-5　某型液体火箭发动机主要性能和结构参数

序　号	参数名称	数　值
1	地面推力	30.890×10^3 N(3.1×10^3 kgf)
2	氧化剂流量	10.072 kg/s
3	燃烧剂流量	3.007 kg/s
4	推进剂质量混合比	3.35 ± 0.2
5	海平面比冲	$\geqslant 2.267 \times 10^3$ N·s/kg
6	启动加速度(达到90%额定推力的时间)	$0.5 \sim 1.0$ s
7	工作时间	>60 s
8	推力质量比	732.51 N/kg
9	结构质量	41.5 kg
10	最大外廓尺寸	935 mm×476 mm

2.发动机系统

(1)组成。发动机系统简图如图3-61所示。它主要由推力室、推进剂系统、压缩空气系统和燃气系统等部分组成。

(2)工作原理。

1)发动机的启动和工作。导弹起飞后约 2.5～3 s,弹上速压传感器感受飞行速压达到 68.642×10^3 Pa时,压力继电器接通火药启动器电爆管。电爆管起爆,产生的燃气引燃点火药。火药柱燃烧所产生的高温高压燃气冲破火药启动器的膜片,经喷管喷入燃气发生器,建立起硝酸异丙酯分解所需的温度压力条件,同时启动涡轮泵。在电爆管起爆后 0.1～0.3 s,硝酸异丙酯在其贮箱压力挤压下,经过燃气发生器头部的单向阀门和喷嘴,喷入燃气发生器内,开始分解,形成高温高压产物。分解产物与由启动箱引出的、经燃气发生器冷却喷嘴后喷入的"混胺-50"混合,形成温度较低的燃气,经涡轮喷嘴膨胀加速驱动涡轮。涡轮带动与其共轴的氧化剂泵和燃烧剂泵一起工作。做功后的涡轮废气通过排气管,冲破膜片排入大气,并产生 245.2 N 的附加推力。在电爆管起爆的同时,弹上气路系统自动向氧化剂启动阀门和燃烧剂启动阀门的空气腔供给 5.001×10^6 Pa 的操纵空气。操纵空气推动切刀,切破膜片。在贮箱压力挤压下,已注满到膜片前的氧化剂和燃烧剂分别进入氧化剂泵和燃烧剂泵,经过泵提高了推进剂组元的压强。氧化剂沿导管分两路进入推力室,燃烧剂则由导管经启动箱进入推力室。在燃烧室中两种推进剂组元相遇即刻自燃,产生的高温高压燃气冲掉喷管堵盖,以高速喷入大气,产生推力。

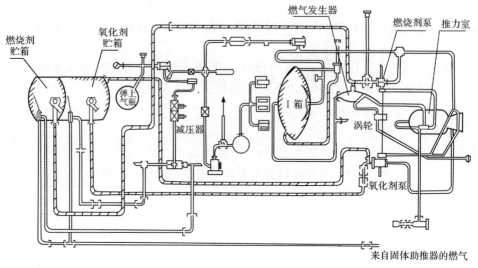

图 3-61　某型发动机系统简图

自发出起爆电爆管信号后0.5～1.0 s,发动机进入额定工作状态。

发动机产生的推力通过推力室上的4个推力支架传给弹体,使导弹加速,持续飞行。

2)发动机关机。发动机没有专门的关机机构,它的工作时间由导弹的任务来决定,或当推进剂组元之一耗尽时,发动机自行停机。

3.推力室

该推力室采用了平面型头部、圆筒形燃烧室及特型喷管,如图3-62所示。

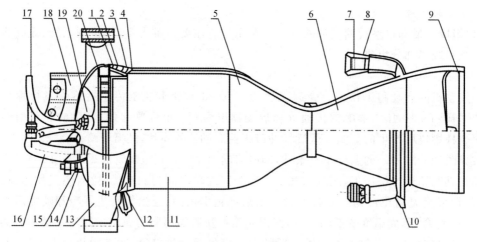

图 3-62　某型液体火箭发动机推力室结构

1—滤网；　2—冷却环；　3—前环；　4—连接环；　5—收敛段；　6—扩散段；　7—限流圈；　8—管接头；
9—喷管堵盖；　10—支板；　11—圆筒组；　12—测压接头；　13—发动机支架；　14—测压接头；
15—限流圈；　16—燃烧剂导管；　17—支管；　18—支架；　19—头部；　20—中底

推力室头部装有 79 个双组元喷嘴,中心是按蜂窝式排列着 55 个双组元外混合离心式喷嘴,这种排列使喷嘴分布最均匀,保证了良好的雾化混合质量。外圈是按同心圆排列着 24 个双组元外混合离心式喷嘴,与冷却环喷出的冷却液一起形成一个稳定的低温近壁层,如图 3 - 63 所示。

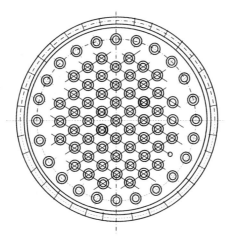

图 3 - 63　某型液体火箭发动机喷嘴排列形式

推力室身部由内、外壁组成。内壁由前环口、圆筒、收敛段、喷管和喷口环焊接而成。外壁由圆筒段外壁、收敛段外壁、喷管外壁和两个盖板焊接而成。波纹板与推力室身部内、外壁钎焊成一个整体并构成冷却液(氧化剂)的通道。

喷管型面如图 3 - 64 所示,采用最大推力系数的特型喷管。推力室外壁和结构件采用 1Cr21Ni5Ti 耐热不锈钢,内壁和内部零件采用 1Cr18Ni9Ti 耐热不锈钢,波纹板采用 08F 钢。

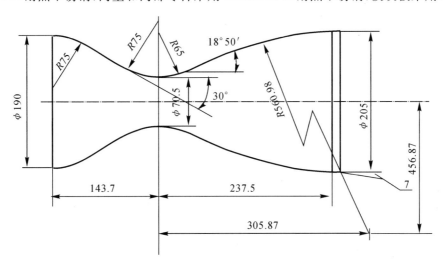

图 3 - 64　某型液体火箭发动机喷管型面(单位:mm)

4.发动机的特点

(1)性能优良。发动机启动加速性较好,原要求为 0.5～1.0 s,实际为 0.75 s 左右。

(2)结构先进。推力室头部采用 79 个双组元离心式喷嘴,中心区按蜂窝式排列,具有最好的雾化混合质量。边区按同心圆排列,并采用冷却环供应均匀的液膜,改善了内冷却性能,提高了燃烧室的冲量效率。

推力室尾段采用波纹板高温钎焊结构,很好地解决了强度刚度与冷却之间的矛盾。另外,此结构具有质量轻、尺寸小、外冷却性能好的优点。

采用最大推力系数的特型喷管,使扩张段长度缩短,又保证了具有较高的喷管冲量效率。

(3)工作可靠,贮存性能好。

1)发动机系统简单,启动平稳,推力稳定。在射击各种目标(高远界、低近界、侧近界、垂直机动等)的飞行试验中,工作性能良好。

2)发动机内腔采用全密封,整机外部零件均喷涂防护漆,推进剂中增加了阻蚀剂氢氟酸,从而延长了野战状态下的使用期及存放期。

3.7.2 液体火箭发动机在国外防空导弹上的应用

奈基(Nike Ajax)防空导弹,又称"胜利女神"导弹,是美国 20 世纪 50 年代研制的远程高空地空导弹,是美国陆军最先使用的超声速防空导弹,编号为 SAM - A - 7。它既可以对付高空高速飞机、战术弹道导弹和巡航导弹,又可以摧毁地面目标,主要用于国土防空和要地防空,保卫城市、工业、军事基地等重要目标。

奈基防空导弹共有Ⅰ型、Ⅱ型两种型号。其中奈基-Ⅰ的动力装置由两级火箭组成,第一级为固体火箭助推器,第二级是液体火箭发动机。

1. 液体火箭发动机主要性能和结构参数

液体火箭发动机主要性能和结构参数列于表 3 - 6 中。

表 3 - 6 奈基-Ⅰ二级液体火箭发动机主要性能和结构参数

序 号	参数名称	数 值
1	推力(距地面 3 km)	1 177 kgf
2	比冲	212 s
3	工作时间	35 s
4	最大外廓尺寸	460 mm×165 mm

2. 发动机系统

奈基-Ⅰ的液体火箭发动机主要由推进系统、空气箱和推力室组成。推进系统包括两个铝合金制的推进剂箱,一个经过热处理的钢制的空气箱。材料均采用不锈钢制成。

该液体火箭发动机采用双组元推进剂。燃烧剂采用的是 M - 3(JP - 4 中加入少量能使喷口不冻和使燃烧稳定的不对称二甲基联氨),较纯 JP - 4 安全(因为纯 JP - 4 是可以自燃的)。氧化剂为红色发烟硝酸。M - 3 与红色发烟硝酸相遇不能自燃,因此奈基-Ⅰ用延时极短的不对称二甲基联氨作点火剂。发动机为非冷却式的,可承受 2 760℃的温度和 2.26 MPa 的绝对压力。燃烧室和喷管内装有尼亚弗莱克斯 A(Niafrax A)陶瓷防护层。和调节器连在一起的闭锁阀门,在助推器脱离前打开,而空气箱内的高压空气便通过调节器流出,致使燃烧剂箱和氧化剂箱内的压力升高。装在箱后管路内的膜片因压力升高而破裂,燃烧剂和氧化剂便进入燃烧室。

奈基-I主发动机最初采用JP-3作燃烧剂,以发烟硝酸作氧化剂,而以胺和呋喃甲醇混合物作点火剂。因为炭氢燃料和硝酸的燃烧性能不良,所以不得不采用点火剂。为了避免爆炸性有机硝酸盐在燃烧室里积聚而在分解时爆炸,所以要求发动机启动柔和,并在燃烧室内压力降低时使推进剂立即断开,这样便需要构造特殊的推进剂阀门。

1952年,军方要求将JP-3改为JP-4。改用JP-4后,因为燃烧剂的密度不同,需要考虑到在高温时燃烧剂的最低密度,原设计的构造进行了相应改变。JP-4中含水分极少,但在低温时结冻会阻塞喷嘴,并使燃烧不稳定。

为了减低氧化剂对铝制推进剂箱的腐蚀作用,以及保证硝酸的成分稳定,从1951年开始用氧化剂RFNA(红色发烟硝酸加二氧化氮)代替氧化剂WFNA。

第4章 火箭冲压组合发动机

组合发动机是指由两种或两种以上不同类型的发动机组合而成的一类新型动力装置。其工作循环由参与组合的各类发动机的热力过程所构成,或者是在结构上共用某些主要部件,使总体结构简化。组合发动机往往综合不同类型发动机的优点,克服各自的短处,从而达到总体性能上的改善和提高,或者达到拓宽工作范围,满足飞行器发展的需求。目前参与组合的发动机类型有冲压发动机、涡轮喷气发动机和火箭发动机等,依照不同的组合及工作方式,构成了各种类型的组合发动机。

随着世界各国对高性能战术导弹的需求日益迫切,如何进一步提高其射程、机动性和飞行速度成为导弹推进系统研制工作者的关注焦点。业已证明,固体火箭发动机对射程适中的战术导弹来说是十分有效的推进工具,但是要想进一步显著提高射程和飞行速度,则必须以大幅度增大导弹质量和体积为代价。为解决这一难题,人们对冲压发动机及其推进技术表现出了日益浓厚的兴趣,进而将冲压发动机与固体火箭发动机组合起来,发挥其各自的优势。

4.1 冲压喷气发动机

冲压喷气发动机(ramjet)简称冲压发动机,是以高速冲压的方式吸入空气,与燃料燃烧或与燃气进一步反应,产生的高温燃气通过喷管高速喷出获得推力的动力装置,属于吸气式喷气发动机。

冲压是利用迎面气流进入发动机后减速、提高静压的过程。这一过程不需要高速旋转的复杂的压气机,是冲压喷气发动机最大的优势所在。

4.1.1 冲压发动机工作原理及基本组成

1. 工作原理

冲压发动机的工作原理基本上与涡轮喷气发动机相同,也包括压缩、燃烧和膨胀三个基本过程,但冲压发动机是利用进气道的冲压作用来实现对空气的增压的,没有压气机和涡轮那样的转动部件。如图4-1所示,高速气流迎面向发动机吹来,在进气道内减速。压强和温度随之增高,燃油从油管通过喷油嘴喷出,在燃烧室内开始燃烧,将温度提高到$200 \sim 2\,200\,℃$,甚至更高,比进气温度要高好几倍。在发动机中有火焰稳定器,其功用是造一个低压区,使燃油和空气在这里燃烧,并使火焰易于传播及稳定。由于在燃烧室中增加了燃烧时所放出的热能,所以燃气速度以比进气速度高好几倍的速度从尾喷管中喷出,这股超声速喷气流所产生的反作用力就是冲压发动机的推力。冲压发动机的推力和进气速度有关,如进气速度等于声速的3倍时,在地面产生的推力能超过$200\,kN$。

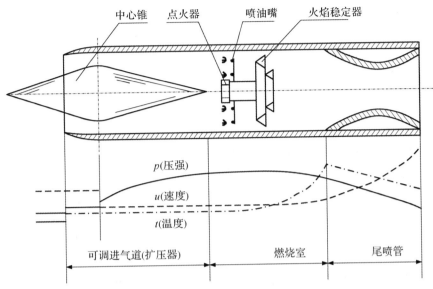

图 4 - 1 冲压发动机及气流参数变化简图

2. 基本组成

冲压发动机在结构组成上比涡轮发动机简单,没有转动部件,只有 4 个主要组成部分:

(1)进气道。进气道也称进气扩压器,其主要作用是引入空气、实现压缩过程、提高气流压力。理论上,高速气流在速度减慢到停止的过程中,气流的动压转变为静压,可使压力提高很多倍。由理论计算可知,当迎风气流速度从 $Ma=2$ 降到 $Ma=0$ 时,压力可提高 7.8 倍;当从 $Ma=3$ 降到 $Ma=0$ 时,压力可提高 36.8 倍;当从 $Ma=5$ 降到 $Ma=0$ 时,压力可提高 529 倍。当然,实际情况下还存在压力损失,而且气流流速也不会完全阻滞到零,因此增压比达不到上述理想情况下的数值。但是随着飞行速度的增加,增压比急剧上升,这一事实是肯定的。由于压缩过程是在进气道中实现的,它是冲压发动机的关键性部件,所以要精心进行设计。

(2)燃烧室。它是空气与燃油混合燃烧,生成燃气的地方。燃烧室一般制成圆筒体,内腔装有预燃室、燃油喷嘴环、点火器以及火焰稳定器等组件。从进气道来的空气流入燃烧室后,与燃油喷嘴喷出的雾化燃油混合,形成可燃的混合气体。发动机启动时,点火器工作放射火花点燃预燃室中的燃气,形成一个点火“火炬”,然后由它进一步把整个可燃的混合气体点燃。混合气体在燃烧室中的燃烧温度可达 1 500~2 000℃。火焰稳定器的作用是使燃气通过它形成回流区,用以“挂住”火焰,并使火焰易于传播和稳定,保证稳定而完全地燃烧。为了保护燃烧室不被烧坏,常常把它做成两层结构,内层采用耐热合金材料,利用两层之间的通道引进从进气道流入的部分空气来达到冷却的目的。

(3)尾喷管。尾喷管的作用是使高温高压燃气进行膨胀而加速喷出。亚声速发动机尾喷管是收敛的,超声速发动机尾喷管是先收敛后扩张的。

(4)燃油供给系统和自动调节系统。燃油喷嘴喷油受燃油供给系统控制,供给系统感受外界气流参数(速度、温度、压力),根据需要供给适量的燃油,以保证正常燃烧。对于具有可调进气道和可调尾喷管的发动机来说,根据需要调节系统还可以调节相应部件的几何尺寸。

4.1.2 冲压发动机的分类

冲压发动机的工作原理是在 1913 年提出的,距今已有上百年的历史了。到目前为止,这种动力装置已有多种方案。

1.按飞行速度分类

按照使用的飞行速度来划分,冲压发动机可分为亚声速、超声速、高超声速三类。前两类发动机统称为亚燃冲压发动机,最后一种称为超燃冲压发动机。

(1)亚声速冲压发动机。亚声速冲压发动机如图 4-2 所示。亚声速冲压发动机具有简单的进气道,其前缘剖面是低速机翼剖面(圆头)。尾喷管是收敛型的。亚声速冲压发动机以航空煤油为燃料,采用扩散形进气道和收敛形喷管,飞行时增压比不超过 1.89。当 $Ma < 0.5$ 时一般无法工作。

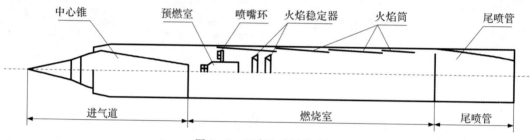

图 4-2 亚声速冲压发动机

(2)超声速冲压发动机。超声速冲压发动机如图 4-3 所示,具有超声速进气道,有中心锥,前缘剖面为尖劈型;尾喷管是拉瓦尔喷管;采用超声速进气道,燃烧室入口则为亚声速气流,采用收敛形或收敛扩散形喷管;用航空煤油或烃类作为燃料。推进速度为亚声速至 $Ma = 6$,用于超声速靶机和多种类型的导弹。

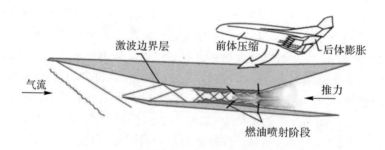

图 4-3 超声速冲压发动机

(3)高超声速冲压发动机。高超声速冲压发动机用于飞行速度在 $Ma \geqslant 5$ 的飞行器,随着飞行速度的增加,当 $Ma > 5$ 时,就不必在进气道把气流滞止到亚声速了。这是一种在燃烧室中为超声速气流的情况下进行加热的冲压发动机。高超声速冲压发动机使用碳氢燃料或液氢燃料;是一种新颖的发动机。近几年来,对 $Ma = 5 \sim 16$ 的超声速冲压喷气发动机有了更多的研究,已有的方案有超声速燃烧室冲压发动机、爆震波冲压发动机、外燃式冲压发动机等。这些发动机尚处于研制阶段。

2.按使用的燃料分类

(1)液体燃料冲压发动机。液体燃料冲压发动机使用的燃料为液体燃油,它需要燃料输送、供应系统和调节器、喷注装置和燃烧稳定器等。一般用于靶机和飞航式导弹的推进装置。

(2)固体燃料冲压发动机。固体燃料冲压发动机的燃料为固体药柱,它由燃烧剂和少量氧化剂根据需要制成各种形状,可为端面燃烧、内孔燃烧以及内、外侧表面燃烧等,以调节发动机燃料进气量,控制发动机达到所要求的推力大小及其变化规律。

(3)核冲压发动机。核冲压发动机又称"原子能冲压发动机",利用反应堆中可控的裂变反应对空气流加热,以产生反作用推力。它计划用于重载荷、超远程的飞行任务。目前尚处于方案探讨阶段。

3.按燃烧方式分类

(1)亚声速燃烧冲压发动机。亚声速燃烧冲压发动机是指燃料在亚声速气流中进行燃烧的冲压发动机。至今,实际使用的冲压发动机均属此类。

(2)超声速燃烧冲压发动机。超声速燃烧冲压发动机是指燃料在超声速气流中进行燃烧的冲压发动机。

4.按用途分类

根据冲压发动机的用途,它又可以分为以下两类。

(1)加速式冲压发动机。加速式冲压发动机必须在较宽的速度范围内使用,要求在各种飞行状态下都能可靠地工作。

(2)巡航式冲压发动机。巡航式冲压发动机的工作范围窄,适宜在巡航飞行速度下工作。

4.1.3　冲压发动机的主要优缺点

1.优点

与涡喷、涡扇喷气发动机以及火箭发动机相比,冲压发动机具有如下优点:

(1)构造简单、质量轻、成本低。若以 $Ma=2$ 的速度飞行时,冲压发动机的质量约为涡喷发动机质量的 1/5,制造成本则仅为其 1/20。例如,用于靶机的某种冲压发动机,推力达到 50 000 N,而其质量只有 180 kg。

(2)在高速($Ma>2$)飞行状态下经济性好,耗油率低。

(3)比冲高。冲压发动机比冲虽然不及涡轮和涡轮风扇喷气发动机,但比火箭发动机大得多,因此,若发射质量相同,则使用冲压发动机的导弹航程要大得多。

(4)在超声速和高超声速($Ma=1.0\sim5.0$)飞行条件下,冲压发动机的推质比优于涡喷发动机。

(5)冲压发动机使用燃油(煤油)作为燃烧剂,远比火箭发动机(无论是液体或固体)经济,而且安全。发动机的工作时间可以比火箭发动机长得多。

2.缺点

冲压发动机也有其固有的不足之处,在发展过程中存在着一些技术难题,其主要缺点如下:

(1)低速时推力小,燃料消耗率高,静止时根本不能产生推力,因此它不能自行起飞,必须依靠助推器加速或由机载投放获得开始工作需要的飞行速度,即必须借助其他装置使飞行器飞行起来并达到一定速度以后,再由冲压发动机接力工作。

（2）冲压发动机的工作对飞行状况的变化很敏感。例如，飞行速度、飞行高度、飞行姿态、燃烧后剩余的空气量等参数的变化都对发动机的工作有直接影响，因此它的工作范围窄，或者需要完善的调节系统以适应飞行状况的变化。

（3）与火箭发动机相比较，冲压发动机的推力系数较小，单位迎面推力也较小。随着推力增加，发动机的体积和直径都越来越大，在有些情况下这个问题会使得冲压发动机难以装入弹体，给导弹的气动布局带来困难并增大了导弹飞行时的阻力。

（4）在冲压发动机的研制过程中存在着一系列技术上的困难，例如，研制高效率的进气道、组织稳定的燃烧、保证可靠的点火启动、高温室壁的可靠冷却等问题。

由于冲压发动机存在以上种种缺点，长期以来，在战术导弹的动力装置方面固体火箭发动机占了明显优势。据统计，战术导弹的动力装置采用固体火箭发动机的占 85%，液体火箭发动机占 5%，涡轮喷气发动机占 5%；在飞机动力装置方面，涡轮喷气发动机占了优势。然而，从发展的角度来看冲压发动机有着非常广阔的应用前景，它特别适用于高空高速飞行的飞行器，目前已经应用于导弹、靶机和无人侦察机上，并且在把冲压发动机用于高速有人驾驶的飞机以及可重复使用的天地往返运输器方面正在大力研究之中。

4.2　火箭冲压发动机

火箭冲压发动机是由火箭发动机与冲压发动机组合而成的。这种在工作循环和结构上由火箭发动机与冲压发动机结合而成的火箭冲压发动机，克服了冲压发动机不能独立启动且低速飞行时效率很低的缺点，又将空气喷气发动机的优点（推进剂的消耗量小）与火箭发动机的优点（良好的速度特性和高度特性）结合起来。

4.2.1　火箭冲压发动机的基本组成

火箭冲压发动机的主要组成部分除冲压发动机的进气道、燃烧室和尾喷管外，增加了一台小型火箭发动机作为燃气发生器。燃气发生器可以使用贫氧的液体或固体推进剂，分别称为液体火箭冲压发动机和固体火箭冲压发动机。图 4-4 为火箭冲压发动机的基本组成图。

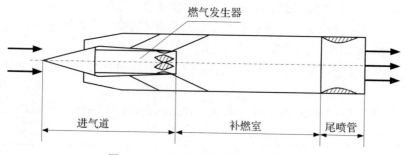

图 4-4　火箭冲压发动机的基本组成

1. 进气道

进气道也称为进气扩压器，它包括中心锥尖端至补燃室进口截面部分。其作用是吸入来流空气，提高压力并减速，即冲压压缩，为燃烧室提供合适的进口气流（通常为亚声速气流，$Ma = 0.15 \sim 0.25$）。

2. 燃气发生器

燃气发生器即为使用贫氧推进剂的火箭发动机。如果使用贫氧固体推进剂,则燃气发生器结构简单,在结构上包括燃烧室、贫氧固体推进剂装药、多孔喷管及点火装置等。如果使用贫氧液体推进剂,则燃气发生器就是一台小型液体火箭发动机。它包括推进剂喷射器、燃烧室、多孔喷管、液体推进剂贮箱及增压系统等。燃气发生器的燃烧室又称一次燃烧室。

3. 补燃室

补燃室的作用是使由进气道引进的空气与燃气发生器多孔喷管排出的富燃燃气在此腔内掺混、燃烧,完成二次燃烧过程。

4. 尾喷管

尾喷管的作用是使在补燃室内进行再次燃烧的生成产物经过尾喷管膨胀加速,从出口排出产生推力。

4.2.2　火箭冲压发动机的工作过程

火箭冲压发动机启动时由作为燃气发生器的火箭发动机先点火工作,燃气发生器使用的是贫氧推进剂,由于推进剂贫氧,所以燃料在一次燃烧室燃烧并不充分,燃烧产物中还有大量的可燃物质。初次燃烧后的燃气从燃气发生器的多孔喷管喷出,进入补燃室(又称二次燃烧室),并与进气道来的冲压空气掺混,进行再次燃烧(补燃)。从燃气发生器喷出的可燃气体温度很高,组分又易于燃烧,所以一经与空气掺混即着火进行二次燃烧。燃烧后的燃气从尾喷管高速排出,产生推力。

火箭冲压发动机在刚启动时由火箭发动机产生推力,在飞行器达到一定速度后,冲压空气的进入使推力加大,进而使飞行速度进一步提高。当达到一定速度时,冲压发动机处于良好的工作状态,燃气发生器停止工作,此时推力完全由冲压发动机产生。

4.2.3　火箭冲压发动机的分类

火箭冲压发动机的分类方式有多种,常用的方式是按照燃气发生器使用的推进剂不同,火箭冲压发动机可分为液体火箭冲压发动机、固体火箭冲压发动机和混合火箭冲压发动机。不论是液体推进剂还是固体推进剂,都是贫氧推进剂。

1. 固体火箭冲压发动机

固体火箭冲压发动机的燃气发生器是一台固体火箭发动机,燃气发生器采用固体贫氧推进剂药柱。

固体火箭冲压发动机具有系统结构简单、使用方便、比冲较高(使用中等热值的贫氧推进剂,发动机比冲可达 6 000 m/s)、工作可靠等优点。其缺点是发动机工作调节困难,弹道难以控制,工作时间受固体药柱结构尺寸的限制而不宜过长。固体火箭冲压发动机首先在防空导弹上得到了应用。

2. 液体火箭冲压发动机

液体火箭冲压发动机的燃气发生器是一台液体火箭发动机,燃气发生器采用液体贫氧推进剂。对于液体火箭冲压发动机,为了简化发动机结构,一般的燃气发生器均采用可贮存的自燃推进剂。发动机工作时,由喷射器向燃气发生器的燃烧室喷射自燃推进剂。在使用单组元推进剂时,喷射到室内的推进剂经催化或初始温度和压力的作用而自行分解,并持续产生高温可燃气体,排入补燃室;如果使用双组元推进剂,燃烧剂和氧化剂以贫氧的混合比喷入燃烧室内自燃,产生高温可燃气体排入补燃室。

与固体火箭冲压发动机相比较,液体火箭冲压发动机的工作时间要比固体火箭冲压发动机的长,而且燃气发生器的流量及余氧系数均可调节。其缺点是系统结构复杂,增加了导弹的质量,所需的地面设备也多。

3. 固液混合火箭冲压发动机

固液混合火箭冲压发动机的燃气发生器是一台固液混合火箭发动机,其结构组成比液体火箭发动机简单,比固体火箭发动机复杂,同时兼备了固体和液体火箭发动机的优点。

还可按照以下方式对火箭冲压发动机进行分类:

按照是否设置单独的引射室(引射器),可将火箭冲压发动机分为有单独引射室的引射式火箭冲压发动机和不单独设置引射室的火箭冲压发动机。

按照燃烧方式,火箭冲压发动机可分为亚声速燃烧火箭冲压发动机和超声速燃烧火箭冲压发动机。

在火箭冲压发动机的发展过程中,有些文献曾将不设置单独引射室的火箭冲压发动机看作是以火箭发动机(燃气发生器)为主体,而将冲引入压空气的作用看作是增加工质质量、增大燃烧完全程度,称该类发动机为“空气加力火箭”或“管道式火箭发动机”。

4.2.4 火箭冲压发动机的主要性能参数

为了便于将冲压发动机(火箭冲压发动机)与其他类型的发动机作性能比较,有必要介绍一下冲压发动机的一些主要性能参数。

1. 推力

对于喷气发动机来讲,是靠喷射气流的反作用力而产生推力的,推力是推进装置的基本性能参数之一。冲压发动机产生的推力并不是完全被用来做有效功,其中有一部分用来克服外阻力。在此,介绍两个推力的概念:发动机的内推力和推进装置的有效推力。所谓发动机的内推力,通常理解为发动机内部工作过程中所产生的推力,不考虑推进装置的外部阻力,也称总推力;而有效推力是指克服飞行时的迎面阻力及飞行器本身的惯性力,提供飞行器推进动力的那部分推力,也称净推力。阻力是指飞行器头部的附加阻力及外皮阻力(包括压差阻力、摩擦阻力及尾部阻力等)。

(1)有效推力 F_{ef}。推进装置的有效推力可用气流作用于推进装置内外表面上的压力和摩擦力在其轴线方向上的投影之合力来计算。图 4-5 所示为火箭冲压发动机推力计算简图。

由有效推力定义,有效推力可表示为

$$F_{ef} = F_n + F_w \tag{4-1}$$

式中　F_n——作用在发动机内表面上的轴向合力;

F_w——作用在壳体外表面上的轴向合力。

1)发动机内表面上的轴向合力。为研究方便,取一控制体,它由垂直于轴线的 I—I 截面、e—e 截面及受到内部气流作用的外壳表面组成,以此作为研究对象,并假定发动机内的气流是一维定常流动,即同一截面的气流参数认为是均匀的,而且不随时间变化。

由定义,$F_n = \int_A p\,dA$,式中,A 代表发动机内表面的轴向投影面积。

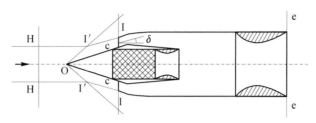

图 4 - 5　火箭冲压发动机推力计算简图

利用动量定理:控制体内气体所获得的动量变化率等于气体所受到的外力。气体受到的外力包括:发动机内表面对气体的作用力,此力与 F_n 大小相等,方向相反,以 $-F_n$ 表示;发动机进口处截面所受到的空气压力,方向也与推力相反,以 $-p_1A_1$ 表示;喷管出口截面上所受到的燃气作用力,方向与推力相同,以 p_eA_e 表示。由此得到

$$\frac{\mathrm{d}M}{\mathrm{d}t} = -F_n - p_1A_1 + p_eA_e \tag{4-2}$$

式中　$\dfrac{\mathrm{d}M}{\mathrm{d}t}$ 为气体的动量变化率,且有

$$\frac{\mathrm{d}M}{\mathrm{d}t} = -\dot{m}_e u_e - (-\dot{m}_1 u_1)$$

于是

$$-F_n - p_1A_1 + p_eA_e = -\dot{m}_e u_e + \dot{m}_1 u_1$$

经整理,得到

$$F_n = (\dot{m}_e u_e - \dot{m}_1 u_1) - p_1A_1 + p_eA_e \tag{4-3}$$

式中　$\dot{m}_e u_e$——e—e 截面流出的燃气每秒动量;

$\dot{m}_1 u_1$——I—I 截面流入的空气每秒动量。

2)壳体外表面上轴向合力 F_w。作用在发动机壳体外表面的作用力包括:空气压力产生的轴向合力,其值为 $\displaystyle\int_{A_1}^{A_e} p\mathrm{d}A$,通常 $A_e > A_1$,所以其轴向合力的方向是与推力方向相反的;空气与壳体外表面的摩擦阻力,用 X_m 表示,其方向总是与推力方向相反,则

$$F_w = -\int_{A_1}^{A_e} p\mathrm{d}A - X_m \tag{4-4}$$

将式(4-4)变换一下形式,在其右边加、减 $\displaystyle\int_{A_1}^{A_e} p_H\mathrm{d}A$,则得

$$F_w = -\int_{A_1}^{A_e} p_H\mathrm{d}A - \int_{A_1}^{A_e} (p - p_H)\mathrm{d}A - X_m$$

式中　p_H——前方来流空气在 H—H 处的压力。

令 $\displaystyle\int_{A_1}^{A_e} (p - p_H)\mathrm{d}A = X_b$,称之为前缘波阻。这是由于中心锥的作用使超声速气流遇阻产生压缩,在中心锥顶点 O 处产生斜冲波,来流经过斜冲波后,流速降低而压力增高,流动方向发生转折,对发动机来讲产生阻力,即

$$F_w = -\int_{A_1}^{A_e} p_H\mathrm{d}A - X_b - X_m \tag{4-5}$$

(2)推力 F。由有效推力定义,将式(4-3)、式(4-5)代入式(4-1),则得

$$F_{ef} = (\dot{m}_e u_e - \dot{m}_I u_I) - p_I A_I + p_e A_e - \int_{A_I}^{A_e} p_H dA - X_b - X_m$$

上式用于计算比较困难,因为截面 I—I 处受干扰的气流计算很复杂。若将受干扰的气流参数转换成未受干扰的 H—H 截面处气流参数,将使计算大大简化。同样用动量定理来研究 H—H 截面和 I—c—O—c—I 表面为控制面,得到

$$F_{ef} = (\dot{m}_e u_e - \dot{m}_H u_H) + (p_e A_e - p_H A_H) - \int_{A_H}^{A_I} p dA - \int_{A_I}^{A_e} p_H dA - X_b - X_m \qquad (4-6)$$

对于 H—H 这个封闭的控制体来讲,如果外表面作用有 p_H 的均匀压力,其合力为零,即

$$p_H A_H + \int_{A_H}^{A_I} p_H dA + \int_{A_I}^{A_e} p_H dA - p_H A_e = 0$$

若将此式加在式(4-6)右方,则得

$$F_{ef} = (\dot{m}_e u_e - \dot{m}_H u_H) + (p_e A_e - p_H A_H) - p_H (A_e - A_H) - \int_{A_H}^{A_I} (p - p_H) dA -$$

$$\int_{A_I}^{A_e} (p_H - p_H) dA - X_b - X_m$$

令式中 $\int_{A_H}^{A_I} (p - p_H) dA = X_f$,称 X_f 为附加阻力,上式可改写为

$$F_{ef} = (\dot{m}_e u_e - \dot{m}_H u_H) + (p_e - p_H) A_e - X_f - X_b - X_m \qquad (4-7)$$

这就是火箭冲压发动机有效推力的表达式。

由式(4-7)可以得到发动机的内推力,也就是发动机的名义推力,此时不考虑阻力,有

$$F_n = (\dot{m}_e u_e - \dot{m}_H u_H) + A_e (p_e - p_H) \qquad (4-8)$$

因此,推进装置的有效推力正是发动机的内推力(名义推力)减去摩擦阻力、压差阻力和附加阻力的差值。

2. 推力系数

冲压发动机和火箭冲压发动机,常将推力系数作为发动机的推力特性参数。所谓推力系数就是单位迎风面积的推力与迎面气流动压头之比值,即

$$C_F = \frac{F}{A q_H} \qquad (4-9)$$

式中　　F——发动机推力;

　　　　A——发动机的迎风面积;

　　　　q_H——迎面气流动压头,$q_H = \frac{1}{2} \rho_H u_H^2$。

通常 F 采用名义推力 F_n,迎风面积取发动机最大横截面 A_{max} 为特征面积,则得

$$C_F = \frac{F_n}{\frac{1}{2} \rho_H u_H^2 A_{max}} \qquad (4-10)$$

值得指出的是,火箭冲压发动机的推力系数与火箭发动机的推力系数在概念上是完全不同的。火箭冲压发动机的推力系数与阻力系数很相似,有了推力系数后,在研究发动机可用推力和飞行器的需用推力时,使用推力系数的概念特别方便。另外,有关特征面积亦可取进口截面或进口流束截面。

3. 表征工作特性的参数

表征发动机工作过程特性的主要性能参数有引射系数、总压比和余氧系数等。

（1）引射系数。引射系数 n 是来流空气质量流率 $\dot{m}_H$ 与燃气发生器燃料质量流率 $\dot{m}_r$ 之比，即

$$n = \dot{m}_H / \dot{m}_r \qquad (4-11)$$

在一般情况下，圆柱形混合室的引射器，其引射系数 n 较大；锥形混合室的引射器，引射系数 n 较小。

（2）总压比。总压比 f 是燃气发生器燃烧室压强 p_r 与空气在火箭冲压发动机燃烧室入口处的总压 p_{a0} 之比，即

$$f = p_r / p_{a0} \qquad (4-12)$$

它与引射系数相反，圆柱形混合室的引射器，其总压比较小；锥形混合室的引射器，总压比较大。

（3）余氧系数。余氧系数 α 是指冲压燃烧室内的空气余氧系数，在火箭冲压发动机中，它与引射系数为单值关系，即 $n = \alpha L_0$（L_0 为燃气发生器内燃料中的燃烧剂与氧化剂的化学当量比）。由于这个缘故，当火箭冲压发动机使用某种燃料时，改变引射系数，补燃室的加热比 τ_k（$\tau_k = T_{0cr} / T_{0CM}$，$T_{0cr}$ 为火箭冲压发动机燃烧室出口总温，T_{0CM} 为两股气体完全混合引射出口总温）也改变。

如上所述，火箭冲压发动机的特性将取决于 n 和 τ_k，因此分析火箭冲压发动机时，必须考虑两个因素的共同影响：取决于 n 的引射效率和燃气在燃烧室中补燃的加热比。空气余氧系数是可以单值地表征 n 和 τ_k 的一个参数。同时，余氧系数 α 对火箭冲压发动机的推力和经济特性也产生影响。如果在火箭冲压发动机中流通截面不可调并在已给定的燃料下工作，则当 α 发生变化时，流通截面的协调将遭到破坏。对于每一个具有固定流通截面的发动机只对应一个 α，此时进气道在最大总压恢复系数 σ_{max} 下工作。进气道的总压恢复系数定义为进气道出口截面空气总压与自由流总压的比值，它表征进气道总压损失的大小，其值越大则损失越小。当 $\alpha > \alpha_B$（对应于某一流通截面的余氧系数），发动机中总压损失增加，引射效率没有全部发挥；而当 $\alpha < \alpha_B$，超声速进气道中激波被挤出，可能产生不稳定流动。

因此，在具有固定流通截面的实际火箭冲压发动机中，α 对推力-经济性特性的影响不仅与 τ_k 和 n 的变化有关，还与发动机和燃气发生器喷管的非设计状态流动和总压恢复系数 σ 下降有关。

上述工作过程性能参数中，总压比 f 和余氧系数 α 在一般情况下决定燃气发生器的比冲量，因此比冲量又常常被看成火箭冲压发动机的主要参数。在不同的工作状态（α，n 和 f）和飞行状态（Ma 和高度 H）下，确定火箭冲压发动机单位参数的条件是：① 按比冲量来选择 α，n 和 f 的最佳值，这相应于在所有工作状态和飞行状态下，工质成分和发动机主要元件的理想调节情况；② 按比冲量来选择发动机的固定几何尺寸。第一个条件相当于理想调节的火箭冲压发动机，而第二个条件对应于流通截面不可调的实际火箭冲压发动机。

4.3　固体火箭冲压组合发动机

由于冲压发动机不能自行启动，总是以固体火箭发动机作助推器组合使用的，把这两种发动机从形式上、结构上以至于工作过程都有机结合，使它们成为一体化的发动机整体，称为固体火箭冲压组合发动机。如果主发动机是冲压发动机，称两级组合发动机为"整体式冲压发动

机";如果主发动机是火箭冲压发动机,则两级组合发动机称为"整体式火箭冲压发动机"。

4.3.1 整体式冲压发动机

整体式冲压发动机是将固体火箭助推器置于冲压发动机内,二者相继共用一个燃烧室构成的一种组合发动机。它是冲压发动机与固体火箭发动机的组合。

1. 整体式液体燃料冲压发动机

整体式液体燃料冲压发动机的结构组成如图4-6所示。它的固体火箭助推器与液体燃料冲压发动机共同使用一个燃烧室,在助推器的固体装药燃烧结束之后,腾出的燃烧室空间再作为冲压发动机的燃烧室,喷入燃油进行燃烧。燃烧产物经过喷管膨胀加速后喷出,产生反作用推力。具体的工作过程是,首先助推器点火工作,到助推器工作结束时,已把导弹加速到冲压发功机能开始工作的速度。这时进气道的堵盖被打开,同时使助推器尾喷管脱落机构工作,把助推器的喷管抛掉,冲压发动机的燃料活门打开,由喷嘴喷出的燃油雾化,与冲进的空气混合,在燃烧室中进行燃烧。高温高压的燃气从喷管中喷出,产生反作用推力。

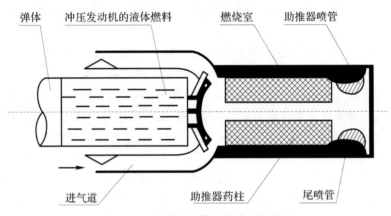

图4-6 整体式液体燃料冲压发动机

2. 整体式固体燃料冲压发动机

整体式固体燃料冲压发动机的结构组成如图4-7所示。这种动力装置也与上述情况一样,都是助推器药柱与冲压发动机共同使用一个燃烧室。它的特点是,无论助推器或者主发动机的推进剂都是固体的。它的固体推进剂分两层。第一层是固体助推器的推进剂,当发动机开始工作时,首先点燃这一层推进剂。当这一层烧尽时,抛掉它的专用喷管,导弹加速到预定的速度。第一层烧尽,露出了第二层推进剂。它是冲压发动机的贫氧推进剂,贫氧推进剂的燃烧产物与进气道进来的具有一定压力的空气进行掺混和补充燃烧。燃气通过喷管膨胀加速后喷出,产生反作用推力。

3. 需解决的技术问题

首先是解决固体助推发动机工作结束后,必须迅速抛掉助推喷管,才能确保冲压发动机工作,在结构上通过采用"助推喷管释放机构"来解决;二是在助推发动机工作期间,确保燃气不泄漏到进气道内,因此设计的密封堵盖在助推级工作完成且转级工作时必须及时抛掉;三是为了实现转级(由助推级向主级转换)需要设置一种称为"转级控制装置"的机构,它的功能是能感受固体助推器熄火信号,使"助推喷管释放机构"动作且抛掉助推喷管和密封堵盖,使主发动机点火启动。

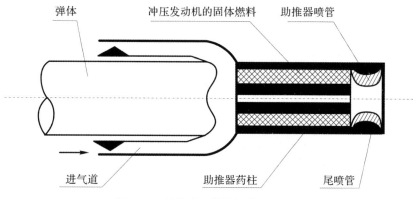

图 4 - 7 整体式固体燃料冲压发动机

4.3.2 整体式固体火箭冲压发动机

整体式固体火箭冲压发动机是将固体火箭助推器置于火箭冲压发动机的补燃室内,二者相继共用一个燃烧室构成的一种组合发动机。它是火箭冲压发动机与固体火箭发动机的再组合。

1. 结构组成

整体式固体火箭冲压发动机的结构组成如图 4 - 8 所示,主要包括进气道、固体推进剂燃气发生器、助推补燃室、助推器药柱、助推/冲压组合喷管、点火系统、转级控制装置以及调节装置等。

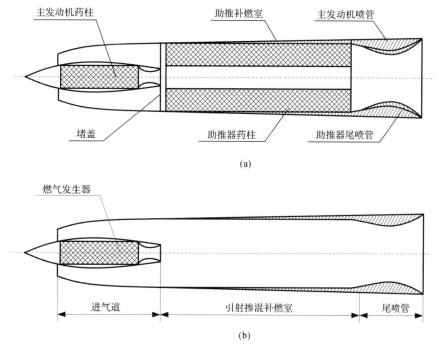

(a)

(b)

图 4 - 8 整体式固体火箭冲压发动机结构组成

(a)转级前; (b)转级后

为了导弹整体布局的需要,实现低气动阻力设计,整体式固体火箭冲压发动机和导弹采用了一体化互利结构形式。一般情况下,发动机本体直接构成导弹的主要舱段,而进气道则采用旁侧布局、外装式结构。典型的发动机与弹体一体化布局方案如图4-9所示。

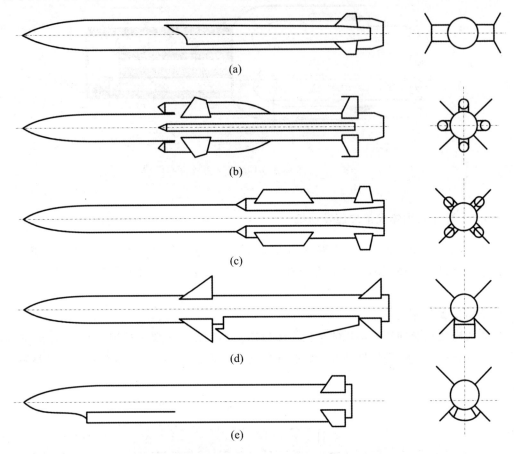

图4-9　发动机和导弹一体化布局的典型方案

(a)双侧进气道、无翼式;　(b)管十字形布局进气道、全动弹翼;　(c)管X形布局进气道;

(d)腹部二元进气道;　(e)颚下进气道与弹体融合一体

2. 工作过程

整体式固体火箭冲压发动机的工作过程简述如下:

首先,助推发动机点火工作,强大的推力将导弹在很短的时间内加速到低超声速,即火箭冲压发动机接力马赫数($Ma=1.5\sim2.5$),此时转级控制装置感受助推发动机压力下降(熄火)信号,起爆喷管释放机构上的起爆装置,使助推喷管迅速抛掉,并接通燃气发生器点火电路。在空气和燃气压力作用下,使进气密封堵盖和燃气发生器喷管堵盖相继脱落。富燃料燃气喷入补燃室,与冲压空气掺混补燃,产生高温高压的燃气通过冲压喷管转为动能,产生推进冲量。整个转级过程在极短时间内完成,火箭冲压发动机给导弹足够的续航推力,直到命中目标。整体式固体火箭冲压发动机工作过程如图4-10所示。

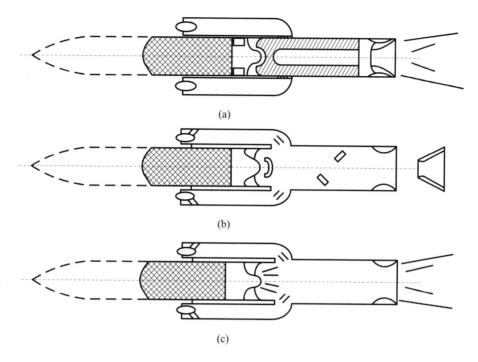

图 4 - 10　整体式固体火箭冲压发动机工作过程

(a)助推级工作；　(b)转级工作；　(c)主级工作

3.性能

固体火箭冲压发动机性能如下：

(1)工作范围。较适宜的飞行速度为 $Ma=1.5\sim4.0$，飞行高度从海平面至 30 km 处。

(2)推力。单台就可以提供导弹超声速飞行所需的续航推力，其高空推力系数比同尺寸的煤油燃料冲压发动机大，达到 $1.0\sim1.3$，而比冲却低。低空推力系数一般为 $0.5\sim0.8$。固体火箭冲压发动机赋予导弹的加速度一般不大于 25。它是一种具有一定加速能力的续航发动机。

(3)比冲。固体火箭冲压发动机比冲变化范围较大，一般为 4 000～11 000 N·s/kg。比冲的大小与使用的贫氧推进剂能量特性有关，此外还与飞行状态、空气/推进剂比、发动机特征尺寸、各部件总压恢复系数及燃烧效率有关。

(4)工作时间。主要根据任务需要、燃气发生器稳定燃烧时间及热防护设计有关，一般在 20～100 s。

(5)助推发动机性能。助推发动机与一般固体火箭助推发动机性能接近。比冲为 2 200～2 400 m/s，工作时间约为 2.5～6 s，可赋予导弹 15g～20g 过载加速能力。

(6)两级组合发动机质量比。为方便起见，可以定义整体式固体火箭冲压发动机质量比为助推药柱加发生器药柱质量之和与发动机总质量之比，在 0.6～0.7 范围内。

4.关键技术

要使整体式固体火箭冲压发动机在新一代导弹武器上应用，其前提是必须解决以下主要关键技术问题：

(1)与导弹总体的一体化设计技术。分析研究固体火箭冲压发动机与导弹总体之间互相影响的关系,进行导弹—进气道—发动机的一体化设计技术研究,确定满足导弹飞行任务的固体火箭冲压发动机方案、进气道型式和气动布局、飞行控制方式等,使导弹总体性能最优。

(2)发动机总体设计技术。分析导弹的发射条件、环境温度、飞行高度、飞行速度、攻角及侧滑角等对冲压发动机性能的影响,确定发动机的主要结构参数,并选定冲压发动机的设计马赫数、接力马赫数以及超临界裕度等设计参数;结合导弹飞行弹道模型对发动机综合性能进行评估;进行整体式固体火箭冲压发动机总体结构设计,对各部件的设计提出具体要求。

(3)贫氧推进剂技术。根据发动机总体选定的贫氧推进剂类型,对中能铝镁贫氧推进剂或者高能含硼贫氧推进剂进行研制,包括配方及燃烧性能研究(燃速、压强指数、力学、工艺、老化、安全性等)、能量特性研究、点火性能研究、一次燃烧性能研究(燃烧稳定性、一次喷射效率等)、二次燃烧性能及燃烧效率研究等。最终目的是研制出满足总体要求的、达到工程应用水平的贫氧推进剂。

(4)燃气流量调节技术。对燃气流量自适应调节进行理论和试验研究,确定燃气流量的变化规律。如果采用可调喷喉方案,还需进行如下工作:对可调喷喉进行设计和选材,避免可调喷喉的主要部件出现烧蚀、堵塞或者卡死现象,确定燃气流量随喷喉面积的变化规律;对燃气流量控制技术进行研究,研制燃气流量控制装置,通过可调喷喉对燃气流量进行适时和恰当地调节。通过该项技术的解决,为固体火箭冲压发动机提供切实可行的燃气流量调节技术和方案,满足导弹较大飞行空域的要求。

(5)无喷管助推技术。通过对无喷管助推器进行内弹道性能仿真、装药设计、装药配方、装药工艺以及各种环境条件下的试验研究,确定助推装药的结构参数和推进剂性能,提供满足导弹总体助推要求的无喷管助推方案。

(6)转级技术。通过转级方案论证、进气道堵盖设计与试验、转级控制技术研究、转级控制装置设计与试验等一系列技术的研究,提供满足发动机总体要求的、简单可靠的转级方案。

(7)热防护技术。固体火箭冲压发动机的特点是小推力、长时间工作,其工作时间比固体火箭发动机的工作时间长得多,同时冲压补燃室又处于富氧状态,热防护问题就显得极为突出。热防护不好,将直接引起补燃室烧穿而导致失败。因此必须对固体火箭冲压发动机的热防护予以高度重视,并重点加以解决。通过选用合适的热防护材料和采取适当的热防护措施,使得固体火箭冲压发动机热防护材料厚度小、质量轻、耐烧蚀、耐冲刷,保证发动机长时间安全可靠地工作。

(8)进气道技术。对进气道进行设计(型面设计、结构设计、强度计算、材料选取等);对进气道进行流场仿真计算和吹风试验研究,搞清楚在导弹不同的飞行状态下进气道流场的分布以及所具有的总压恢复、流量系数、气动阻力、亚临界稳定性等;就弹体附面层对进气道性能的影响进行分析等。通过对进气道技术的研究,为发动机总体性能计算提供必要的数据,提供满足导弹总体和发动机总体要求的进气道,并使进气道质量最轻。

(9)冲压补燃室组织掺混补燃技术。通过理论和试验研究,搞清楚燃气发生器燃气喷射方式以及进气方式等对冲压补燃室掺混补燃效率的影响,为固体火箭冲压发动机的设计提供依据,使其具有较高的燃烧效率。

4.4　贫氧固体推进剂

4.4.1　贫氧推进剂的特点及分类

贫氧推进剂又称富燃料推进剂。其配方组成和制备工艺方法与复合固体推进剂基本相同,只是氧化剂含量相对减少,一般为 $25\%\sim35\%$;燃料(包括黏合剂和其他固体金属、非金属燃料)相对较多,一般为 $35\%\sim45\%$;其余氧系数一般为 $0.05\sim0.30$。低氧化剂含量和高金属燃料含量是贫氧推进剂配方的主要特点,这样在发动机工作过程中可以充分利用外界环境中的氧,显著提高发动机的比冲。

贫氧推进剂通常以添加的燃料种类为主要分类标志,典型的有以下三类。

1.高能含硼贫氧推进剂

由于高能含硼贫氧推进剂使用了高热值的无定形硼粉作为燃料,其能量最高,体积热值一般大于 $50\ kJ/cm^3$,是目前重点研发的固体贫氧推进剂品种。欧洲 Meteor 空空导弹采用的燃料就是高能含硼贫氧推进剂,已经达到了工程化应用的水平,其主要性能见表 4-1。

表 4-1　Meteor 用含硼贫氧推进剂主要性能

体积热值 $MJ \cdot dm^{-3}$	燃速(3MPa) $mm \cdot s^{-1}$	压强指数 $(0.4\sim10\ MPa)$	燃烧效率 $\%$	喷射效率 $\%$	最高调节比
$\geqslant50$	≈11	≈0.51	>90	>96	10

注:表中数据为综合各种资料的估计值。

2.中能铝镁贫氧推进剂

铝镁贫氧推进剂主要以镁、铝及其合金为燃料成分,能量水平中等,体积热值为 $32\sim35\ kJ/cm^3$。其优点是原材料易获取,成本低,但推进剂燃烧后发动机喉部沉积现象较严重。随着冲压发动机由非壅塞向壅塞(即流量可调)方案转变,由于铝镁贫氧推进剂存在严重的沉积倾向,因此限制了其应用,目前已经退出了主流固体贫氧推进剂的范畴。20 世纪 60 年代中期服役的苏联 SAM-6 近程地空导弹采用的燃料即为压制型含镁贫氧推进剂,其配方组成及性能见表 4-2。

表 4-2　SAM-6 近程地空导弹用压制型含镁贫氧推进剂配方组成与性能

配方主要组成/(%)					热值/(MJ·kg⁻¹)	比冲/(N·s·kg⁻¹)
Mg	NaNO₃	萘	石墨	其他		
64	24	7.8	2.7	1.5	18.8	约 5 000

3.少烟碳氢贫氧推进剂

少烟碳氢贫氧推进剂以固体碳氢化合物或碳为主要燃料,一般不含金属添加剂。其一次燃烧产物为碳和小分子碳氢碎片,在补燃室呈现出与气态碳氢化合物相似的燃烧特性,具有优异的燃烧性能和较少的排气烟雾。由于碳氢贫氧推进剂的能量水平与中能铝镁贫氧推进剂相当,但燃烧性能更优,因此已经取代中能铝镁贫氧推进剂成为主要的固体贫氧推进剂品种之一。美国海军已经装备的名为 Coyote 的 SSST,以及在研的 HASAM 和 JDRADM 都采用了碳氢贫氧推进剂作为燃料。

4.4.2 贫氧固体推进剂的评价指标

贫氧固体推进剂既是固体火箭推进剂的特殊应用分支,也是空气喷气燃料的特殊应用分支。应当从这两方面出发,结合发动机工作特点来研究固体贫氧推进剂的选择准则,并提出技术要求。一般可用下述指标或要求来评价固体贫氧推进剂。

1. 燃烧热

1 kg 贫氧推进剂与空气(或氧气)混合后完全燃烧放出的热量,即为燃烧热,通常也称为热值(H_f),是表征贫氧推进剂能量的指标。分析理想冲压发动机可知,飞行速度与总效率一定时,发动机比冲与燃烧热成正比。碳氢化合物、轻金属铝、镁及硼等具有高的燃烧热,是贫氧推进剂配方中的主要燃料组分。贫氧推进剂热值的提高,一方面依靠采用高热值燃料,另一方面则通过减少氧化剂含量。

2. 体积燃烧热

对于一定的装药质量,推进剂密度(ρ_p)增加,可使药柱、发动机体积和壳体质量减小,相应的导弹质量、体积和空气阻力也减小。特别是对于体积受限的战术导弹而言,采用高密度的推进剂更具优势。因此,常用单位体积热值($H_{fv} = \rho_p H_f$)来综合评价贫氧推进剂的能量特性。然而必须指出,在体积热值 H_{fv} 相同的情况下,要尽可能地达到最高的单位质量热值 H_f。这是因为密度增大意味着贫氧推进剂药柱质量的增大,这样在提高发动机能量的同时,也会引起推进系统总质量的增大。

3. 理论空气量

按照化学反应式计算,1 kg 贫氧推进剂完全燃烧所需补充的空气量称为理论空气量(L_{st})。各种燃料要求的 L_{st} 值不同。轻金属镁、铝的 L_{st} 值较小,硼的 L_{st} 为中等值,而碳氢燃料的 L_{st} 值较大,具体参见表4-3。

表 4-3 常用燃料的性质

名称	密度 $\rho/(g \cdot cm^{-3})$	熔点 $T_m/(℃)$	沸点 $T_b/(℃)$	热值 $H_f/(MJ \cdot kg^{-1})$	理论空气量 L_{st}/kg
镁	1.74	650	1 108	24.91	2.84
铝	2.70	659	2 467	31.07	3.84
硼	2.34	2 300	2 547	59.30	9.57
碳	2.26	3 600	—	32.79	11.5
丁羟	0.92	—	—	41.42	13.69
萘	1.15	80	218	40.32	12.91

4. 燃气热力性质

从热能转化为膨胀功时获得更大的推进剂冲量的观点看,希望理论燃烧温度尽量高,而平均相对分子质量、比热比及凝相质量分数应尽量小。

5. 空气补燃性能

贫氧推进剂一次燃烧产物的空气补燃性能至关重要,希望具有高的火焰传播速度、宽的稳定燃烧范围、低的着火温度等。最好一次燃烧产物与来流空气接触后能自动点火,并迅速燃尽。镁的燃烧性能非常好,碳氢燃料需要在合适的混合比及有回流区供给着火热量的条件下才能很好燃烧,而硼粉由于着火温度高并呈表面反应,只有在合适的条件下才能充分燃烧。

4.4.3　对固体贫氧推进剂的要求

燃气发生器是固体火箭冲压发动机的一个重要部件,贫氧推进剂在燃气发生器中进行一次燃烧,其高温燃气通过喷管(或流量调节装置),按设定流量要求提供给冲压燃烧室。燃气发生器工作原理、装药设计和结构设计与固体火箭发动机类似,在很多方面可以借鉴它的设计经验。然而由于贫氧推进剂自身的特殊性及不同的用途,所以燃气发生器设计又带有自身特色,因而对贫氧推进剂性能方面有其特殊的要求。

1. 贫氧推进剂应具有良好的一次燃烧性能

对贫氧推进剂一次燃烧性能有以下具体要求:

(1)尽可能低的临界工作压强。临界工作压强是指贫氧推进剂可稳定燃烧的最低压强。对于流量可调固体火箭冲压发动机来说,低的临界工作压强可以保证在一个较宽的流量变化范围内,贫氧推进剂不出现断续燃烧或者熄火。特别是在相同流量调节比要求下,降低临界工作压强可以大幅度降低燃气发生器最大工作压强,使采用薄壁发动机成为可能,这有利于减小发动机壳体结构质量。因此,希望推进剂的临界工作压强越低越好,通常要求为 0.2 MPa 或者更低。据称,采用含硼贫氧推进剂的 Meteor 空空导弹的临界工作压强达到了 0.1 MPa。

(2)尽可能高的一次喷射效率。由于贫氧推进剂配方具有低氧化剂和高燃料含量的特点,特别是金属燃料含量较高的贫氧推进剂,其一次燃气中凝相组分的含量最高时可达 70%,少量的气体产物很难将凝相全部"带出"燃气发生器,并喷射入补燃室,这种情况下燃气发生器中残留一定熔渣(即燃烧残渣)的现象通常是无法避免的。

一般用喷射效率 η_e 来表征贫氧推进剂在一次燃烧过程中燃烧产物喷射入补燃室的程度,其定义为

$$\eta_e = \frac{M_p - M_r}{M_p} \times 100\%$$

式中　M_p——贫氧推进剂总质量;

M_r——燃气发生器中燃烧残渣的质量。

燃烧残渣中含有一定量的尚未燃烧完全的金属燃料和可燃黏合剂分解产物,残渣的存在会明显影响贫氧推进剂能量的发挥,因此需要对推进剂配方和发动机结构进行优化,以期将燃烧残渣含量降至最低限度。一般而言,碳氢贫氧推进剂的 η_e 较高,可达 99% 以上;含硼贫氧推进剂的 η_e 在 96%～99% 之间。

(3)尽可能低的凝相沉积。所谓沉积是指在发动机阀门和喷管上附着的贫氧推进剂一次燃气中的凝相成分,沉积会减小燃气发生器出口面积,导致燃气发生器内压强增高。对于定流量设计而言,沉积将导致燃料流量的不规则增加;而对于变流量设计来说,沉积会严重妨碍流量调节阀的正常工作,特别是对于高压强指数的贫氧推进剂发动机,甚至会导致发动机压强突升而发生爆炸。

2. 贫氧推进剂应具有所要求的内弹道特性

与复合固体推进剂一样,贫氧推进剂的内弹道特性参数有燃速 r、燃速压强指数 n 和燃速温度敏感系数 σ_p 等。

(1)燃速调节范围宽,控制精度高。为了满足燃气发生器流量要求,贫氧推进剂应具有较宽的燃速调节范围。一般的要求是:在 0.3 MPa 条件下,燃速在 2～6 mm/s 可调。单独满足

这样的燃速要求并不困难,关键是在氧化剂含量很低的条件下,要兼顾燃速压强指数 n 等多项指标要求,因此需要采用配方综合调节手段方可实现。此外,对燃速控制精度要求也较高,一般要求偏差不大于 $\pm 5\%$,这主要是考虑到燃速偏差会影响到一次燃气流量,使空燃比偏离设计值,从而影响到推进剂的二次燃烧。

(2)燃速温度敏感系数尽可能低。战术导弹工作温度范围大,如地空导弹的使用温度为 $-40℃ \sim +60℃$,因而希望推进剂的燃速温度敏感系数尽可能低。

(3)具有较高的压强指数。固体火箭冲压发动机利用流量调节装置来调节燃气流量,即通过调节燃气发生器喷管喉道面积来调节一次燃气流量,这要求贫氧推进剂具有较高的压强指数 n。这是由于大气压强和密度随高度升高迅速减小,使得进入发动机的空气流量随弹飞行高度增加相应减小。为了满足导弹在大的飞行范围内多弹道机动飞行的要求,需要对燃气发生器燃气流量实施调节,即根据进入发动机补燃室的空气量来调节一次燃气的流量,使二者物质的量比保持在某个特定范围内。飞行空域、速度和高度范围越宽,这种流量调节比就必须越高。

由燃气的生成率方程和燃气排出率方程同样可以推导出下式:

$$\frac{q_{mf\,max}}{q_{mf\,min}} = \left(\frac{A_{tg\,min}}{A_{tg\,max}}\right)^{\frac{n}{1-n}}$$

式中　$q_{mf\,max}$——最大一次燃气流量;

　　　$q_{mf\,min}$——最小一次燃气流量;

　　　$A_{tg\,max}$——最大燃气发生器喉道截面积;

　　　$A_{tg\,min}$——最小燃气发生器喉道截面积。

由上式可知,流量变化量、喷管喉道面积变化量与压强指数 n 有关,n 值高时,相同的 $A_{tg\,max}/A_{tg\,min}$ 可获得更大的流量调节比。

因此,为获得高的流量调节比,希望贫氧推进剂的 n 值大一些。但使用过高 n 值推进剂的发动机,在出现燃面增大、燃速工艺偏差和喷管喉部沉积等情况时,容易引起压强突升,出现发动机爆炸的危险。为保证推进剂稳定燃烧,n 值最大不得超过 0.75,通常适用的压强指数范围为 $0.50 \sim 0.65$。

4.4.4　固体贫氧推进剂组分的选择

固体贫氧推进剂由氧化剂、黏合剂、燃料及各类添加剂等组成,与常规复合固体推进剂并不存在本质区别。一般来说,复合固体推进剂的各类组分也可在固体贫氧推进剂配方中使用,固体贫氧推进剂完全可以借鉴有关复合固体推进剂的许多研究成果。但由于贫氧推进剂的燃烧条件不同,对其组分也提出了一些新的要求。

相对于复合固体推进剂的比冲,固体贫氧推进剂的组分可依据燃烧热值进行初步选择,以评价其能量的高低。然后根据其他选择准则来验证,这些准则包括成本、工艺性能、在燃气发生器中的一次燃烧特性、在补燃室中的燃烧效率,必要时还包括信号特征等。

1. 黏合剂的选择

原则上说,适用于复合固体推进剂的黏合剂均可用于贫氧推进剂,选择贫氧推进剂用的黏合剂时要考虑的两个最主要准则是制造简易和燃烧热值高。表 4-4 中列出了常用黏合剂及其性质。

表 4 - 4　常用黏合剂及其性质

黏合剂类型	原子组分质量分数/(%)					密度 g·cm⁻³	热值		最大总固体含量* %
	C	H	O	N	Cl		质量热值 kJ·g⁻¹	体积热值 kJ·cm⁻³	
CTPB	83.9	10.5	4	0.6	1	0.93	43.2	40.2	86
HTPB	85.4	11.2	2.4	1		0.92	43.4	40	88
增塑的 HTPB	81.6	10.4	7.1	0.9		0.94	40.9	38.3	90~91
增塑的 HTPB+二茂铁催化剂	80	9.7	5.3	2.6		1.0	39.5	39.5	90~91
聚酯	56.8	8.1	32.7	2.4		1.16	25.2	29.3	86
聚碳酸酯	57.5	8.3	29.2	5		1.15	26.2	30.1	85

* 可加进推进剂配方中的最高总固体组分（AP，Al）（工艺性能和力学性能）。

　　HTPB 是目前各类黏合剂中热值最高的，作为贫氧推进剂的黏合剂具有明显的能量优势，且其预聚体的流变特性接近于牛顿体，黏度较低，有利于加入较多的固体组分，获得良好的工艺性能。综合考虑性能、成本和成熟性，HTPB 是最适用的黏合剂，也是目前各国普遍采用的固体贫氧推进剂黏合剂。欧洲 Meteor 空空导弹和美国 Coyote 靶弹的固体贫氧推进剂均采用了 HTPB 作为黏合剂。

　　近年来，美国和日本也开展了将 GAP，BAMO 等叠氮预聚物作为黏合剂的固体贫氧推进剂配方研究。虽然叠氮黏合剂的热值要明显低于 HTPB，但其热分解温度低，具有自动热解特性，有改善贫氧推进剂燃烧性能的潜能，特别是与高密度碳氢燃料组合，作为固体碳氢贫氧推进剂主要组分的方案，值得系统研究。

　　2. 燃料的选择

　　相对于常规复合固体推进剂，贫氧推进剂中的燃料含量已超过氧化剂，成为其配方中第一大组分，是贫氧推进剂的主要能量来源，也是影响其性能的主要因素。贫氧推进剂常用的燃料包括无机燃料（主要包括金属粉料等）和有机燃料（主要包括固体和液体高密度碳氢化合物等），燃料的选择首先要考虑的是其能量和燃烧性能。表 4 - 5 中列出了常用固体无机燃料及其性质。

表 4 - 5　常用固体无机燃料及其性质

燃料名称	相对分子质量	密度 g·cm⁻³	熔点 K	沸点 K	氧化物	氧化物熔点 K	氧化物沸点 K	质量热值 kJ·g⁻¹	体积热值 kJ·cm⁻³
B	10.81	2.22	2 570	2 820	B_2O_3	720	2 320	59.3	131.6
B_4C	55.25	2.52	—	—	B_2O_3/CO_2	—	—	51.5	129.8
Mg	24.31	1.74	920	1 370	MgO	3 075	3 350	24.7	43.0
Al	26.97	2.70	930	2 720	Al_2O_3	2 323	3 800	31.1	83.9
Ti	47.90	4.54	2 000	3 530	TiO_2	2 400	3 300	19.7	88.8
Zr	91.22	6.44	2 120	5 770	ZrO_2	2 960	4 570	12.0	78.2
C（石墨）	12.01	2.25	—	—	CO_2			32.8	73.8
C（炭黑）	12.01	1.63	—	—	CO_2			32.8	53.3

在对燃料进行选择之前,先要确定冲压发动机的标准工作条件,在此条件下对含此燃料的贫氧推进剂进行计算,以作为燃料选择的依据。

此外,近年国内外出现的一些新型高能量密度碳氢化合物值得关注,如聚氰基立方烷化合物和 PCU 烯烃二聚物等具有密度高、燃烧热高、点火和燃烧性能优良的特点,且室温下可以长期贮存。如 PCU 烯烃二聚体,在相同热力学条件和结构下,其点火时间比 HTPB 燃料快一个数量级,作为固体碳氢贫氧推进剂组分极具吸引力。

3. 氧化剂的选择

氧化剂的作用首先是提供贫氧推进剂可靠点火,并维持其正常的一次燃烧所必需的氧;其次是通过与黏合剂反应生成高温富燃燃气,向补燃室顺利输送燃料,确保二次燃烧正常启动。

为满足高热值的要求,贫氧推进剂配方设计时应尽量降低氧化剂含量,但氧化剂含量过少,推进剂成气量将偏低,会导致推进剂燃烧时产生大量残渣,大幅度降低喷射效率,影响推进剂能量性能的发挥;同时还会产生沉积,堵塞喷管,轻者引起燃气发生器内压强升高,重者导致发动机爆炸解体。因此,氧化剂含量应依据贫氧推进剂配方特点,综合平衡各项性能要求来确定,一般在 25%～40% 范围选取。

氧化剂种类的选择通常需要考虑生成焓、密度、有效含氧量、成气量以及安全特性等各方面的因素。通常,作为氧化剂的有硝酸盐和高氯酸盐等,表 4-6 列出了一些可供选择的氧化剂。

表 4-6　可选氧化剂及其性质

名　称	分子式	相对分子量	密度/(kg·m^{-3})	有效含氧量/(%)	生成焓/(kJ·mol^{-1})
硝酸钠	NaNO$_3$	89.0	2 260	47.0	−424.27
硝酸钾	KNO$_3$	101.1	2 110	39.5	−492.40
硝酸铵	NH$_4$NO$_3$	80.05	1 725	20.0	−364.91
高氯酸铵	NH$_4$ClO$_4$	117.49	1 950	34.04	−290.09
高氯酸锂	LiClO$_4$	106.4	2 430	60.15	−409.64
高氯酸钾	KClO$_4$	138.55	2 520	46.19	−433.05

在表 4-6 所示的氧化剂中,NaNO$_3$ 和 LiClO$_4$ 吸湿性大,KNO$_3$ 和 LiClO$_4$ 成气量低,NH$_4$NO$_3$ 燃速低,均不能作为贫氧推进剂的主氧化剂。但有关试验研究表明,钾盐对改善硼粉燃烧有一定作用,而 KClO$_4$ 对提高压强指数和稳定低压燃烧有一定效果。因此,目前贫氧推进剂大多采用 NH$_4$ClO$_4$ 作为氧化剂,而在含硼贫氧推进剂中一般会添加少量 KClO$_4$ 或 KNO$_3$ 作为辅助氧化剂,其含量一般占主氧化剂 NH$_4$ClO$_4$ 的 10%～20%,以兼顾贫氧推进剂的综合性能。

4.5　火箭冲压发动机的发展及应用

4.5.1　火箭冲压发动机的发展历史

冲压发动机的概念最早是由法国工程师雷内·劳伦提出的,发表在 1913 年 5 月的《飞翼》杂志上。在 1915 年,匈牙利发明家阿尔伯特·福诺设计了一种增加火炮射程的解决方案,他将火药发射的炮弹与冲压发动机推进结构结合起来,使得炮弹射程增大。1926 年,英国的本杰明·卡特尔获得了冲压喷气炮弹的专利。1928 年,苏联科学家斯捷奇金提出了超声速冲压发动机的理论。1928 年 5 月,福诺在德国申请的专利中首次提出类似现在亚声速冲压发动机的原型,有收敛扩张进气道,并认为特别适用于超声速飞行。

20 世纪 30 年代初,虽然许多国家将发展高速飞行动力装置转向了火箭发动机,但冲压发动机的研究仍取得了显著进展。在苏联,第一个冲压发动机 GIRD – 04 在 1933 年 4 月由米尔库洛夫设计并测试,其使用氢气作为燃料,改进型发动机 GIRD – 08 使用磷作为燃料,试验者使用加农炮将它发射出去,这些炮弹可能是最早使用喷气动力的超声速弹丸。1935 年,法国雷内·勒达克获得用冲压喷气发动机推进飞机的专利,并做了小型发动机的推力试验,速度达到了 1 000 m/s。1939 年,米尔库洛夫将冲压发动机用于 R – 3 二级火箭,并进行了相关的测试,同年 8 月,他制造了首架以冲压发动机作为附加动力的战斗机,发动机名为 DM – 1,并于 12 月进行了世界上首次以冲压发动机为动力的飞行。

20 世纪 40 年代是冲压发动机技术迅速发展并趋于成熟的时期。第二次世界大战期间,苏联、德国、英国和美国均积极开展冲压发动机的研究。1941 年开始,德国的欧肯·桑格等人研究了以冲压发动机为动力的战斗机,论证了应用于高速战斗机和轰炸机的可能性。同年,米尔库洛夫开始设计一种以冲压发动机为动力的战斗机 Samolet – D,但没能完成。在第二次世界大战中,他设计的两部 DM – 4 型发动机被安装在 Yak – 7PVRD 战斗机上。1944 年 11 月,约翰·霍普金斯大学应用物理实验室承担了研制导弹用冲压发动机的大黄蜂计划。马夸特公司和麻省理工学院于 1945—1946 年也相继开展导弹用冲压发动机的研制工作,通过试验验证了冲压发动机在超声速飞行时的加速能力,其研究成果逐渐发展成"眼镜蛇"地空导弹。1946 年,麻省理工学院研究的 508 mm 亚声速冲压发动机安装在 P – 51"野马"战斗机的翼尖上进行了飞行试验,马夸特公司将 0.762 m(30 in)的冲压发动机安装在 F – 80"流星"战斗机的翼尖上,成为有人驾驶飞机的动力装置。美国海军发展了一系列"丑妇"空空导弹,使用了不同的推进技术,其中也包括了冲压发动机。格林·马丁使用冲压发动机制造了"丑妇 – 4"型导弹,于 1948 年和 1949 年进行了测试,其中使用的冲压发动机长 2.133 6 m(7 ft),直径 0.508 m(20 in),被安放于导弹下部。

20 世纪 50 年代起,冲压发动机进入大规模应用阶段。早期大多是液体燃料冲压发动机,如美国的"波马克"($Ma=2.8$)和"黄铜骑士"($Ma=2.5$),法国的"天狼星"、"织女星"和在"斯塔塔尔特克斯"($Ma=5$)高速试验飞行器上试飞过的冲压发动机,英国的早期"警犬"地空导弹应用了"卓尔"冲压发动机($Ma=2.0$),"海标枪"舰空导弹上使用了"奥丁神"冲压发动机($Ma=3.0$),苏联在"萨姆 – 4"(SA – 4)地空导弹上采用了冲压发动机($Ma=2.5$),"萨姆 – 6"(SA – 6)地空导弹上使用了固体火箭冲压发动机($Ma=2.5\sim2.8$)。

20 世纪 60 年代至 70 年代,美国各研究机构对固体冲压增程弹开展了一系列研究。1981 年美国陆军弹道研究所发射了第一个固体燃料冲压炮弹。与此同时,世界许多国家相继对固体冲压增程技术进行了广泛的应用基础理论研究和试验研究。在这一时期人们已认识到在大气层内以高超声速飞行时,超声速燃烧冲压发动机(简称超燃冲压发动机)的综合性能优于火箭、涡喷和亚燃冲压发动机。美国做了大量的研究工作,对使用各种燃料、用于载人或不载人飞行器的不同结构的超燃冲压发动机进行了深入探索,对其一般特性和潜在性能有了较深入了解。美国的 X – 43A 验证机直到 2004 年 3 月才试验成功,飞行马赫数达到了 6.83。

我国早已开展了冲压推进技术的研究,在液体燃料冲压发动机技术的研究上已取得显著成果,达到较先进的水平。对固体燃料冲压发动机技术方面的研究开始于20世纪70年代初,在连管实验台上作了燃料的点火和燃烧性能试验、进气管吹风试验和结构炮射试验,获得了不少成果。

随着科学技术的发展,对火箭、导弹及炮弹等武器在提高射程和飞行速度、减小体积和降低成本等方面提出了更高的要求。为满足这些要求,火箭冲压推进技术可以充分发挥其优势。目前,随着冲压发动机技术的成熟和其他新型推进装置的不断出现,冲压发动机的研究朝着不同推进装置的组合、超声速燃烧、高性能进气道等方向不断深入,并在防空、反舰、空空等导弹上得到了大量使用。

4.5.2 整体式固体火箭冲压发动机在战术导弹中的应用

整体式固体火箭冲压发动机把吸气式发动机和固体火箭发动机组合为一体,兼有两者的优点,其结构简单、布局紧凑、比冲高,燃气发生器的燃气流量具有自适应能力。以这种发动机为动力的战术导弹将具有射程远、突防能力强、成本低、易于机动部署等优点,既可以用于进攻性导弹系统,也可用于防御性导弹系统。

现代以冲压发动机为动力的导弹都采用整体式火箭冲压发动机设计,其中固体发动机作为助推器,与固体燃料燃气发生器共用同一个燃烧室。这种设计可用于防空导弹中、远程的空空导弹或掠海飞行的反舰导弹,是俄罗斯、美国和欧洲此类导弹的重点技术发展方向。

1. 原苏联"立方"地空导弹

"立方"地空导弹1958年立项研制,导弹弹长为5.84 m,弹径为330 mm,作战高度为25 m～14 km,射程为6～16.5 km,飞行马赫数为2.5～2.8,全弹质量为634 kg,战斗部质量为50 kg。导弹采用固体燃料整体式冲压发动机,燃气发生器内装燃料为67 kg,工作时间为20 s。起飞助推器内装单根双基药,质量为174 kg,工作时间为3～6 s。发动机装有4个进气道,呈十字形布于弹翼之间。助推器工作结束后,其喷管和4个进气道堵盖一起抛掉。该型导弹是世界上第一个使用新型组合推进装置的导弹,于1967年装备部队,在1973年10月的叙以战争中,18天内击落以军飞机64架,创造了辉煌战绩。1999年,在科索沃战争中,还曾为南斯拉夫使用,北约编号为SAM-6。

图4-11为SAM-6地空导弹图,图4-12为SAM-6地空导弹的结构组成示意图。

图4-11　SAM-6地空导弹

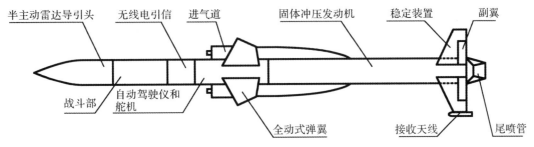

图 4-12　SAM-6 地空导弹结构示意图

2.俄罗斯 3M-80"白蛉"反舰导弹

"白蛉"反舰导弹 1973 年立项研制,为水面舰艇或机载的对舰攻击导弹,由彩虹设计局研制。导弹巡航高度为 20 m,射程为 10～120 km,弹长为 9.385 m,弹径为 760 mm,全弹质量为 3 950 kg,战斗部质量为 300 kg,巡航速度 $Ma=2.4$。1984 年装备"现代"级驱逐舰,1992 年作为空舰导弹装备空军,北约编号为 SS-N-22。导弹采用固体燃料冲压发动机,起飞级工作时间为 3～4 s,然后抛掉。导弹发射后首先爬高,然后降低到 20 m 巡航高度,接近目标时飞行高度为 7 m。

图 4-13 为 3M-80"白蛉"反舰导弹图。

图 4-13　3M-80"白蛉"反舰导弹

3.俄罗斯 X-31A 超声速反舰导弹

X-31A 超声速反舰导弹于 1978 年立项研制,导弹射程为 10～70 km,弹长为 4.7 m,弹径为 360 mm,全弹质量为 600 kg,战斗部质量为 95 kg。导弹采用固体燃料整体式冲压发动机。发动机内壁有气幕冷却,可使发动机工作较长时间。导弹采用正常式布局,在十字形弹翼和舵面内,装有超声速进气道。1989 年装机试验成功,随后装备部队,北约编号为 AS-17。

图 4-14 为 X-31A 超声速反舰导弹图。

4.俄罗斯中程空空导弹 P-77 和改进型 PBB-AE

1985 年,俄罗斯信号旗国家设计局开始研制 P-77 空空导弹,以取代 P-73 导弹,使其性能超过美国 AIM-120 空空导弹。1994 年装备空军,载机为苏-27 或米格-29。在此基础上,又研制了远程空空导弹 PBB-AE,采用固体冲压发动机,其性能见表 4-7。

图 4-14 X-31A 超声速反舰导弹

表 4-7 俄罗斯中程空空导弹 P-77 和改进型 PBB-AE 的性能

参 数	P-77	PBB-AE
弹长/m	3.6	3.7
全弹质量/kg	175	225
弹径/mm	200	200/390
战斗部质量/kg	22	22
射程/km	100	—

5. 欧洲超视距空空导弹 BVRAAM/Meteor(流星)

20 世纪 80 年代美国开始为中程空空导弹(AMRAAM)发展变流量整体式冲压发动机技术(Variable Flow Ducted Ramjet,VFDR)。其关键技术包括无喷管助推器、可调节流量的燃气发生器、高能少烟(含硼)推进剂等。20 世纪 90 年代欧洲各国,以英国为主,包括瑞典、法国和德国开展了 BVRAAM/Meteor(流星)超视距空空导弹的研制(见图 4-15),其中德国负责的动力系统采用了固体助推器和当年美、德合作研制的 VFDR 全固体冲压发动机技术(见图 4-16)。

图 4-15 欧洲超视距空空导弹 BVRAAM/Meteor("流星")

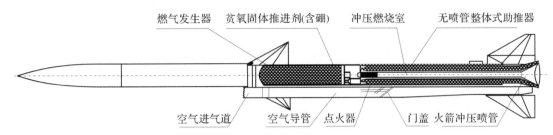

图 4-16　欧洲超视距空空导弹及 VFDR 结构示意图

6. 美国海军超声速反舰导弹 GQM-163 SSST

美国海军多年来一直支持全固体冲压发动机技术的研制。20 世纪 90 年代末期,美国海军在寻找高速反舰导弹方案时,曾考虑采用 Boeing/Zvezda-Strela(波音和俄罗斯星箭公司)合作研制的 MA-31(实际就是俄罗斯 X-31A 的改型)。由于生产试制方面工作量太大,最后还是选用了轨道科学公司(OSC)的 GQM-163A Coyote(山狗)SSST 方案(见图 4-17)。SSST(Supersonic Sea-Skimming Target)是在地面发射的反舰导弹。它串联了一台固体助推器 MK-70,采用 Aerojet 公司的 MARC-R-282 VFDR 冲压发动机为主级,在海平面可将导弹加速到 $Ma=2.5$。接近目标时,高度为 4 m,速度为 $Ma=2.3$。为了节省成本,采用了海军"标准"导弹和 AQM-37D 导弹的一些成熟技术。2004 年 5 月和 8 月 27 日进行了两次飞行试验,试验任务都已完成。其性能如下:射程为 110 km;弹长为 9.53 m(无助推器 5.6 m);弹径为 350 mm;速度为 $Ma=2.5$。

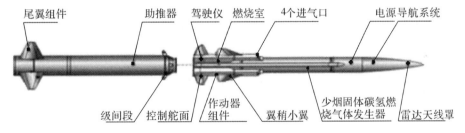

图 4-17　美国超声速掠海反舰导弹 GQM-163A Coyote(山狗) SSST

第 5 章　固液混合火箭发动机

随着火箭推进技术的不断发展,以化学能源为推进动力的火箭发动机逐渐发展出液体火箭发动机、固体火箭发动机、固液混合火箭发动机和火箭冲压发动机等种类。固液混合火箭发动机是指使用液体氧化剂和固体燃料或者液体燃料和固体氧化剂为推进剂的组合型火箭发动机。与单纯液体推进剂火箭发动机和固体推进剂火箭发动机相比,固液混合火箭发动机更像这两种发动机"混合"的产物。固液混合火箭发动机并不是新概念,在液体火箭发动机发展的早期它就诞生了。

5.1　固液混合火箭发动机的结构组成和特点

20 世纪是人类航空航天技术飞速发展的时期,火箭技术从理论到实现只用了不到半个世纪的时间。在火箭技术的发展中,出于战争的需要和政治目的,为了提高火箭的性能人们不惜采用高毒性、高危险性、价格昂贵的推进剂材料,在投入大量的人力、物力和资金的情况下,实现了目标。然而,进入 20 世纪 90 年代,冷战结束,发展火箭技术已经不再是单纯的战争和政治需求。导弹技术和航天技术的发展开始对火箭动力系统提出了更高的要求,低成本、高安全性、高可靠性、发动机排气低信号特征、对环境无污染等目标成为火箭发动机研究的新课题。与液体火箭发动机和固体火箭发动机相比,固液混合火箭发动机正具备这种潜在的优势。

5.1.1　固液混合火箭发动机的结构组成

固液混合火箭发动机(简称固液火箭发动机)采用不同组合的固体和液体推进剂。有液体氧化剂、固体燃料组合(称为正方案),有液体燃料、固体氧化剂组合(称为反方案),也有氧化剂与燃气发生器组合式以及混合型方案。各种方案的固液混合火箭发动机如图 5-1 所示。最常见的是正方案,正方案的固液混合火箭发动机由液体氧化剂贮箱、液体输送管路系统、高压气瓶或涡轮泵、氧化剂喷嘴、固体燃料燃烧室和喷管等部分组成,其结构原理如图 5-2 所示。这种发动机的基本工作原理是,氧化剂液体(或气体)通过喷嘴喷到固体燃料表面。点火后,固体燃料表面发生分解,热解气体与进入燃烧表面附面层内的氧化剂气体发生燃烧化学反应,燃烧生成的高温燃气经喷管喷出后产生发动机推力。

从固液混合火箭发动机的结构来看,其氧化剂贮箱、阀门、喷嘴、涡轮泵等采用双组元液体发动机技术;而燃烧室、固体燃料药柱、喷管等则都是采用固体火箭发动机的常见结构。因此,固液混合火箭发动机综合了液体和固体发动机两方面的技术特点。固液混合火箭发动机比液体发动机结构简单,比固体发动机的结构复杂,但它具有固体发动机无法达到的控制特性。

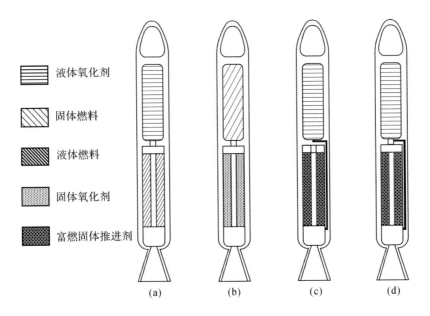

图 5-1　各种方式工作的固液火箭发动机

(a)正方案式；　(b)反方案式；　(c)燃气发生器式；　(d)混合式

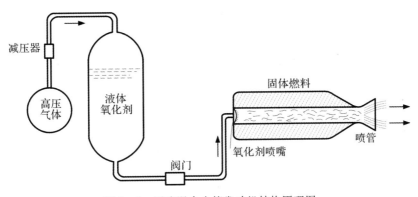

图 5-2　固液混合火箭发动机结构原理图

　　反方案固液火箭发动机氧化剂为固体,一般采用硝酸钾和过氯酸铵等推进剂,燃料为液体燃料。燃气发生器式固液火箭发动机采用贫氧固体推进剂作为燃料,燃料可以自持燃烧,产生的富燃气体与氧化剂在补燃室内燃烧。混合式固液火箭发动机采用固体燃料,也可以采用贫氧固体推进剂,发动机工作时,一路氧化剂流经燃料表面,另一路氧化剂进入补燃室与流出的富燃气体燃烧。反方案固液火箭发动机很少采用,主要是由于固体氧化剂药柱难以加工成型且药柱点燃后无法熄灭。燃气发生器式和混合式固液火箭发动机结构复杂,但可以更好地控制燃烧,未来的固液火箭发动机很可能采用这两种方式工作。

　　按液体氧化剂的供给方式,固液火箭发动机可以分为挤压式和泵压式两种。挤压式固液火箭发动机结构比较简单,靠高压气瓶内惰性气体挤压贮箱内液体氧化剂。由于贮箱的工作压强很高,挤压式氧化剂供给系统一般用于小型固液火箭发动机。当氧化剂和燃料的配比较低时,氧化剂贮箱的容积较小,适于采用挤压式氧化剂供给系统。挤压式氧化剂供给系统的贮箱有时要采用薄膜内衬,高压气体挤压薄膜供给氧化剂。采用这种贮箱结构可以防止在失重条件下挤压气体进入氧化剂管路。泵压式氧化剂贮箱的容积可以很大,适合大型固液火箭发动机。由于涡轮泵的结构复杂,并需要能源驱动,泵压式氧化剂供给系统目前在固液火箭发动机中应用还很少。

5.1.2　固液混合火箭发动机的特点

1.固液混合火箭发动机的优点

(1)结构简单。以正方案固液火箭发动机为例,从结构上来说,固液火箭发动机比液体火箭发动机简单,比固体火箭发动机复杂。与液体火箭发动机相比固液火箭发动机少了液体燃料贮箱和燃料输送系统,固体燃料放在燃烧室内而不是像液体火箭发动机那样有单独的燃烧室。结构简单加之固体燃料密度高于液体燃料,同样性能的固液火箭发动机的体积将小于液体火箭发动机的体积。

(2)比冲高,易于控制调节。固液火箭发动机采用液氧等为氧化剂,橡胶塑料等为燃料,其比冲高于固体火箭发动机而与液氧-煤油类液体火箭发动机的比冲接近,其密度比冲比液体火箭发动机高。由于燃料和氧化剂分离,固液火箭发动机具有和液体火箭发动机一样的关机、重复启动和推力调节的能力,并且可以利用液体氧化剂冷却喷管和燃烧室。与之相比,固体火箭发动机则不具备这种能力。

(3)可靠性高。相对于双组元液体火箭发动机,它只有一种液体组元,液体供给系统较简单,提高了可靠性。与固体火箭发动机相比,它的燃料药柱不含或仅含少量氧化剂,药柱的强度高且弹性好,不易出现裂纹和脱黏。即使出现药柱缺陷,由于燃烧是扩散燃烧,不像固体火箭发动机对推进剂裂纹扩展和脱黏面积增大那样敏感,因此它比固体火箭发动机的可靠性高。

(4)安全性好,工作时对环境的污染和破坏较小。固液火箭发动机的固体燃料是惰性物质,在加工生产和贮存中不会出现爆炸和爆燃,这是液体和固体火箭发动机所不及的。固体燃料一般采用纯碳氢燃料,有时加入少量的金属粉和高氯酸盐。由发动机喷管排出的燃气中 HCl 和 Al_2O_3 含量极少,主要是 H_2O,CO_2 和 CO,羽烟具有低信号特征的特点,对环境的污染轻微。而液体和固体火箭发动机在工作时排出大量有毒气体,严重污染环境。在当今提倡环境保护的时代,发展固液火箭推进技术无疑是顺应时代潮流的。

(5)成本低。与液体和固体火箭发动机相比,固液火箭发动机有制造成本低的潜在优势。与液体火箭发动机相比,发动机结构简化必然降低了它的制造成本。与固体火箭发动机相比,固体燃料比固体火箭推进剂成本低得多,并且易于加工制造。

2.固液混合火箭发动机的缺点

(1)制造和使用性能不及固体火箭发动机。虽然存在上述种种优点,固液火箭发动机也有许多缺点。从发动机结构上说,它的制造难度无疑超过了固体火箭发动机。由于存在液体氧化剂,固液火箭发动机使用性比固体火箭发动机差,其贮存性、维护性和发射操作性都不如固体火箭发动机。

(2)燃料退移速率低。由于氧化剂和燃料扩散燃烧,所有的固液火箭发动机都存在燃料退移速率过低的问题。一般燃料退移速率小于 5 mm/s,纯碳氢燃料的退移速率甚至小于 1 mm/s,给发动机装药设计带来困难。为了使发动机有较大推力,发动机药柱的燃面必然很大。采用星形和车轮形等装药结构可以满足发动机推力需求,但燃烧室的装填分数下降了,密度比冲比固体火箭发动机低得多。

（3）燃烧效率低。固液火箭发动机的燃烧效率低，一般为 $93\%\sim97\%$。液体和固体火箭发动机氧化剂和燃料都是在充分混合情况下燃烧的，燃烧很充分。而固液火箭发动机氧化剂和燃料的燃烧属于扩散燃烧，氧化剂气体和燃料热解气体靠扩散混合，混合程度较差。一般在固液火箭发动机中都设有补燃室，目的是使未完全燃烧的氧化剂气体和燃料热解气体进一步燃烧，提高燃烧效率。

（4）工作参数调节不及液体火箭发动机。氧化剂和燃料的配比对固液火箭发动机的比冲影响很大。在最佳配比时，发动机有最大的比冲。在发动机节流调整推力时，燃料的流量无法调节，氧化剂和燃料的配比发生变化致使发动机的比冲降低。而在液体火箭发动机节流时，可以同时调整氧化剂和燃料的流量，比冲可以保持不变。

此外，对于采用星形和车轮形装药的固液火箭发动机，燃烧结束后残药将留在燃烧室中，这部分残药实际上减少了药柱的装填分数。而在固体火箭发动机中，残药也会烧尽并提供一部分推力。

5.2　固液混合火箭发动机推进剂及其点火燃烧

5.2.1　固液组合推进剂

1.固体组元

固体燃烧剂有聚合化合物，如聚乙烯、橡胶；金属氢化物，如四氢化铝锂、氢化锂、氢化铍等。也有用几种燃烧剂混合的，例如 95% 四氢化铝锂与 5% 聚乙烯混合的固体燃烧剂，这种混合物有较高的机械性能和比冲量。从理论上讲，纯金属（铍、铝等）都可以作固体燃烧剂，但纯金属有某些不良性质，锂极易熔化，铍有很高的导热性，难使其表面升高到燃烧温度，因此不用纯金属作燃烧剂。

固体氧化剂有过氯酸铵、硝酸铵等，能量更高的过氯酸、硝酸具有吸湿性，使用上有困难。所有的固体氧化剂都呈结晶状粉末，需加入一定的橡胶和树脂等黏合剂才能做成有合适机械性能的药柱。

2.液体组元

液体火箭发动机上已应用或可能应用的氧化剂、燃烧剂都可作固液组合推进剂中的液体氧化剂、燃烧剂。氧化剂常用高沸点的液体组元，如四氧化二氮、过氧化氢和硝酸等，它们能长期贮存，方便使用。燃烧剂常用液氢、肼、偏二甲肼等。

3.常用组合方式

固液混合火箭发动机目前大多采用"固体燃料＋液体氧化剂"的组合方式，这是因为液体氧化剂的贮存性能和安全性能远比液体燃料好，同时，固体燃料相比固体氧化剂更易于制成药柱，且力学性能较好。

固液混合火箭发动机可用液体氧化剂以及与燃烧剂 HTPB 反应的生成热见表 5－1。IRFNA，H_2O_2，ClF_3 是能量较高的可贮存氧化剂，其中以 ClF_3 密度较高。为进一步提高能量密度，ClF_5 是目前的研究热点。

表 5 - 1　常用液体氧化剂性能以及与 HTPB 反应的生成热

氧化剂	类　型	沸点/(℃)	密度/(10^3 kg·m^{-3})	生成热/(kJ·mol^{-1})
O_2	低温	−183	1.149	−13.0
F_2	低温	−188	1.696	−12.6
O_3	低温	−112	1.614	+129.4
F_2O	低温	−145	1.650	+10.5
F_2O_2	低温	−57	1.450	+19.7
N_2O	低温	−88	1.226	+64.9
ClF_5	低温	−13	4.500	−283.49*
N_2O_4	可贮存	+21	1.449	+9.6
IRFNA**	可贮存	+18～+120	1.583	−171.7
H_2O_2	可贮存	+150	1.463	−187.6
ClO_2	可贮存	+11	1.640	+103.4
ClF_3	可贮存	+11	1.810	−185.9

注：* 生成焓；** 抑制红烟硝酸。

为了获得好的性能,液体氧化剂与固体燃烧剂应注意它们之间的固液关系。若干组合推进剂组合及其性能见表 5 - 2。

表 5 - 2　固液推进剂组合及其性能

液体氧化剂	固体燃烧剂	氧化剂与燃烧剂比	燃烧温度/K	比冲量/s
H_2O_2(98%)	$(C_2H_4)_n$	6.55	2 957	263
H_2O_2(98%)	橡胶+18%Al	5.64	3 058	266
H_2O_2(98%)	AlH_3	1.02	3 764	294
N_2O_4	BeH_2	1.67	3 620	312

5.2.2　固液混合火箭发动机点火

不同于固体和液体火箭发动机,固液混合火箭发动机的点火系统比较特殊,它通常要求具有较好的重启动功能。

一般固液混合火箭发动机中专门设计有一个"气化室",起到控制点火的作用,如图 5 - 3 所示。其机理是:气化室中的固体燃料先气化,然后喷入液体氧化剂燃烧产生大量的燃气,再点燃主固体燃料。

为使气化室中的固体燃料容易气化,其燃烧面积要很大,一般设计为多星孔或多槽形装药结构,如图 5 - 4 所示。

图 5-3　固液混合火箭发动机气化室示意图

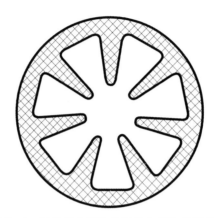

图 5-4　气化室中固体燃料的典型装药药型

点火过程包括：

(1)提供热源(如电阻丝等),使头部固体燃料气化。

(2)喷入液体氧化剂,与气化燃烧剂混合,并点燃。

(3)火焰随喷入液体氧化剂迅速传播,点燃主固体燃料。

熄火过程只要关闭液体氧化剂即可完成。

目前研究的气化方式有：

(1)利用电阻丝加热使气化室的固体燃料气化,主要用于小型发动机。

(2)由电点火点燃"气氧+气氢(或丙烷)",其燃气使气化室的固体燃料气化,主要用于小型发动机。

(3)吸入专门可自燃的气体燃料,如"三乙基铝(TEA)+三乙基硼烷(TEB)",与燃烧室中的空气接触可自燃,通过其燃烧使气化室的固体燃料气化,如"宇宙神""德尔塔"等运载火箭采用的就是这种气化方式。

(4)自点火方式,即固体燃料表面喷上特殊的氧化剂后,在环境温度和压强下自发燃烧,目前还处于试验阶段。

5.2.3　固液混合火箭发动机推进剂燃烧的特点

固液混合火箭发动机推进剂燃烧过程和固体火箭推进剂的燃烧是不一样的,这是由于二者的推进剂不一样所致。固体火箭发动机用的推进剂在自身的组分中既含有燃烧剂,也含有氧化剂,因而在燃烧过程中,燃烧剂和氧化剂的互相作用早在固相状态就开始了,而且这个反应在直接贴近推进剂表面的气体层内就结束了。而在固液火箭发动机内,推进剂之固体部分往往只由燃烧剂或只由氧化剂组成,因此对这类发动机的推进剂而言,固相反应不具有代表性。固液混合火箭发动机推进剂的燃烧,首先由燃烧区放出的热量使固体组元(药柱)加温,在固体组元表面达到一定的温度时,固体组元就开始气化。根据固体组元成分的不同,气化过程可能不一样。这个过程是熔化后液相逐渐气化、升华(物质由固态过渡到气态而不经过液态的中间转变过程)或热分解(产生气态物质的化学分解)。气化产物进入药柱通道,并在该处与另一推进剂组元互相混合,在此混合物中产生氧化放热反应。在固液混合火箭发动机内的燃烧过程是极为复杂的,其燃烧过程示意如图 5-5 所示。

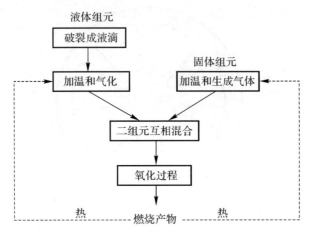

图 5-5　固液组合推进剂燃烧过程示意图

与液体火箭发动机一样,在固液火箭发动机中,推进剂燃烧所产生的热量和推进剂的能量利用效率都与燃烧时的组元耗量比(液固比)有关。因此,实现在给定的液固比条件下进行燃烧的问题极为重要。为满足这一要求,主要的条件就是要保证在燃烧室内有良好的混气形成。这可用相应的液体组元喷射结构和影响药柱通道内混气运动特性的结构来实现。液体组元的喷雾越细,液体组元和固体组元的气化产物混合得越好,则燃烧过程也就越好,推进剂的燃烧也就越完全。根据以上固液组合推进剂的燃烧特性可知,对固体推进剂而言,更确切的名词不是"燃烧"和"燃速",而是"气化"和"气化速度"。

5.3　固液混合火箭发动机的工作性能

固液混合火箭发动机的固体推进剂几乎均为贫氧推进剂,故比冲较低,加入适当的氧可进一步反应,从而提高能量利用效率,比冲也相应提高。因此,固液混合火箭发动机的工作性能与推进剂以及它们的混合过程密切相关。

5.3.1　固液混合火箭发动机中固体燃料的燃烧速度

固液混合火箭发动机中固体燃料的燃烧速度相比于固体火箭发动机要低,一般不到其 $1/3$,且燃速定律不能简单地表示为压强的指数次方,即 $r \neq ap^n$。

混合火箭发动机中影响固体燃料燃速的主要因素是氧化剂流量,压强为次要因素,一般可近似表示为

$$r = aG_{ox}^n \tag{5-1}$$

式中　G_{ox}—— 氧化剂单位面积的流量(密流);

　　　a—— 燃速系数;

　　　n—— 燃速指数,$n = 0.4 \sim 0.7$。

对于大型混合火箭发动机,考虑压强因素和尺寸效应,燃速的一般形式为

$$r = aG_{ox}^n p^m d_p^l \tag{5-2}$$

式中　d_p—— 装药通道直径;

　　　m—— 燃速的压强指数,$m = 0 \sim 0.25$;

　　　l—— 尺寸效应指数;

　　　n—— 燃速指数,$n = 0 \sim 0.7$。

例如,试验测得 HTPB 推进剂在某小型混合火箭发动机中的燃速公式为

$$r = 0.104 G_{ox}^{0.681} \text{ mm/s}$$

在某大型混合火箭发动机中,HTPB 推进剂的燃速公式为

$$r = 0.065 G_{ox}^{0.77} (d_p/3)^{0.71} \text{ mm/s}$$

5.3.2　固液混合火箭发动机的推力设计

推力公式同样为式(2-2),即

$$F = \dot{m} u_e + A_e (p_e - p_a) \tag{5-3}$$

其中,流量 $\dot{m}$ 包括了固体燃料的流量 $\dot{m}_{fu}$ 和液体氧化剂的流量 $\dot{m}_{ox}$。引入混合比

$$\dot{r} = \frac{\dot{m}_{ox}}{\dot{m}_{fu}} \tag{5-4}$$

则

$$\dot{m} = \dot{m}_{ox} + \dot{m}_{fu} = \left(1 + \frac{1}{\dot{r}}\right) \dot{m}_{ox} = (\dot{r} + 1) \dot{m}_{fu} \tag{5-5}$$

由于固体燃料的燃速很低,推力主要依靠固体装药燃面的设计来满足。燃面为 A_b 的固体燃料的燃气生成量为

$$\dot{m}_{fu} = \rho_p A_b \bar{r} \tag{5-6}$$

式中　$\bar{r}$ 为固体燃料沿燃面 A_b 的平均燃速。

因此,推力公式可表示为

$$F = (\dot{r}+1) \dot{m}_{fu} u_e + A_e (p_e - p_a) = u_e (\dot{r}+1) \rho_p A_b r + A_e (p_e - p_a) \tag{5-7}$$

可见,燃面 A_b 越大,发动机的推力越大。在选定推进剂和喷管结构之后,燃面 A_b 是影响推力的主要因素。因此,固液混合火箭发动机的药型燃面面积常常很大才能满足要求。如图 5-6 所示为一固体装药截面。

5.3.3　固液混合火箭发动机中氧化剂与燃料流量的匹配

显然,液体氧化剂的喷入量不是任意的,即混合比 $\dot{r}$ 的确定需要氧化剂与燃料的匹配设计。假设固体燃料的燃速满足式(5-1),对于一个直径为 d_p 的圆形通道,则有

$$r = aG_{ox}^n = a\left(\frac{\dot{m}_{ox}}{\pi d_p^2/4}\right)^n \tag{5-8}$$

固体燃料的燃烧流量(燃气生成量)为

$$\dot{m}_{fu}=\rho_p A_b r=\rho_p \pi d_p L_p r \tag{5-9}$$

式中　L_p 为固体燃料长度。

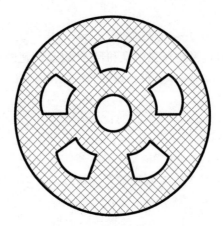

图 5-6　固液混合火箭发动机复杂装药示意图

结合式(5-8)和式(5-9)，可得

$$\dot{m}_{fu}=4^n \pi^{1-n} a \rho_p L_p d_p^{1-2n} \dot{m}_{ox}^n = c_H d_p^{1-2n} \dot{m}_{ox}^n \tag{5-10}$$

式(5-10)把固体燃料流量和液体氧化剂流量联系起来，这表明了它们的匹配关系。其中系数 c_H 为

$$c_H=4^n \pi^{1-n} a \rho_p L_p \tag{5-11}$$

从式(5-10)可以得出：

(1)固体燃料流量和液体氧化剂流量的匹配关系与发动机尺寸 d_p 有关，但当燃速指数 $n=0.5$ 时，与尺寸无关，即 $\dot{m}_{fu}=c_H \dot{m}_{ox}^n$。

(2)固体燃料流量与液体氧化剂流量的变化不是线性关系。液体氧化剂流量变化 1%，固体燃料流量只变化 $n\%$，即 $\dfrac{\Delta \dot{m}_{fu}}{\dot{m}_{fu}}=n\dfrac{\Delta \dot{m}_{ox}}{\dot{m}_{ox}}$。因此，通过调节液体氧化剂流量来控制推力大小时，混合比不能保持为常数，而是变化的，这给稳定燃烧带来困难。

(3)推力不随液体氧化剂呈线性变化。由推力公式(5-7)可知，推力只随总流量($\dot{m}_{fu}$+$\dot{m}_{ox}$)呈近似线性变化。既然固体燃料流量与液体氧化剂流量的变化不是线性关系，那么推力变化也不随液体氧化剂线性变化。

5.4　固液混合火箭发动机的发展及应用

固液火箭发动机的研究最早始于 20 世纪 30 年代。俄国的 Leonid Andrussow 首先提出了固液火箭发动机的设想，其氧化剂采用液氧，燃料为凝固汽油。30 年代末，美国的 California Rocket Society 第一次试验了液氧-木材固液火箭发动机。1938—1941 年，德国的 Wolfgang Noeggerath 试验了一氧化氮-碳环固液火箭发动机，推力达到了 500～1 000 N，比冲为 120 s。同期，美国的 Smith 和 Gordon 试验了氧气-橡胶固液火箭发动机，比冲达到了 160 s。40 年代中期，California Rocket Society 试验了液氧和橡胶固液火箭发动机，火箭飞行高度达到 9 km。1946 年，Moore 和 Berman 研究了聚乙烯-过氧化氢固液火箭发动机。1951

年,Dembrow 和 Pompa 进行了首次反方案固液火箭发动机试验,固体氧化剂采用高氯酸钾、过氯酸铵和硝酸铵,液体燃料是石脑油。60 年代,John Hopkins 研究了硝酸铵–JP 燃料的反方案固液火箭发动机。60 年代到 70 年代,Thiokol,UT – CSD 和 Lockheed 公司研究了肼–过氯酸铵固液火箭发动机,研究结果表明,反方案固液火箭发动机基本没有实用价值。

20 世纪 60 年代到 70 年代是固液火箭发动机研究的高峰时期,美国的大部分火箭公司(Thiokol,UT – CSD,Lockheed)都参与了固液火箭发动机的研制。此外,法国国家航天局(ONERA)、德国的 DLR 公司也开展了研究。这个时期,固液火箭发动机的氧化剂采用了液氧(LOX)、发烟硝酸(RFNA)、过氧化氢(H_2O_2)、氟氧化物(FLOX)等;碳氢固体燃料采用了有机玻璃(PMMA)、聚丁二烯橡胶(HTPB)、聚乙烯(PE)、尼龙等;金属氢化物燃料有氢化锂(LiH,LiH_2)、氢化铝锂($LiAlH_4$);金属添加剂有镁粉(Mg)、铝粉(Al)、铍粉(Be)等。这个时期,研究的固液火箭发动机的比冲不断得到提高,所用的都是高能量固体燃料。UT – CSD 公司研制了 1 m 直径的固液火箭发动机,燃料采用 HTPB 添加 Li 和 LiH_2,氧化剂为氟氧液体。发动机的真空比冲达到了 380 s,推力为 180 kN。Lockheed 公司采用含 Li 和 LiH_2 的橡胶燃料与氟氧液体,发动机真空比冲达到了 480 s。另一种配方采用 80％Be 粉、LiH_2 和 HTPB 黏合剂燃料,氧化剂为 LOX,发动机理论真空比冲可达 530 s。

低分子量金属氢化物具有很高的热能,添加在固体燃料中无疑会大幅度提高固液火箭发动机的能量。然而,金属氢化物遇水极易分解,有的在空气中吸水就能自燃,有的能破坏黏合剂的分子结构。因此,由金属氢化物制造的固体燃料必须放置在干燥环境,这种发动机的使用性很差。Be 是一种极毒的金属,使用时必须极其小心。Be 推进剂燃烧后排放的气体必须处理,因此 Be 无法用作燃料。氟和氟氧化物也有剧毒,用作氧化剂时燃烧会产生有毒的 HF,因此也不合适作氧化剂。在这些氧化剂和燃料的组合中,发烟硝酸与胺类化合物燃料可以自行点燃,过氧化氢催化分解后也可以点燃燃料。其余氧化剂和燃料相遇不能自行燃烧,发动机需要使用点火装置。

20 世纪 60 年代到 70 年代,研究的固液火箭成功飞行的有 UT – CSD 公司的 Sandpiper,HAST 和法国 ONERA 的 LEX 系列。Sandpiper 是高空超声速靶机,采用 PMMA＋Mg 固体燃料、MON – 25 为氧化剂的固液火箭发动机,飞行高度为 27 km,直径为 330 mm,发动机工作时间为 350 s,节流比为 8：1。HAST 是 Sandpiper 的改进型,采用 HTPB＋Al 固体燃料,氧化剂为发烟硝酸,发动机节流比达到 10：1。在 80 年代,HAST 又改进成 Firebolt(见图5 – 7),发动机燃料中添加了树脂。LEX 系列是探空火箭,如图 5 – 8 所示,发动机采用尼龙/胺类燃料,氧化剂为发烟硝酸,发动机直径为 160 mm,工作时间为 35 s,推力可达 100 kN。

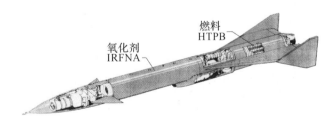

图 5 – 7　采用固液火箭发动机的 Firebolt 超声速靶机

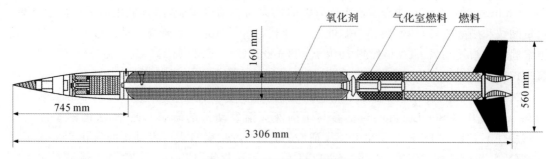

图 5-8　LEX 探空火箭结构

20 世纪 80 年代固液火箭发动机的研究陷入低谷,由于固液火箭发动机的许多技术难题没有解决,固液火箭发动机实际应用很少。90 年代,出于低成本和环境保护的考虑,固液火箭发动机的研究又逐渐兴起。这个时期固液火箭发动机的研究集中在液氧-碳氢燃料、过氧化氢-碳氢燃料领域。有毒的氧化剂和金属燃料基本不再使用。

1985 年到 1992 年,AMROC 公司研制了 H 系列固液火箭发动机:H-50,H-250,H-500,H-1500 和 H-1800。燃料采用 HTPB,氧化剂为 LOX。发动机的真空推力分别为 22 kN,140 kN,335 kN,900 kN 和 1 160 kN。其中 H-1800 壳体为石墨环氧纤维缠绕制造,发动机药型采用车轮形,所有发动机点火都采用四乙基铝。在 NASA 的资助下,Thiokol,Lockheed,Rocketdyne,UT-CSD 和 AMROC 等公司联合开展演示固液火箭发动机(HPDP)的研究,发动机的推力为 1 100 kN,氧化剂采用 LOX,燃料主要成分为 HTPB,装药为车轮形。预研的直径为 11 in(1 in=2.54 cm)和 24 in 缩比试验发动机多次进行了地面试验(见图5-9)。直径 24 in 发动机结构见图 5-10,燃烧室主装药前是预混室,设有导流翼片使喷入的液氧蒸发并均匀进入主装药通道(见图 5-11)。主装药前设有偏流帽,以分配进入药柱中心通道和外围通道的氧化剂流量(见图 5-12),主装药后是补燃室。LOX 喷嘴为直流式喷嘴,在周向布置了 10 排毛细喷孔(见图 5-13)。发动机工作中燃料燃烧很均匀,燃料的退移速率为 2～3 mm/s,工作结束后仍有部分残药剩余(见图 5-14)。

图 5-9　直径 24 in 固液火箭发动机地面试验照片

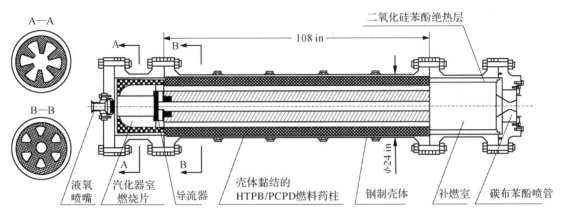

A—A

B—B

二氧化硅苯酚绝热层

108 in

φ24 in

液氧
喷嘴　汽化器室
燃烧片　导流器　壳体黏结的
HTPB/PCPD燃料药柱　钢制壳体　补燃室　碳布苯酚喷管

图 5-10　直径 24 in 固液火箭发动机结构简图

图 5-11　预混室的导流翼片

图 5-12　偏流帽

图 5-13　直流式 LOX 喷嘴

图 5-14　试验后剩余的残药

　　20 世纪 90 年代末,过氧化氢液体氧化剂的使用逐渐增多。过氧化氢密度比液氧高、无毒,而且可以常温贮存。过氧化氢与碳氢燃料燃烧的产物很干净,对环境没有污染。发动机工作时,过氧化氢被催化分解能产生高温的氧气和水蒸气,可以直接点燃固体燃料,这个特点使固液火箭发动机的多次启动变得容易实现。由于过氧化氢含氧少,与燃料的配比很高,因此,一般用于小型固液火箭发动机中。Purdue 大学和通用动力公司(GK)都开展过过氧化氢小型固液火箭发动机的研究,主要考虑这种类型的发动机制造成本低,操作性好,很有实际应用价值。法国航天局 ONERA 研制了挤压式 85％过氧化氢(H_2O_2)-低密度聚乙烯(PE)燃料固液火箭发动机(见图 5-15),将用于一箭多星发射时,100 kg 级小卫星的轨道转移。然而过氧化氢的缺点是稳定性差,遇到杂质有可能分解爆炸。

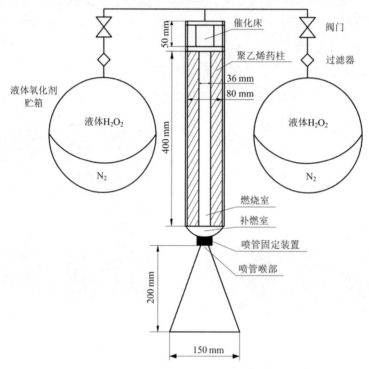

图 5-15 ONERA 85％H_2O_2-PE 固液火箭发动机

20 世纪 70 年代,我国也进行过发烟硝酸类固液火箭发动机的研究,当时的地面试验也取得了成功。由于存在技术上和资金上的困难,研究未能继续进行下去。90 年代后期,810 所、航天四院和航天六院都开展了发烟硝酸固液火箭发动机研究,其中 810 所的发动机成功进行了多次试验。西北工业大学国家燃烧与流动重点实验室建成了挤压式 85％H_2O_2-PE 固液火箭发动机试验系统(见图 5-16),并成功地进行了固液火箭发动机点火试验。

图 5-16 西北工业大学 85％H_2O_2-PE 固液火箭发动机及试验系统

第 6 章   新型发动机

目前防空导弹使用的动力装置,绝大多数是化学推进剂火箭发动机,也就是液体推进剂火箭发动机和固体推进剂火箭发动机,其中多数是固体推进剂火箭发动机。前者结构复杂,但推力大小和方向控制容易;后者结构简单,但推力大小的调节和多次启动非常困难。为了适时准确地攻击目标,迫切要求发展新型火箭发动机以提高防空导弹的突防能力和机动性。

6.1   凝胶/膏体推进剂火箭发动机

凝胶/膏体推进剂火箭发动机(Gelled/Pasty Propellant Rocket Engine),简称凝胶/膏体火箭发动机(Gelled/Pasty Rocket Engine),是以凝胶/膏体推进剂为能量来源,以凝胶/膏体推进剂燃烧产生的高温高压燃气为工质,通过喷管高速喷出获得推力的动力装置。

6.1.1   凝胶/膏体推进剂

凝胶/膏体推进剂是融燃料与氧化剂于一体,外观似牙膏的一种新型非液、非固的特殊推进剂。这种推进剂的主要特点是黏度较大,有一定塑性,静止时可以在短时间内保持形状,在力的作用下又可以流动,主要分为凝胶推进剂和膏体推进剂。

凝胶推进剂(Gel/Gelled Propellant,GP),是用少量的凝胶剂(或称胶凝剂)将液体推进剂组元(氧化剂、燃料或二者混合物)凝胶化,形成具有一定结构和特定性能并能长期保持稳定的推进剂。凝胶推进剂在高压下会迅速变为液体,因此凝胶推进剂又称为触变推进剂(Thixotropic Propellant,TP)。美国在该领域处于领先地位,1996 年,美国 TRW 公司成功进行了凝胶推进剂的第一次飞行试验——"灵巧战术导弹"的飞行试验,2000 年,成功发射了带寻的弹头的凝胶推进剂导弹。

膏体推进剂(Pasty Propellant,PP),是用液体黏合剂将固体推进剂膏体化,形成一种非固非液、流变性能良好和稳定的推进剂。膏体推进剂在高压下一般不会变为液体,但可以通过其良好的流变性能来实现推进剂的充分供给和稳定燃烧。俄罗斯和乌克兰在该领域处于领先地位,其相关技术已达到实用化水平。1996 年,俄罗斯科学中心应用化学研究所宣布研制出黏性很强的半固体胶凝态推进剂,波罗的海技术大学也研制出相应配套使用的长航时发动机。

1.凝胶/膏体推进剂的分类

凝胶/膏体推进剂按是否添加金属组元分为有机凝胶/膏体推进剂和金属化凝胶/膏体推进剂两类。金属化凝胶推进剂(Metallized Gel/Gelled Propellant,MGP)中加入金属颗粒(如铝粉、镁粉等)后可大大提高密度,获得更高的比冲,但容易产生羽烟。

根据推进剂燃烧后产生的羽烟特征,可以将凝胶/膏体推进剂分为 3 类:高羽烟凝胶/膏体推进剂、少烟凝胶/膏体推进剂和最低特征信号凝胶/膏体推进剂。金属化凝胶/膏体推进剂就是高羽烟凝胶/膏体推进剂,如甲基肼中添加铝粉,抑制红烟硝酸中添加硝酸锂。少烟凝胶/膏体推进剂中不含其他添加剂,只是纯胶体,如甲基肼凝胶和抑制红烟硝酸凝胶。最低特征信号凝胶/膏体推进剂中一般添加碳组元,可以抑制烟的生成,如含碳甲基肼和不含硝酸锂的抑制红烟硝酸。

根据贮存情况,凝胶/膏体推进剂可分为双组元凝胶/膏体推进剂和单组元凝胶/膏体推进剂两类。双组元凝胶/膏体推进剂是指燃料和氧化剂分开贮存的推进剂,单组元凝胶/膏体推进剂则是燃料和氧化剂贮存在一起或者就是一种物质的推进剂。例如,一种称为"月球推进剂"的"液氧+金属"推进剂属于单组元凝胶推进剂。由于月球土壤中含有多种氧化物,可以就地生产,从而更容易实现从月球返回地球,或者从月球飞往外太空。因此也称"液氧+金属"推进剂为"月球推进剂"。

2.凝胶/膏体推进剂的组成

(1)凝胶推进剂的组成。凝胶推进剂的主要组元是液体推进剂和凝胶剂。液体推进剂中,对液体燃烧剂和单组元液体推进剂的凝胶化是国内外研究的重点,因为它们的贮存相比液体氧化剂要危险得多。其中对液氢的凝胶化研究是热点,这是因为液氢作为火箭燃料具有比冲高和更清洁等突出优点。随着研究的深入,凝胶推进剂扩展到各种液体推进剂领域,如烃类、三肼、液氢、液氧、液氟、硝酸等。

在凝胶推进剂配方中,凝胶剂对凝胶推进剂的状态稳定起到关键作用。凝胶剂可分为3类:

1)固体燃料:硼、碳化硼、铝、硼氢化锂($LiBH_4$)、铝氢化锂($LiAlH_4$)、乙炔二锂(Li_2C_2)、各种合成聚合物或经改性的天然有机高聚物等,其中含铝粉的凝胶推进剂是研究最成熟的推进剂。

2)液体或气体燃料:氨、甲烷、丙烷、戊烷。

3)无能量贡献的固体:炭黑、二氧化硅。

对于液体火箭发动机,凝胶剂在液体推进剂中的含量一般为 $0.1\%\sim10\%$。对于固液混合火箭发动机,凝胶剂与液体组元之比为 $1:3\sim1:10$。

(2)膏体推进剂的组成。膏体推进剂的主要组分是固体推进剂和液体黏合剂,固体推进剂为贫氧推进剂,液体黏合剂一般含氧化性成分,如氧、氯、氟等,或者无氧化性,但能自行燃烧,有良好的浸润性。液体黏合剂对膏体推进剂性能至关重要,尤其对高能、高燃速配方更是如此。目前,国外选用的液体黏合剂由有机胺盐、溶剂和增稠剂3个组元构成。在膏体推进剂中,液体黏合剂的含量占 $20\%\sim50\%$。

3.不同凝胶/膏体推进剂的特点

凝胶/膏体推进剂已经发展了许多种类,如液氢、煤油和甲基肼等凝胶推进剂以及它们的金属化凝胶推进剂,它们的性能差别很大,也存在不同的应用方向。

(1)液氢凝胶推进剂(胶氢)。

胶氢有如下突出优点:

1)安全性增加。液氢凝胶化以后黏度增加 $1.5\sim3.0$ 倍,降低了泄漏带来的危险。

2)蒸发损失减少。液氢凝胶化以后,蒸发速率仅为液氢的 25%。

3)密度增大。液氢中添加不同比例的甲烷和金属,凝胶化以后密度可有效提高。

4)液面晃动大大减少。液氢凝胶化以后,液面晃动减少了 $20\%\sim30\%$,有助于上面级的长期贮存,并可减少挡板尺寸和数量。

5)比冲提高。以甲烷作为液氢的凝胶剂,当甲烷添加量为 5％ 时,比冲可提高约 40 N·s/kg(液氧作为氧化剂)。当铝粉添加量为 60％ 时,比冲可以提高 50～60 N·s/kg。

胶氢可用于运载火箭和上面级、组合循环冲压发动机、火箭冲压发动机,也可用于单级入轨、可重复使用的运载火箭。正因为胶氢具有上述突出优点和潜在用途,因此一直是国内外研究的热点。

(2)煤油凝胶推进剂。金属化凝胶烃类燃料的单位体积燃烧热值较高,价格便宜,是各国重点发展的一类凝胶推进剂。20 世纪 80 年代中期,美国航空航天局开始研究金属化 RP-1 凝胶推进剂。RP-1 煤油添加 55％铝粉,密度可以从 773 kg/m³ 增大到 1 281 kg/m³。当有效载荷为 $2.25×10^4$ kg 时,如果助推器采用 LO/RP-1 液体推进剂,贮箱体积为 351.1 m³;如果改用 LO/RP-1/Al 凝胶推进剂,则贮箱体积可减小到 304.7 m³。

(3)甲基肼凝胶推进剂。当铝粉添加量为 50％ 时,甲基肼(MMH)密度由 870 kg/m³ 增大到 1 324 kg/m³,比冲也有显著增加。使用甲基肼凝胶推进剂的火箭发动机在不同推进剂输送系统下的比冲见表 6-1,其中氧化剂为四氧化二氮。可见泵压式输送系统下添加铝粉可使甲基肼凝胶推进剂的比冲增加约 4％,但挤压式输送系统下的比冲反而下降,这是因为采用挤压式输送系统的火箭发动机工作压强低,不能很好地发挥凝胶推进剂的性能。

表 6-1　甲基肼和金属化甲基肼凝胶推进剂的比冲比较

推进剂输送系统	推进剂比冲/(N·s·kg⁻¹)	
	不含铝粉	添加铝粉
泵压式	3 015.5	3 125.2
挤压式	2 747.9	2 727.3

大力神Ⅳ运载火箭采用四氧化二氮和混肼-50 推进剂组合,有效载荷为 14 643 kg。如果混肼-50 改为金属化混肼-50 凝胶推进剂,则有效载荷可以提高 11.6％,达到 16 336.3 kg。

(4)金属化液氧单组元凝胶推进剂(月球推进剂)。月球推进剂主要有 LO/Al,LO/Al/Mg,LO/Si,LO/Fe 等,它们的性能比较见表 6-2。其中 LO/Al 推进剂的密度达 1 800 kg/m³,比冲可达 2 772.31 N·s/kg。

表 6-2　几种月球推进剂的最高比冲

月球推进剂	最高比冲/(N·s·kg⁻¹)	固体含量
LO/Al	2 772.3	33％ Al
LO/Al/Mg(80/20)	2 756.6	40％ Al/Mg
LO/Si	2 668.4	30％ Si
LO/Fe	1 795.6	8.94％ Fe

4.凝胶/膏体推进剂的发展趋势

衡量火箭发动机推进剂性能的主要指标是能量特性、使用性能和经济性能。理想的推进剂应该是比冲高、密度大、燃烧产物的摩尔质量小、有足够的物理化学稳定性、有较好的材料相容性、毒性小、对机械冲击不敏感(以免着火、爆炸)、生产工艺简单、原材料来源广、成本低。与液体推进剂相比,凝胶/膏体推进剂具有密度增大、黏度增大、蒸发速率降低、有效载荷增加的优点。与固体推进剂相比,凝胶/膏体推进剂在一定压力下有一定的流动性,因而能在飞行过程中调节流量、调节推力,还可做到多次启动。处理凝胶/膏体推进剂要比处理液、固体推进剂在成本上、人员危险程度上小得多。因此,凝胶/膏体推进剂具有广阔的发展前景。其主要发展趋势如下:

(1)研制推力可调、可多次启动、结构优良的凝胶/膏体推进剂火箭发动机,满足不同航天器和导弹的发射需要。

(2)加强金属化凝胶推进剂性能研究。凝胶/膏体推进剂中添加高热值轻金属粉末,能够达到提高凝胶推进剂的比冲和密度比冲的目的,从而提高火箭和导弹的有效载荷。液氢作为很好的化学推进剂,掺加胶凝剂和金属粉制成金属化胶氢可以有效克服其密度小、蒸发速率高的缺点。

(3)凝胶推进剂发动机将在某些应用领域逐步取代固体和液体火箭发动机。凝胶/膏体推进剂比现有的固、液体推进剂有许多优越之处,是优良的推进剂。随着各种新技术和新材料的发展,凝胶/膏体推进剂的性能将更加完善,更适用于实际应用。

6.1.2 凝胶/膏体推进剂火箭发动机的特点

1. 优点

凝胶/膏体推进剂火箭发动机采用的推进剂非液非固,因此它兼具液体和固体两种推进剂火箭发动机的诸多优点:

(1)与液体推进剂火箭发动机相比,可在更大范围内调节推力。由于凝胶/膏体推进剂为触变的、牛顿假塑性流体,发动机结构相对简单,操作更安全。

(2)与固体推进剂火箭发动机相比,可实现发动机多次启动和更大范围内控制推力,突防能力强。

(3)凝胶/膏体推进剂具有流变性,发动机药型可任意变化,无适用期限制,随时装填并能很好地粘贴到发动机的燃烧壁上,可免去对固体药柱包覆、阻燃等工序。其总冲增大、射程提高。

(4)凝胶/膏体推进剂不像固体推进剂那样有严格的力学性能限制,因此推进剂组分选择余地更宽,性能调节范围广。按现有组分计算,比冲可达 $2\,800\sim3\,200$ N·s/kg,密度可提高到 $1.9\sim2.2$ g/cm^3,当压力为 4.0 MPa 时燃速可调为 $30\sim100$ mm/s,当采用导热件时甚至可达 350 mm/s 以上。

(5)凝胶/膏体推进剂具有很高的松弛性能,在非均匀温度场、振动、过载和冲击等条件下可靠性高,可排除因裂纹、碰撞等引起的事故。

2. 缺点

凝胶/膏体推进剂火箭发动机也有如下缺点:

(1)与固体推进剂火箭发动机比,要增加推进剂输送和控制部件。

(2)凝胶/膏体推进剂流变性不太稳定,与温度有指数关系,会影响内弹道特性调节精度。

(3)凝胶/膏体推进剂容易黏结在燃烧室或贮箱壁面、输送管路等地方,从而造成推进剂的利用率下降。

(4)凝胶/膏体推进剂火箭发动机的制造成本比较高。

6.1.3　凝胶/膏体推进剂火箭发动机的结构原理

凝胶/膏体推进剂火箭发动机的结构特点主要体现在凝胶/膏体推进剂的贮存方式与输送系统上,推进剂可以直接贮存在发动机燃烧室内,也可以贮存在贮箱中,有多种结构方案。

1.推进剂贮存在燃烧室内

推进剂贮存在燃烧室中的凝胶/膏体火箭发动机,主要特点是具有高燃速,燃速上限最高达 10 000 mm/s,高压下也不会发生爆轰,力学性能好,抗过载能力强。因此,它具有良好的快速加速能力,可用于不需多次启动的快速拦截导弹的助推器。

图 6-1 所示为推进剂贮箱与燃烧室合在一起的一种发动机结构。中间有 1 根管状固体药柱,用以提供点燃凝胶/膏体推进剂的长明火,凝胶/膏体推进剂贮存在固体药柱周围,底部有带孔阀的挡板。发动机工作时,点火器首先点燃固体药柱,凝胶/膏体推进剂在输送系统压力作用下通过挡板上的孔阀进入补燃室,被固体药柱的长明火点燃,即可燃烧。调节凝胶/膏体推进剂的供给量,可改变发动机推力。

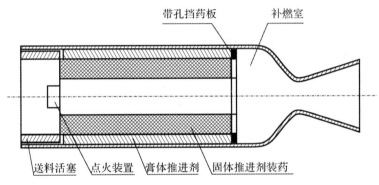

图 6-1　推进剂贮箱与燃烧室合在一起的发动机结构简图

推进剂输送系统根据作用原理不同有活塞式、作动筒式以及膜片式。

(1)活塞式。图 6-2 所示的活塞式凝胶/膏体火箭发动机,采用活塞对膏体推进剂进行加压推挤,推进剂通过喷孔进入燃烧室内燃烧。通过活塞的推进速度可以调节推进剂流量。喷孔由许多喷丝组块分割而成。

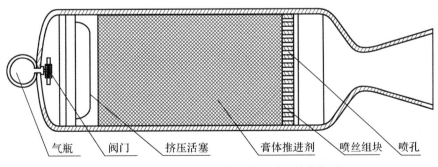

图 6-2　活塞式凝胶/膏体火箭发动机结构简图

(2)作动筒式。图 6-3 所示的作动筒式凝胶/膏体火箭发动机,采用液压作动筒对膏体推进剂进行加压推挤,推进剂通过热变形调节器进入燃烧室内燃烧。热变形调节器可以调节推进剂流量,中间熄火后的余温可作为重启动的点火装置,间隔时间可达 60 s。

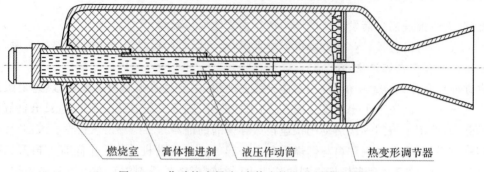

图 6-3　作动筒式凝胶/膏体火箭发动机结构简图

(3)膜片式。图 6-4 所示的膜片式凝胶/膏体火箭发动机,通过对弹性膜片加压而挤出凝胶/膏体推进剂。

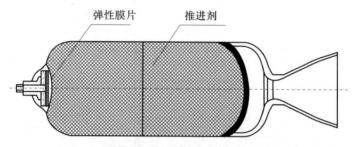

图 6-4　膜片式凝胶/膏体火箭发动机结构简图

2.推进剂贮存在贮箱内

图 6-5 是推进剂贮箱与燃烧室分开的膏体发动机组成原理图。该发动机组成有驱动装置、推进剂贮箱、推进剂流量控制系统、初次脉冲点火器、重复点火器、燃烧室、喷管和驱动压力调节系统。贮箱中的膏体推进剂在驱动装置(活塞)作用下,由贮箱进入燃烧室,由初次脉冲点火器点燃。调节推进剂流量可以改变推力,当停止供应推进剂时,发动机熄火。压强反馈系统可以调节驱动装置的压力和燃烧室压强。

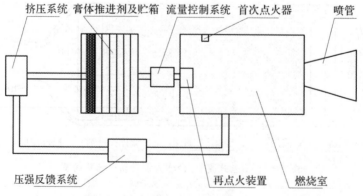

图 6-5　推进剂贮箱与燃烧室分开的膏体发动机组成原理图

这种脉冲式发动机的特点是有一个可重复点火器。它是一块耐高温的金属体,在其中开有一组大长径比的圆柱孔,圆柱孔两端的温度分布不一样,它不靠外加能量点火,靠自身储蓄的能量加热和点燃推进剂。

可重复点火器的一组圆柱孔,其入口端连接流量控制系统,出口端进入燃烧室。凝胶/膏体推进剂首次在驱动装置作用下,经过流量控制系统和可重复点火器的圆柱孔进入燃烧室,启动首次脉冲点火器,点燃膏体推进剂,发动机进入工作状态。在发动机工作过程中,可重复点火器得到热量,并且在圆柱孔两端形成不同的温度分布,入口端温度低,为常温,出口端温度高,与燃烧室温度一样。在停止推进剂供应后,如需再次启动,再由驱动装置将凝胶/膏体推进剂从贮箱挤出,经过流量控制系统和可重复点火器送入燃烧室。当膏体推进剂流经圆柱孔时,推进剂在其间被加热,到出口端时达到燃烧温度,发动机继续工作。

图 6-6 为一种双组元凝胶火箭发动机的结构简图,与液体火箭发动机类似,包括推进剂贮箱、推进剂加压与输送系统、喷嘴、燃烧室和喷管。

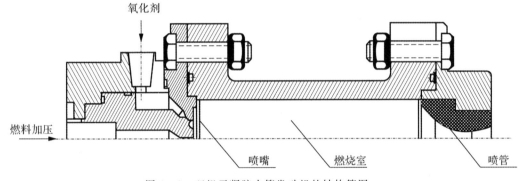

图 6-6　双组元凝胶火箭发动机的结构简图

6.1.4　凝胶/膏体推进剂火箭发动机的关键技术

由于凝胶/膏体推进剂火箭发动机集固体和液体火箭发动机优势于一体,因此在火箭推进技术领域具有广阔的应用前景,但目前技术尚不够成熟,需要解决以下关键技术。

1.流变性能

凝胶/膏体火箭发动机的关键技术之一在于掌握和获得凝胶/膏体推进剂优良的流变性能。通常以表观黏度、屈服应力和假塑性指数作为凝胶/膏体推进剂流变性能的表征参数。

流变性能是凝胶/膏体推进剂的关键性能,也是最难控制的性能之一。凝胶/膏体火箭发动机能否大幅度灵活调节推力,实现多次启动,能否在脉冲启动工况下大幅度改变工作时间长短、冲量大小以及工况转换的时间间隔,都涉及推进剂的流变性能。

以凝胶推进剂为例,改善和提高其流变特性,凝胶剂的选择是关键。凝胶剂一般有两大类:一类是有机凝胶剂,由天然或合成的高分子物质构成,如各种树胶、纤维素衍生物等;另一类是微粒型凝胶剂,由精细分散的固体颗粒构成,如炭黑、硼黑超细金属粉末等。凝胶剂是由不对称的凝胶粒子相互连接搭成固体网状骨架,它通过吸附、化学吸着和毛细作用把一部分液体小分子吸留在固体骨架上形成液化层,其他大部分液体则被包围在骨架的网络中,形成一个凝胶整体。选择不同的凝胶剂和工艺,可以形成可逆凝胶和不可逆凝胶。NASA 路易斯研究中心采用溶胶-凝胶处理技术成功制得了超细的纳米胶化剂材料,对金属含量 60％ 的 $H_2/O_2/Al$ 体系进行凝胶化,获得了极佳的流变性能。对 Al 含量 30％ 的偏二甲肼(UDMH)与煤油凝胶化,能像液体那样流动。

2. 雾化性能

雾化是指射流将液膜破碎成液滴的物理现象,目前常采用喷雾角、喷嘴的破碎长度、喷雾细度和雾化均匀性表征凝胶推进剂雾化性能。影响雾化性能的主要因素有喷嘴结构参数和工作参数决定的喷嘴内流动特性、环境气体参数、凝胶推进剂物性参数(如黏性、表面张力等)。对于双组元凝胶推进剂,同液体推进剂一样,发动机的燃烧效率与喷射到燃烧室内的推进剂雾化性能密切相关。由于双组元凝胶推进剂是非牛顿流体,所以其雾化效果与液体推进剂不同,难以获得均匀的雾化效果,凝胶体的喷雾场主要是液膜和液丝。通过雾化性能可以预测凝胶推进剂的燃烧性能,因此在国内外凝胶推进剂发动机研究中,雾化研究占据着相当重要的地位。

3. 燃烧性能

双组元凝胶推进剂的工作方式与液体推进剂相同,都要经过推进剂雾化再进入燃烧室的过程,但雾化颗粒的不同,使双组元推进剂中的胶凝剂对燃料的燃烧产生了很大的影响。研究表明:凝胶的熔化温度随着胶凝剂含量的增大而升高,胶凝剂是通过影响凝胶体系的气化热来影响凝胶推进剂的燃烧过程。同时,胶凝剂含量增大,凝胶推进剂的气化热升高、点火延迟时间增加、燃速降低。当凝胶推进剂中含有金属燃料时,燃烧过程更加复杂,可用于凝胶推进剂的燃料添加剂主要有 Mg,Al 和 B 等。

燃烧特性的研究是优化新型发动机设计、提高发动机性能的基础。由于凝胶/膏体推进剂具有特殊的非牛顿流变特性的特点,其燃烧特性与传统液体推进不同,需要开展燃烧过程对发动机性能的影响研究,建立燃烧模型,最终得到合理正确的理论模型。

6.1.5 凝胶/膏体推进剂火箭发动机的研究现状及应用

凝胶/膏体推进剂火箭发动机的研究起源于 20 世纪 60 年代末 70 年代初。美国、苏联(现在主要是俄罗斯和乌克兰)、法国、德国、日本等国家都对这一领域进行过研究,其中美国和苏联研究起步较早,研究工作相对系统,并已经有少量的应用,但技术尚不够成熟。

苏联的膏体推进剂是单组元推进剂,由固体推进剂演化而来,形似牙膏。他们在膏体推进剂的基础研究、性能测试和应用技术等方面取得了很大进展,不仅研制成功黏度为200 Pa·s 的膏体推进剂,流动性能已接近聚合物熔体,而且研制了具有可变推力的膏体推进剂火箭发动机。苏联已将其用于改进"卡秋莎""暴风雪"和"闪电"等型号导弹,使其射程增加约 30％。美国开展凝胶推进剂技术的研制工作始于 20 世纪 40 年代"添加固相颗粒的液体燃料"(solid-loaded fuels)的概念研究。经过一系列研究计划,至今已显示了这类燃料用于灵巧战术弹、拦截弹(包括动能杀伤器及助推器)、运载火箭上面级、先进飞行员弹射系统以及吸气式发动机等方面的性能与安全优势。大量的凝胶推进剂配方已经得到考察和试验。例如,NASA 路易斯研究中心主持了金属化研究工作,1947—1957 年间着重于烃类(JP)中加入铝、镁、硼金属添加物以增加推力及冲压发动机的飞行距离。其后关于火箭推进系统金属化研究转向自燃推进剂的组分上,如肼、甲肼、四氧化二氮、IRFNA(加阻蚀剂的红色发烟硝酸)和过氧化氢。

我国开展膏体推进剂火箭发动机的研制工作虽然起步较晚,但也取得了较大进展。

由于凝胶/膏体推进剂火箭发动机集固体和液体火箭发动机优势于一体,因此它的应用范围很广泛。在军事领域,膏体火箭发动机可以用作战略导弹弹头中段制导的姿态控制发动机和末段修正发动机,提高突防能力的机动飞行能源系统,反导弹、反卫星武器的动力装置,多弹头分导洲际导弹的子弹头末段推力发动机,以及动能武器弹头发动机等。在航天领域,膏体火箭发动机可以用作卫星的变轨发动机,发射不同轨道的卫星,以及用于不同载荷的发射。

6.2　脉冲爆震发动机

脉冲爆震发动机(Pulse Detonation Engine,PDE)是一种非稳态动力装置。它是一种利用燃烧室内爆震燃烧产生的爆震波来压缩气体,进而产生动力的新概念发动机,具有热循环效率高、结构简单等优点,可用作战略飞机、无人机、导弹的动力装置,也可用作轨道转移发动机、行星着陆发动机以及航天器姿态控制、卫星机动的动力装置等,在未来空天推进领域具有广阔的应用前景。

6.2.1　脉冲爆震发动机工作原理

1.爆震波的形成和传播

缓燃与爆震是燃烧的两种形式。缓燃波通过传热传质的方式向未燃混合气推进,其传播速度依赖于热量与质量的扩散速率;爆震波则是通过激波绝热压缩使未燃混合气着火,可以认为爆震波是化学反应区与强激波的耦合。

如图 6-7 所示,在一根一端封闭而另一端敞口的管子里充满可燃混合气,并在封闭端附近点火,由于燃烧产物的膨胀产生了向两个方向传播的压缩波,向封闭端传播的压缩波在封闭端反射回来向开口端传播,由于反射波所经历的流体是燃烧产物,其温度很高,故反射波很快赶上并加强前面的压缩波,经过多次的加强作用使之最终成为一道向前传播的激波,并且后面紧跟一个燃烧波,激波和其后的燃烧波合称为爆震波。未燃气体经过爆震波后其压力、温度迅速提高并自点火燃烧,这样由于化学反应的不断进行,反应区就不断地向前传递压缩波,从而形成稳定的爆震波。

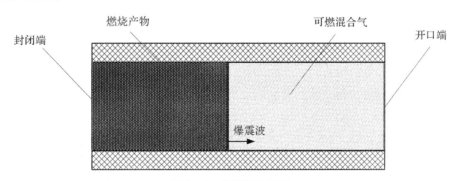

图 6-7　爆震管示意图

2.脉冲爆震发动机的工作原理

不同于常见的火箭发动机和航空喷气发动机,脉冲爆震发动机的工作原理是基于爆震燃烧的。爆震燃烧是燃料化学能在短时间内快速、高效转变为机械能的非稳态化学反应过程。

爆震燃烧产生的爆震波使可爆燃气的压力、温度迅速升高（压力可高达 100 atm，温度可达 2 000℃）。爆震波有点类似于活塞式发动机中的活塞。整个工作过程是间歇性、周期性的。当爆震频率很高时，例如大于 100 Hz 时，可近似认为工作过程是连续的。由于爆震波能产生较高的压比，可以消除对笨重昂贵的高压供给系统的需要，从而降低推进系统的质量、复杂性、成本及封装体积。使用自由来流或机载氧化剂，能分别以吸气式发动机或火箭式发动机工作。此外，脉冲爆震发动机还可以在变化范围宽广的飞行马赫数下工作。

脉冲爆震发动机工作时先给燃烧室以低压注入燃料和氧化剂混合物，然后用点火源引爆混合物，在极短时间内，爆震波和高温高压燃气被排出尾喷管而产生推力，新鲜燃料和氧化剂随即注入爆震管，新一轮循环开始。图 6-8 是一个典型的脉冲爆震发动机示意图，主要由进气道、阀门、点火器、爆震室、喷管等组成。燃料从爆震室前段（封闭端）喷入，与从进气口进入的空气混合成可爆燃气，通过爆震室激发产生爆震波。

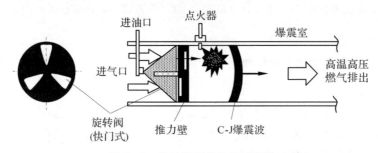

图 6-8 脉冲爆震发动机示意图

6.2.2 脉冲爆震发动机循环过程

脉冲爆震发动机的动力来源于爆震燃烧（气相爆轰），是爆轰理论的可控非破坏应用。由于爆震燃烧可以对气体进行压缩，而不需要使用传统的压气机和涡轮部件，这样就使发动机的结构大大简化，成本大幅降低。另外，由于爆震波的传播速度极快（可达每秒几千米），整个爆震过程接近定容过程，热循环效率明显高于定压过程（普通发动机均为定压燃烧），可达 49%（定压燃烧效率为 27%），因此，采用爆震燃烧的推进系统可大幅改善性能。典型脉冲爆震发动机工作周期如图 6-9 所示，主要包括 6 个基本过程：充气、点火、爆震波的传播、膨胀、排气及扫气过程。

（1）进气过程。气动阀门打开，新鲜可燃混合气体填充入爆震室。

（2）点火过程。当新鲜可燃混合气体完全进入爆震室时，进气阀门关闭，高频点火器点火，可燃混合气体被点燃。

（3）爆震波的传播过程。被点燃的可燃混合气体以缓燃的形式向爆震转变，爆震波高速（约 2 000 m/s）向开口端传播。在爆震波后是从封闭端发出的泰勒膨胀波，以满足封闭端速度为零的条件，泰勒膨胀波尾以当地声速向开口端传去，在封闭端与泰勒膨胀波尾之间是均匀区。泰勒膨胀波将爆震波 C-J 的压力降低到均匀区中相对较低的水平，这个压力即平台压力，仍比环境压力大得多，因此会在封闭端产生推力。

（4）膨胀过程。爆震波传离爆震燃烧室出口后，由于压力大幅降低，爆震燃烧室出口截面处形成膨胀波束，并向爆震管内传播，高温燃气开始膨胀。

(5)排气过程。当爆震波传出爆震燃烧室出口时,出口的压力远高于环境压力,因此会产生一组膨胀波反传回爆震室,从而进一步降低爆震室的压力,使排气过程开始。膨胀波到达封闭端反射为另一组膨胀波向下游开口端传去,非定常排气过程是由在开口端和封闭端交替产生的一系列压缩波和膨胀波组成的。当爆震室中的压力降低到环境压力水平时,排气过程结束。

(6)扫气过程。排气过程并不能完全将高温燃气完全排出爆震室,如果这时直接填充新鲜的可燃混合气体,会由于新鲜混合气体被提前点燃导致不能产生爆震燃烧,所以在进入下一工作周期前要用空气或轻质惰性气体(如氮气)进行扫气。

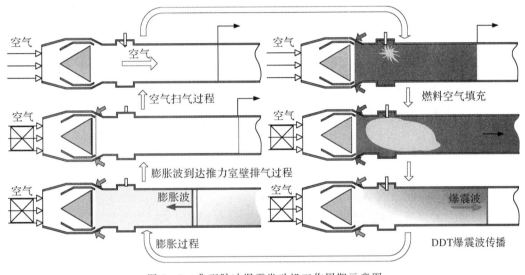

图6-9　典型脉冲爆震发动机工作周期示意图

6.2.3　脉冲爆震发动机的特点

脉冲爆震发动机是利用间歇式或脉冲式爆震波产生的高温、高压燃气来产生推力的,因此,脉冲爆震发动机的性能特点在很大程度上是由爆震波的特性所决定的。爆震是一种具有比爆燃能量更高和猛烈的燃烧现象,以超声速传播的爆震波能产生高温、高压、高速燃烧与释热的燃气。同时,由于爆震波传播的高速特点,其燃烧过程可看作是等容燃烧过程,因此热效率高。据此,脉冲爆震发动机具有如下性能特点:

(1)脉冲爆震发动机的推质比高(大于20),单位体积的发动机推力大。由于爆震波能产生高温、高压气体,因此就不需要像在传统的涡喷发动机中用压气机来压缩空气以提高压力,所以脉冲爆震发动机不需要压气机,自然也就不需要涡轮,而且供燃料时燃烧室内仍为低压,故也不用涡轮泵。由于没有高速旋转部件,在同样的推力下,脉冲爆震发动机比火箭与冲压发动机还要轻,比涡喷发动机更轻,而且结构简单,制造成本也低得多。

(2)循环热效率高,燃料消耗率低,而且比冲高。由于脉冲爆震发动机的工作循环为等容循环,因此,循环热效率高,燃料消耗率低。假定在同样的推进效率下,在发动机中用爆震反应代替爆燃过程,能降低燃料消耗率30%~50%。脉冲爆震发动机的比冲可大于2 000 s,而脉冲喷气发动机虽然省燃料,但热效率低,比冲不高。

（3）工作范围宽广，且推力可调。脉冲爆震发动机可在 $Ma=0\sim10$，$H=0\sim50\ km$ 的飞行范围内工作；推力可调，推力范围为 $5\sim500\ 000\ N$。与冲压发动机不同，它可在地面启动。由于它能在宽广的速度、高度范围内工作，所以脉冲爆震发动机是组合式推进系统的理想候选者。

（4）熵增低。以天然气为例，爆震等容燃烧的熵增比爆燃等容燃烧（脉动燃烧）低 9%，比等压燃烧低 35%。熵增低意味着不可逆过程的做功能力大，使得接近等容的燃烧过程有较高的热力学效率。

脉冲爆震发动机目前也存在不足：脉冲爆震发动机在使用中可能出现的问题有噪声、热疲劳功率的提取等问题。当 $Ma<2$ 时，脉冲爆震发动机性能低于涡轮喷气发动机，这是因为涡轮喷气发动机有压气机，可对来流进行预压缩。

6.2.4 脉冲爆震发动机的分类

根据侧重点不同，脉冲爆震发动机有不同的分类方式。根据爆震管的数目可以分为单管、多管脉冲爆震发动机；根据爆震室供给系统采用阀门形式的不同，可以分为无阀式和有阀式，有阀式又可分为旋转阀和电磁阀两类形式；根据起爆方式的不同可以分为单级火花点火起爆、预爆管起爆、共振激波聚焦起爆、二次起爆等多种。

根据用途，不同结构形式的脉冲爆震发动机可大致分为"纯"脉冲爆震发动机、混合式脉冲爆震发动机和组合式脉冲爆震发动机三类。

1. "纯"脉冲爆震发动机

"纯"脉冲爆震发动机（pure PDE）即脉冲爆震发动机基本型，又可分为吸气式脉冲爆震发动机和火箭式脉冲爆震发动机两类。基本型吸气式脉冲爆震发动机结构如图 6-10 所示，主流路由进气道、进气阀、起爆器、爆震室和尾喷管组成。

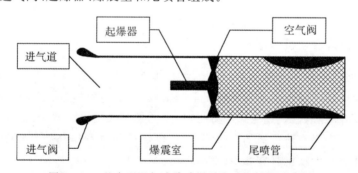

图 6-10 基本型吸气式脉冲爆震发动机结构示意图

进气道用来吸入爆震燃烧所需要的空气，根据来流情况可分为亚声速进气道和超声速进气道。

进气阀的主要功能是向爆震室定量供给空气，并在爆震波形成和传播阶段起到推力壁的作用。进气阀分为机械阀和气动阀两种。

起爆器实际上是一种小型脉冲爆震发动机，它排出的高温、高速、高压燃气可以用来为爆震室引射空气，解决自吸气问题。起爆器一般采用易于起爆的燃油和氧气，没有专用的燃料和氧气箱，一般位于爆震室前，也可位于其他位置。

爆震室需要的空气是通过引射原理和速度冲压吸入的。爆震室接受喷入的氧化剂和燃料,进行混合,形成可爆混合物,点火和起爆,形成爆震波在爆震室中传播,可爆混合物通过爆震波进行燃烧。

尾喷管通过燃烧产物的有效膨胀增大推力以及在吸气阶段为爆震室提供反压增大推力。

"纯"脉冲爆震发动机由于其质量轻,容易制造,成本低以及在 $Ma=1$ 左右的高性能特点,主要应用于军事领域,将成为导弹、无人机及其他小型动力的理想选择。在高马赫数阶段性能会有所下降,加之其噪声等方面的缺点,其不被大尺寸动力系统看好。

2. 混合式脉冲爆震发动机

混合式脉冲爆震发动机(hybrid PDE)是一种将脉冲爆震燃烧室代替其他类型发动机燃烧室的发动机。比如将脉冲爆震发动机与涡扇发动机相结合,在传统的涡扇发动机外涵道加装爆震发动机,每个爆震管依次循环进气、进油进行爆震产生推力。

这类发动机利用两种发动机的优点,可以进一步提高性能。在混合模态下,脉冲爆震发动机能够置于流场的高温处或者增进器中,压气机的后级、燃烧室和第一级涡轮等都是高温处。对于给定的气流,脉冲爆震发动机循环能使流场的平均总压增大近 6 倍。作为增进器,脉冲爆震发动机循环也将具有比现有增进装置更好的性能,例如带脉冲爆震燃烧加力燃烧室的涡轮喷气发动机(见图 6-11)、带脉冲爆震燃烧主燃烧室的涡轮喷气发动机和带脉冲爆震燃烧加力燃烧室的涡轮混合流风扇发动机。

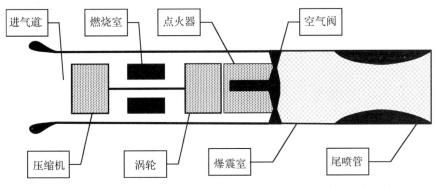

图 6-11　带脉冲爆震燃烧加力燃烧室的涡轮喷气发动机示意图

混合式脉冲爆震发动机不但可以增大推力,从而提高马赫数,而且可以有效地降低耗油率。目前军用发动机普遍采用加力燃烧室来增大推力,这是以牺牲经济性为代价的,采用混合式脉冲爆震发动机在增加同样推力的情况下却有着更高的经济性。也可将其用于民用发动机,以提高航行速度,降低运营成本,减少尾气中氧化氮含量。NASA 计划利用这项技术,在 2022 年前实现洲际航行时间大大缩短。

3. 组合式脉冲爆震发动机

组合式脉冲爆震发动机(combined cycle PDE)把脉冲爆震发动机与冲压发动机、超燃冲压发动机或其他推进系统循环组合在一起,如图 6-12 所示为脉冲爆震发动机与涡轮喷气发动机组合。组合式脉冲爆震发动机可以使两种不同的发动机分别在各自适合的条件下工作,以优化整个系统性能。例如,将脉冲爆震发动机与普通火箭发动机放置在同一涵道里形成一个组合循环系统,可用作高速、远程导弹动力装置,在相同航程时,该推进系统的体积比普通二级液体火箭的小。脉冲爆震/冲压/超燃冲压发动机组合循环系统可用作高超声速飞行器动力装置,其中脉冲爆震发动机可用作低速飞行时的加速装置,当 $Ma>3$ 时,由冲压发动机替代继续工作。

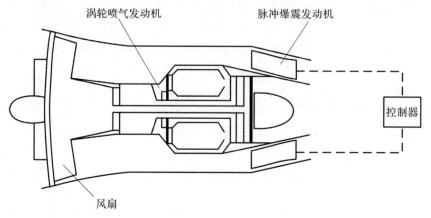

图 6-12　脉冲爆震发动机与涡轮喷气发动机组合示意图

　　吸气式脉冲爆震发动机和冲压发动机或超燃冲压发动机组合时,它们置于同一流路,吸气式脉冲爆震发动机可作为高超声速飞行器和跨大气层飞行器的低速加速器。吸气式和火箭式脉冲爆震发动机组合时,它们也被置于同一流路,是一种双模态脉冲爆震发动机,如图 6-13 所示。在地面启动时,火箭式脉冲爆震发动机起引射作用,吸气式脉冲爆震发动机同时工作,当飞行器飞出大气层时,以"纯"火箭式脉冲爆震发动机方式工作。

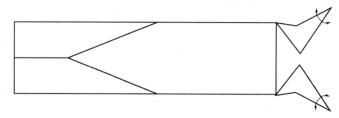

图 6-13　双模态脉冲爆震发动机

6.2.5　脉冲爆震发动机结构原理

　　一般意义上的脉冲爆震发动机指的是"纯"脉冲爆震发动机,主要包括吸气式脉冲爆震发动机和火箭式脉冲爆震发动机两类。它们的基本工作原理相同,主要区别在于氧化剂的注入方式不一样,吸气式脉冲爆震发动机是从空气中获得氧化剂的,而火箭式脉冲爆震发动机的氧化剂是从机载贮箱供给爆震燃烧室,所以火箭式脉冲爆震发动机必须携带完成任务所需的所有氧化剂,并且可能还有真空启动和再启动系统。

　　1.吸气式脉冲爆震发动机

　　吸气式脉冲爆震发动机的典型组成如图 6-14 所示。它由以下部分组成:进气道、燃烧剂及氧化剂供给系统、空气总管、混合段、起爆器、爆震室、尾喷管等。由进气道输送的来流通过空气总管分配,来自燃烧剂供给系统的燃烧剂通过燃烧剂管道进入混合段与空气混合,由此得到的燃烧剂与空气混合物进入爆震室,经点火起爆产生爆震波,燃烧产物通过喷管排出产生推力。

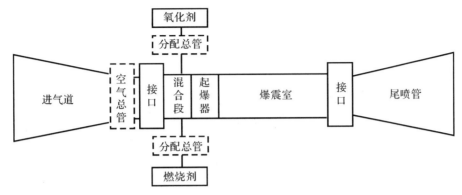

图 6-14　吸气式脉冲爆震发动机的典型组成

　　进气道用来吸入爆震燃烧所需要的空气,根据来流情况可分为亚声速进气道和超声速进气道。对于常规吸气式发动机进气道的设计,要求能够以高的总压恢复系数、最低的外部阻力向燃烧室提供稳定的气流。

　　燃烧剂、氧化剂供给系统分别通过燃烧剂、氧化剂分配总管将燃烧剂、氧化剂供给混合段。在某些情况下需要把氧化剂供给系统与氧化剂总管分开,以减少起爆所需时间和距离。

　　混合段用来提供燃烧剂与空气或燃烧剂与氧化剂的有效混合。

　　起爆器用于在爆震室中起爆爆震波。爆震波的起爆通常有两种方法:一是直接起爆,需要巨大的点火能量,对于间歇式工作的爆震波不实用;二是间接起爆,可以采用较低的点火能量,通过由缓燃向爆震转变的过程实现起爆。对于空气与碳氢燃烧剂混合物,通常需要较长的转变距离。为此,常采用某种形式的强化爆震装置缩短起爆距离。另一种间接起爆的方法是两步起爆,首先用易于起爆的燃烧剂与氧化剂在小管,即所谓的前置起爆器内起爆,然后爆震波传入含有空气和燃烧剂混合物的主爆震室进行起爆。

　　爆震室是脉冲爆震发动机的核心部件,它用来实现整个爆震循环过程。由于它的壁面周期性地处于高温、高压燃烧产物和低温、低压反应物之中,因此爆震室的材料选择和壁面冷却是爆震室设计需要考虑的两个主要问题。另外爆震室几何尺寸的确定应考虑推力和频率等要求。

　　喷管在决定脉冲爆震发动机性能方面起着重要的作用。对于常规的以定常方式工作的发动机来说,喷管的优化是通过将排气压力与环境压力匹配实现的。但这种方法不适用于脉冲爆震发动机,因为它的排气是非定常的,出口压力也是不断变化的。由于爆震过程产生的强激波使情况变得更加复杂。

　　图 6-15 所示为一种吸气式脉冲爆震发动机的结构示意图,其爆震室通过一个渐扩过渡段与起爆器相连通,保证爆震波能够从小管径的起爆器顺利平滑地过渡到大管径的爆震室;渐扩过渡段的外形轮廓是按照一定的扩张比例逐渐进行扩张的,其扩张速率取决于起爆器的直径、起爆器内可爆混合气体的临界直径和爆震室的横截面积。可爆混合气体的临界直径是指用此混合气体填充起爆器时,起爆器将排出管外的爆震波直接转变成球形爆震波所需的最小直径。过渡段也可以是一种阶梯形结构,含有燃油或空气入口,用来把燃油和空气通过过渡段

喷入爆震室;在爆震室的外围也可设置一个空气旁通管道,用来捕获排气并使之与引射空气混合,然后通过尾喷管排出发动机,在增加发动机推力的同时对爆震室起到冷却作用。

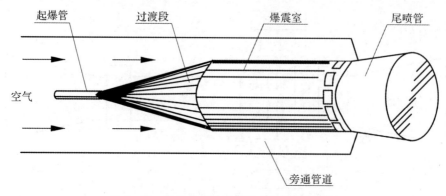

图 6-15 吸气式脉冲爆震发动机结构示意图

该类型发动机工作过程如下:首先把燃烧剂和氧化剂喷入起爆器中,同时打开进气阀使空气进入爆震室,另外同时从喷油环沿一定角度向来气流喷入燃油。这时要特别注意的是,开始喷油的时间一定要与进气后间隔一定时间,这样就能够产生一薄层的隔离气体,以便把上一次循环的残留废气与新鲜混合物隔离起来,从而避免产生自燃。然后关闭进气阀和进油阀,随之点火器进行点火,于是在起爆器内产生缓燃波并经过 DDT 转变为爆震波,之后传递到爆震室并继续燃烧,最后高速燃气通过尾喷管排出产生推力,接着爆震室开始填充新的空气和燃油,排空上一次循环余下的燃气,为下一次循环做准备。

吸气式脉冲爆震发动机可用于战略飞机动力装置、机载导弹或舰载导弹动力装置、无人机动力装置及远程导弹的动力装置等。

2. 火箭式脉冲爆震发动机

火箭式脉冲爆震发动机通常用作上面级发动机、轨道转移发动机、巡航导弹动力装置和行星着陆发动机,此外,还可用作航天器姿态控制、空间站运行、卫星机动等的动力装置。

(1)单管火箭式脉冲爆震发动机。单管火箭式脉冲爆震发动机的结构示意图如图 6-16所示,主要由爆震室、燃烧剂和氧化剂供给系统、点火器和尾喷管等组成。单管火箭式脉冲爆震发动机的工作循环如下:

1)打开燃烧剂和氧化剂供给系统开关,按一定比例填充爆震室。

2)启动点火器并按给定的频率进行点火。

3)爆震室内先产生缓燃波,经过一定距离后,缓燃波转变为高速的爆震波,并向出口端传播。

4)经过尾喷管进一步膨胀后排到大气中,产生很大的推力。

(2)多管火箭式脉冲爆震发动机。为了解决单管脉冲爆震发动机工作不够平稳以及推力较小的问题,可以采用多个爆震室并联的结构组成多管脉冲爆震发动机。多管火箭式脉冲爆震发动机采用多个爆震室并联,其结构示意图如图 6-17所示。它由燃烧剂-氧化剂供应系统、精密流量阀、爆震室、爆震激发和控制系统、传热冷却系统及喷管等组成。

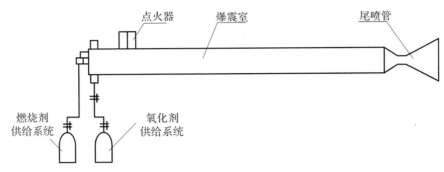

图 6-16　单管火箭式脉冲爆震发动机结构示意图

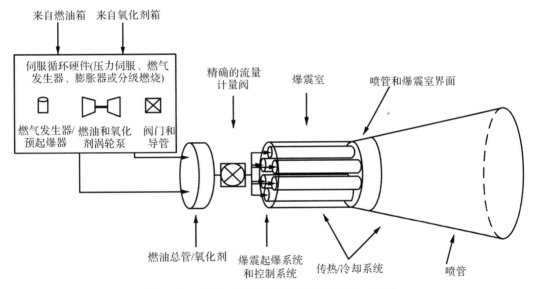

图 6-17　多管火箭式脉冲爆震发动机结构示意图

该多管火箭式脉冲爆震发动机包括 6 个沿圆周均布的圆柱形爆震室。每个爆震室有一个进口端和出口端,出口端与喷管相连接,各爆震室沿轴向是互相平行的,所有爆震室共用一个尾喷管产生同一方向的推力。燃料和氧化剂经过燃料、氧化剂支管和精密流量阀,分别与每个爆震室相通,并通过燃料、氧化剂支管和快速反应的流量阀供给到爆震室进口端。发动机上设有燃料箱和氧化剂箱,燃料、氧化剂支管与之相连。每个爆震管都安装有独立的点火装置,可用的点火方法有火花放电点火、激光点火、电弧放电点火、等离子体火炬点火和炽热气体点火等多种。

多管火箭式脉冲爆震发动机的主要优点如下:

1)由进气道向多个爆震室供气,可以减少进气道的损失。对于单管脉冲爆震发动机,在一个循环中,阀门关闭时间占很大的比例,由于进气道气流滞止,会引起进气道失速。

2)由多个爆震室排出的燃气进入共同的喷管,使喷管中的气流更加稳定,同时还能提高喷管出口压力,改进喷管的性能。而对于单管脉冲爆震发动机,在排气后期以及在填充隔离气体和反应物的过程中,喷管内的压力都是很低的。

3)从一个爆震室排出的爆震波能对其他爆震室的反应物起到预压缩的作用。

4)填充隔离气体和反应物的过程与排气过程耦合性下降,有利于扩大工作分时的范围。

5)增大发动机总的工作频率,因为它与爆震室的数目成正比。

6)为推力矢量控制提供了可能性。

(3)带旋转阀的脉冲爆震发动机。多管脉冲爆震发动机中,常采用旋转阀来解决进气道中连续流动和爆震室间歇式流动的矛盾。旋转阀可以使从进气道进来的空气通过旋转阀按一定次序连续进入多管爆震室,它还能对发动机的进油、进气时间进行精确的控制,提高发动机循环频率,降低发动机进口损失。

图6-18为一种带旋转阀的多管脉冲爆震发动机结构示意图。该脉冲爆震发动机有4个爆震燃烧室,沿发动机周向间隔相同的角度布置,而且各爆震室的边相互平行,这样它们便能在同一方向产生推力。另外,每个爆震室都有一个单独的点火器用来起爆混合气体。4个爆震燃烧室通过旋转阀有选择地与一个进气和进油系统相匹配。旋转阀将进气、排气连续工作与爆震室间歇式工作隔离开来,各个爆震室可以按不同时序工作。

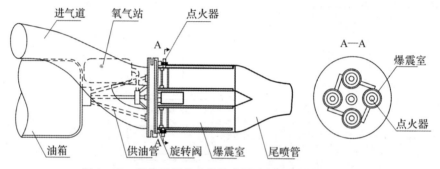

图6-18 带旋转阀的多管脉冲爆震发动机结构示意图

从旋转阀俯视图(见图6-19)可以看出,该旋转阀上刻有两个月牙形的燃烧剂进口槽,这样随着旋转阀在转动一周的过程中,燃烧剂进口槽就会顺次经过各个爆震管,在燃烧剂进口槽与爆震室相通时,燃烧剂就会填充到爆震管。在每个燃烧剂进口槽旁边各有一个氧化剂进口槽,它用来在填充燃烧剂的最后阶段,通过氧化剂进口槽给相应的爆震室充入足够的氧化剂,这样便在爆震室前端建立了一个预爆震区,以利于点火和爆震波的产生。

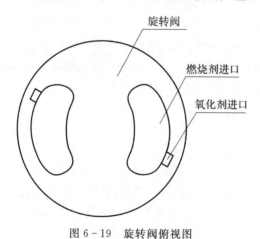

图6-19 旋转阀俯视图

带旋转阀的脉冲爆震发动机工作过程如下:首先打开燃烧剂罐的出口阀门,然后启动电机驱动旋转阀盘转动,当旋转阀上的燃烧剂进口槽转到爆震室进口端时,空气和燃烧剂通过相应的进口进入爆震室,从而形成主爆震区。旋转阀继续旋转,打开了连接着氧化剂发生器的氧化剂导管,氧化剂进入爆震室(此处氧气用作氧化剂,但也可用其他合适的氧化剂),于是在与火花塞相邻的区域形成了预爆震区,旋转阀继续旋转,关闭爆震室进口,然后点火器点燃预爆震区内混合气体,开始产生缓燃波,缓燃波逐渐转变成爆震波,最后燃烧后的高温气体从尾喷管喷出,从而产生推力。

总之,该发动机一个工作循环主要由以下几个过程构成:

1)打开旋转阀门,向爆震室填充燃烧剂-空气混合物。

2)旋转阀密封爆震室,在封闭端起爆。

3)爆震波在爆震室内向后端传播。

4)爆震波传出爆震室,排出废气,产生推力。

5)旋转阀旋转,使各个爆震室在不同时刻实现填充、起爆、排气过程。

6.2.6　脉冲爆震发动机关键技术

与现有成熟的推进系统相比,脉冲爆震发动机在热力循环效率、比冲、工作范围、结构的简单性、推力大小的可改变性等方面均具有潜在的优势。但要把这些潜在的优势转变成现实,还面临着许多挑战和难题,主要集中在以下几个方面:

(1)爆震的起爆、控制和保持。快速并可靠地起爆是使脉冲爆震发动机获得实用的最重要问题之一,因为高的工作频率和反复的点火次数是脉冲爆震发动机正常工作的基本要求。起爆通常分为直接起爆和间接起爆。

直接起爆是以高能源(如利用强力的气体放电等)直接爆炸,如图 6-20(a)所示。对于碳氢燃烧剂和空气混合物,直接起爆能量的典型数值为几千焦到几百万焦。这样大的点火能量对于多次脉冲爆震试验是不实际的。

大多数脉冲爆震发动机试验都是采用间接起爆的,即由缓燃向爆震转变(DDT),如图 6-20(b)所示。利用火花塞等气体放电点燃预混合气体,在一端封闭管内生成爆燃波。随着燃烧的继续,压缩波传播、集中在右端,过渡到伴有激波的爆震为加速该过渡过程。

(a)　　　　　　　　　　　　　(b)

图 6-20　起爆分类

(a)直接起爆;　(b)间接起爆

由缓燃向爆震转变的过程包括以下几个分过程,如图 6-21 所示。

1)起始缓燃:用低的点火能量起始缓燃。

2)形成激波:缓燃释放出来的能量增加燃烧产物的体积,并产生一系列的压缩波,传入火焰前面的反应物,最终形成激波。

3)在爆炸物中起爆:激波加热、压缩火焰前的反应物,在火焰面内产生湍流反应区,在激波后面形成一个或多个爆炸中心。

4)形成过驱动爆震:由爆炸产生强激波,并与反应区耦合形成过驱动爆震。

5)建立稳定的爆震波:过驱动爆震降速到稳定的速度即所谓的 C-J 爆震波速。

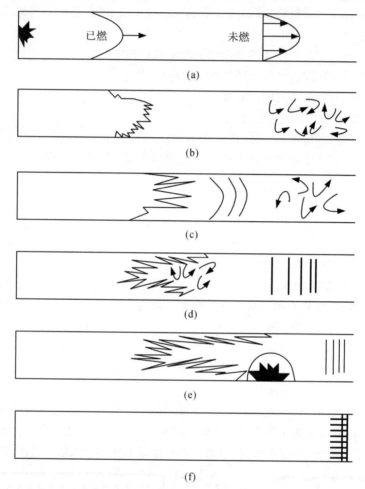

图 6-21　由爆燃向爆震转变过程示意图

(a)光滑的层流火焰;　(b)火焰面皱曲;　(c)变为湍流火焰;　(d)在湍流火焰前生成压力波;
(e)在有火焰的涡中局部爆炸;　(f)转变为爆震

由点火到爆震形成的距离称为 DDT 长度,它通常与燃烧剂和氧化剂种类及配比、管径和管子几何形状、管子内表面的粗糙度以及点燃混合物的方法有关。对于间接起爆方式,可采用一些强化紊流措施,如采用 Shchelkin 螺旋、金属环、孔板、中心体等,能有效缩短 DDT 距离。目前使用较多的是两步起爆方法。第一步在前置爆震室将少量易爆混合物直接起爆;第二步利用前置爆震室排出的爆震波引爆主爆震室的燃烧剂/空气混合物。

(2)可爆震混合物的高速喷注和混合。燃烧剂与氧化剂混合物的可爆震极限通常比燃烧极限窄。此外,爆震波的性质、传播条件以及起爆所需能量随燃烧剂与氧化剂的配比而迅速变化。因此,为了可靠地工作,脉冲爆震发动机的燃烧剂与氧化剂的喷射与混合系统必须保持混合物的浓度在可爆震范围内。脉冲爆震发动机的循环频率在很大程度上取决于混合物的喷注与混合系统。

由于脉冲爆震发动机的工作过程是周期性的、非定常的,燃烧剂与氧化剂通常以间歇式方式进入爆震室,而燃烧剂与氧化剂间歇式喷注方式是通过阀门实现的。喷注速度取决于飞行速度和爆震频率,喷注系统必须按所要求的速度和流量向爆震室供给燃烧剂与氧化剂,燃烧剂和氧化剂进入爆震室应该及时充分混合。在试验研究中发现,当喷射燃烧剂和氧化剂进入爆震室混合不充分时,不能形成所需的当量比分布,就得不到所期望的充分发展的 C-J 爆震波。为了强化混合,在研究中采用了切向进气的方式。试验表明,这种混合方式可以大大加强燃烧剂和氧化剂的混合程度。除此之外,也可以在爆震管中置入强化湍流的装置,如壁面的槽道、管内的突出障碍物、射流对冲装置等来加强燃烧剂和氧化剂的混合程度,但是这样会增加流体阻力,降低发动机的推力。

对于脉冲爆震发动机,有实际意义的是采用液体燃烧剂和空气,而不是气体燃烧剂和氧气。当采用两相混合物时,则需要考虑液体燃烧剂的雾化、蒸发和混合问题。在解决液体燃烧剂和氧化剂的混合问题之前,必须先解决液体燃烧剂的雾化问题及燃烧剂在爆震管内的分布问题。液雾的尺寸和分布应满足起爆的要求。要想进一步提高雾化效果,减小油珠尺寸,就必须采取其他措施,如利用旋流既可以提高雾化效果还能够有助于调节燃烧剂在轴向和径向的分布。

(3)增推技术。增推技术一直是 PDE 研制过程中重点关注的问题。研究表明,在爆震管内使用障碍物可显著缩短 DDT 距离,但同时也将发动机比冲减小超过了 25% 以上。这一结果显示了较为矛盾的设计准则:高效的起爆要求具有足够的障碍,但过多的障碍会引起很大的压力损失。此外,当爆震燃烧产物从爆震管出口直接排出时,由于高温高压燃气与环境之间存在很大的压力梯度,加之存在排气发散问题,将会造成很大的推力损失。因此在多项研究中都发展了包括喷管、部分填充及引射器等增推结构和方法,也有研究采用了上述结构的组合方式。其中所采用喷管包括收敛、扩张和拉瓦尔喷管,而部分填充相当于使用了不同长度的等截面直喷管。研究表明,收敛、拉瓦尔喷管和部分填充都不同程度地增大了发动机推力,而扩张喷管的增推效果并不明显。然而,采用喷管和部分填充方法是通过延缓高温高压燃烧产物排放速度,从而延长其在推力壁处的作用时间而增大推力的,但这与加快发动机工作频率相矛盾。也有研究表明,采用尺寸和位置适合的引射器结构也能明显增大发动机推力,但这将增大发动机的迎风面积、长度和结构质量。

(4)脉冲爆震发动机非稳态循环分析方法。脉冲爆震发动机的工作原理与传统的涡轮喷气发动机迥然不同,其工作过程具有周期性和非稳态性,不能采用用于稳态发动机的常规分析方法,必须针对发动机中的混气形成、点火、由缓燃向爆震的过渡、排气、内外流之间的相互作用等物理过程研究出新的热力循环及性能分析方法。

(5)脉冲爆震发动机的自适应主动控制。脉冲爆震发动机工作过程与可爆混合物填充、点火、由缓燃向爆震的转变过程和飞行条件等有关。这些复杂的影响因素与工作过程一样具有随机性,使得整个爆震循环的时间随这些因素而变化,要求阀门定时与点火的时间也相应变化。这就要求脉冲爆震发动机具有自适应控制能力。

6.2.7　脉冲爆震发动机发展及应用

鉴于脉冲爆震推进潜在的性能优势,得到了世界上许多国家和地区的广泛关注。

国外对脉冲爆震机理的研究始于 20 世纪 40 年代,德国的 Hoffmann 对间歇爆震进行了试验研究。到 20 世纪 50 年代,开始了对脉冲爆震机理的全面探讨,美国密歇根大学 Nicholls 对脉冲爆震发动机作为推力装置的可行性进行了试验研究。

到了 20 世纪 80 年代,脉冲爆震发动机取得了突破性的进展。1986 年,在美国海军研究生院,Helman,Shreeve 和 Eidelman 三人对自吸气式脉冲爆震发动机进行了探索性试验研究,他们的模型机中有一个体积较小的前置起爆器,燃料先在这里起爆,再利用起爆后产生爆震波的能量来引爆后面的主爆震室中的混气。这种新型起爆方式大大减少了起爆能量对发动机频率的限制,并推测脉冲爆震发动机的实际工作频率可达 150 Hz,比冲为 1 000~1 400 s。他们的研究工作使得人们认识到了脉冲爆震发动机应用于推进系统的巨大潜力,从而引发了世界各国新一轮的研究热潮。

20 世纪 90 年代,脉冲爆震发动机再次进入研究高峰期。美国政府机构、军方、重点大学及私人企业的 20 多家单位参与了脉冲爆震发动机的研究。美国作为脉冲推进研究的引领者和领先者,过去的几十年里在脉冲爆震发动机、多管脉冲爆震发动机、液态燃料脉冲爆震发动机、组合式脉冲爆震发动机以及相关的爆震燃烧机理研究方面取得了许多重要的进展。1996 年和 1997 年,NASA 兰利研究中心和洛马公司提出用脉冲爆震发动机代替涡轮冲压发动机的构想,美国国际科学应用公司提出了脉冲爆震发动机的发展战略,并指出脉冲爆震发动机将对 21 世纪的航天和航空飞行器产生深刻影响。1998 年,NASA 计划以 3 年时间投资 1 亿美元研究适用于上面级和助推级的脉冲爆震火箭发动机(PDRE)技术,并计划于 2009 年研制出全尺寸的 PDRE。1999 年,美国海军研究办公室启动了为期 5 年的有关脉冲爆震发动机的核心研究计划和大学多学科研究创新计划。美国空军在 1998—1999 年约投入 156 万美元用于吸气式 PDFE 的研究,将去掉了传统涡扇发动机的加力燃烧室作为核心研究,研制了比一般带加力燃烧室性能高出许多的脉冲爆震加力燃烧室(PDA),且获批在战斗机用涡轮发动机中使用。2004 年,研究人员使用一种自己设计制造的超临界燃烧剂喷射系统实现了 JP-8 燃烧剂在空气中的爆震,该喷射系统不但结构简单,而且喷出的燃烧剂不会积碳。同年,成功完成了世界上第一架以脉冲爆震发动机为动力的有人驾驶飞机的地面声学和振动试验,试验的初步结果显示,该飞机的声学水平与 B-1B 轰炸机相当。当年美国还将脉冲爆震发动机装在 F-15B 研究型飞机上做冷流试验,测试进气道、吸气阀和喷管等重要部件。

具有里程碑的事件是 2008 年 1 月 31 号,由美国空军研究室(AFRI)、美国创新科学解决方案公司(ISSI)合作第一次成功完成了以脉冲爆震发动机为动力的有人飞行试验,其中 PDE 采用四管组合。Scaled Composites 公司负责将脉冲爆震发动机改装加入现有的 Long-EZ 轻型飞机,取名"Borealis",如图 6-22 所示。试验在 Borealis 上进行,巡航时由脉冲爆震发动机作为唯一动力,飞行了 10 s,其中每管的工作频率为 20 Hz,峰值推力为 0.9 kN,脉冲爆震发动机推动飞机以 190 km/h 速度飞行,飞行高度为 20~30 m。

除美国外,俄罗斯、法国和日本等国也在积极开展脉冲爆震发动机技术研究。俄罗斯在脉冲爆震发动机基础领域进行了大量研究,并多次举办了爆震技术国际研讨会。俄罗斯中央航空发动机研究院计划把脉冲爆震发动机用作航空航天组合动力装置和脉冲引射器。法国侧重于 RDE 模型设计和测试等方面,主要研究用于低成本导弹、长航时无人机的液体燃料脉冲爆震发动机,图 6-23 所示为法国普瓦捷大学的脉冲爆震发动机试验模型。日本主要研究采用氢或碳氢化合物、在 50 Hz 频率以下循环工作的 PDRE,图 6-24 所示为筑波大学的轨道式 PDRE 模型,正在探讨将脉冲爆震发动机用于研制中的第 5 代隐身战斗机。

图 6-22　首次采用脉冲爆震发动机飞行的 Long - EZ"Borealis"

图 6-23　法国普瓦捷大学的脉冲爆震发动机试验模型

图 6-24　筑波大学的轨道式 PDRE 模型

我国在脉冲爆震发动机方面的研究起步较晚,但发展较快并取得了较为丰硕的成果。在液态燃料的多管 PDE、气动阀式 PDE、液态燃料 PDRE、斜爆震推进、RDE 数值模拟和试验设计等方面都取得新的进展。西北工业大学于 20 世纪 90 年代初率先在国内开展 PDE 的原理性探索研究,建立了脉冲爆震发动机的测控和数据采集及处理系统;研制成了原理模型脉冲爆震发动机,对汽油和空气两相混合物实现了稳定爆震,爆震频率为 36 Hz。南京航空航天大学建立了脉冲爆震发动机研究所,开展了气动阀和旋转阀式脉冲爆震发动机的性能及试验研究,探索了提高爆震频率和起飞过程加力装置等增大脉冲爆震发动机推力的方法。图 6-25 所示为南京航空航天大学研制的六管气动阀式 PDE 模型,其稳定工作频率达到 30 Hz。

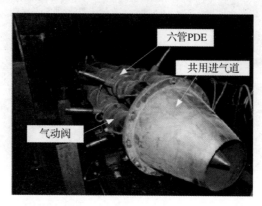

图 6-25 南京航空航天大学研制的六管气动阀式 PDE 模型

虽然脉冲爆震发动机距离工程应用还有很多困难需要克服,比如起爆系统、燃料填充系统、发动机的控制等,并且在爆震燃烧的基础研究领域仍需有进一步的突破,但爆震发动机循环效率高、比冲高、结构简单等优势使其成为下一代革命性动力装置的有力竞争者,在航空、航天等领域具有广阔的应用前景。在航空领域,脉冲爆震发动机可用于战术飞机、空中和船上发射的导弹、无人机和多种远距离攻击武器;在航天领域,可用于航天发射飞行器、轨道传送飞行器、短程旅行飞行器和行星着陆器,也可用于航天飞机姿势控制、卫星站位保持和卫星机动推进。脉冲爆震发动机与火箭组合循环系统可用于高速远程导弹;脉冲爆震发动机与冲压和超燃冲压发动机组合循环系统可用于高超声速飞行器;混合脉冲爆震发动机可用于亚声速和超声速无人作战飞行器、亚声速和超声速战术导弹、航天发射加速器以及商用飞机。

参 考 文 献

[1] 李宜敏,张中钦,赵元修.固体火箭发动机原理[M].北京:航空航天大学出版社,1991.
[2] 董师颜,张兆良等.固体火箭发动机原理[M].北京:北京理工大学出版社,1996.
[3] 陈汝训,刘铭初,李志铭.固体火箭发动机设计与研究:上[M].北京:宇航出版社,1991.
[4] 陈汝训,刘铭初,李志铭.固体火箭发动机设计与研究:下[M].北京:宇航出版社,1992.
[5] 王铮,胡永强.固体火箭发动机[M].北京:中国宇航出版社,1993.
[6] 张平,等.固体火箭发动机原理[M].北京:北京理工大学出版社,1992.
[7] 唐金兰,刘佩进.固体火箭发动机原理[M].北京:国防工业出版社,2013.
[8] 萨登.火箭发动机[M].7版.洪鑫,等译.北京:科学出版社,2003.
[9] 阿列玛索夫.火箭发动机原理[M].张中钦,庄逢辰,译.北京:宇航出版社,1993.
[10] 叶万举,常显奇,曹泰岳.固体火箭发动机工作过程理论基础[M].长沙:国防科技大学出版社,1985.
[11] 刘兴洲.飞航导弹动力装置(上)[M].北京:中国宇航出版社,1992.
[12] 刘兴洲.飞航导弹动力装置(下)[M].北京:中国宇航出版社,1992.
[13] 梁国柱.火箭发动机原理[M].北京:航空航天大学出版社,2005.
[14] 关英姿.火箭发动机教程[M].哈尔滨:哈尔滨工业大学出版社,2006.
[15] 希什科夫,帕宁,鲁缅采夫.固体火箭发动机工作过程[M].关正西,等译.北京:宇航出版社,2006.
[16] 杨建军.地空导弹武器系统概论[M].北京:国防工业出版社,2006.
[17] 威廉斯,等.固体推进剂火箭发动机的基本问题[M].京固群,译.北京:国防工业出版社,1976.
[18] 王春利.航空航天推进系统[M].北京:北京理工大学出版社,2004.
[19] 鲍福廷,黄熙君,张振鹏,等.固体火箭冲压组合发动机[M].北京:中国宇航出版社,2006.
[20] 袁书生.导弹发动机[M].北京:海潮出版社,2001.
[21] 陈军,王栋,封峰.现代飞行器推进原理与进展[M].北京:清华大学出版社,2013.
[22] 杨月诚,宁超.火箭发动机理论基础[M].西安:西北工业大学出版社,2016.
[23] 闵斌.防空导弹固体火箭发动机设计[M].北京:中国宇航出版社,1993.
[24] 刘佩进,何国强.固体火箭发动机燃烧不稳定及控制技术[M].西安:西北工业大学出版社,2014.
[25] 阮崇智.战术导弹固体发动机的关键技术问题[J].固体火箭技术,2002,25(2):8-12.
[26] 达维纳.固体火箭推进剂技术[M].张德雄,等译.北京:宇航出版社,1997.
[27] 王克秀,李葆萱,吴心平.固体火箭推进剂及燃烧[M].北京:国防工业出版社,1983.
[28] 陈新华.火箭推进技术[M].北京:军事科学出版社,2000.
[29] 陈军,王栋,封峰.现代飞行器推进原理与进展[M].北京:北京大学出版社,2013.

[30] 杨承军,等.高技术与战略导弹[M].北京:军事谊文出版社,1998.

[31] 庞爱民,马新刚,唐承志.固体火箭推进剂理论与工程[M].北京:中国宇航出版社,2014.

[32] 刘佩进,唐金兰.航天推进理论基础[M].西安:西北工业大学出版社,2016.

[33] 金永德,等.导弹与航天技术概论[M].哈尔滨:哈尔滨工业大学出版社,2002.

[34] 谢础,贾玉红.航空航天技术概论[M].北京:北京航空航天大学出版社,2005.

[35] 宋志兵.固液混合火箭发动机工作过程研究[D].长沙:国防科学技术大学,2008.

[36] 曹军伟,王虎干,蔡选义,等.整体式固体火箭冲压发动机在中远程空空导弹上的应用[J].航空兵器,2002(4):31-33..

[37] 刘运飞,张伟,谢五喜,等.高能固体推进剂的研究进展[J].飞航导弹,2014(9):93-96.

[38] 覃光明,卜昭献,张晓宏,等.固体推进剂装药设计[M].北京:国防工业出版社,2013.

[39] 贺芳,方涛,李亚裕,等.新型绿色液体推进剂研究进展[J].火炸药学报,2006,29(4):54-57.

[40] 杜宗罡,史雪梅.高能液体推进剂研究现状和应用前景[J].火箭推进,2005,31(3):30-34.

[41] 严传俊,范玮.脉冲爆震发动机原理及关键技术[M].西安:西北工业大学出版社,2005.

[42] 西格尔.超燃冲压发动机——过程和特性[M].张新国,等译.北京:航空工业出版社,2012.

[43] 蔡国飙.固液混合火箭发动机技术综述与展望[J].推进技术,2012,33(6):831-839.